研究事例で学ぶ

SPSSとAmosによる
心理・調査データ解析 第3版

小塩真司 著

東京図書

◆本書では，IBM SPSS Statistics 26，IBM SPSS Amos 26 を使用している．

これらの製品に関する問い合わせ先：

〒103-8510　東京都中央区日本橋箱崎町 19-21

　　　日本アイ・ビー・エム株式会社　クラウド事業本部 SPSS 営業部

Tel.　03-5643-5500

Fax.　03-3662-7461

URL　https://www.ibm.com/analytics/jp/ja/technology/spss

なお，いくつかの分析においては，それに対応する IBM SPSS Statistics のオプション・モジュールが必要になります（詳細は，上記にお問合せください）．

◎この本で扱っているデータは，東京図書 Web サイト（http://www.tokyo-tosho.co.jp）のこの本の紹介ページから，ダウンロードすることができます．

R 〈日本複製権センター委託出版物〉

本書を無断で複写複製（コピー）することは，著作権法上の例外を除き，禁じられています．本書をコピーされる場合は，事前に日本複製権センター（電話：03-3401-2382）の許諾を受けてください．

　本書は，前著『SPSS と Amos による心理・調査データ解析——因子分析・共分散構造分析まで』で十分に書くことができなかった，「統計技法のあわせ技で1本の論文やレポートを構成すること」に重点を置いたものである．SPSS や Amos は，誰でも気軽に統計処理を行うことができる優れた統計パッケージである．しかし，どのような統計手法をどのように組合せていけば最終的な結論が得られるのかは，当然ながらユーザにゆだねられている．

　おそらく日本全国の心理学科で，次のような会話が幾度となくくり返されているのではないかと私は推測している．

学生：「先生，データをとって入力したのですが，どうやって分析したらいいのかわかりません」

教員：「じゃあ，まずこの尺度を因子分析して何因子に分かれるかを確認して．そして α 係数を出して信頼性を確認してから下位尺度得点を算出する．その次は重回帰分析だろうな．
　　　　あ，この部分は t 検定で男女差を検定してね．この部分は3群だから分散分析だね」

学生：「？？？……」

　それ以前に，どのような統計処理を行うかの見通しをほとんど立てずにデータをとろうとしていないだろうか．データをとった後で指導教員に分析の相談に行き，指導教員が唖然としたり困った顔をしたりするのを不思議そうに眺めている学生，というのも日本全国に数多くいるのではないだろうか．

　さらに，一生懸命分析をして，最後まで結果を出したにもかかわらず，論文やレポートにはSPSS の出力表をそのまま貼りつけて提出しようとしていないだろうか．ひどい場合には，SPSS の図や表だけが貼りつけられていて，文章として結果の説明が何も書かれていないものや，SPSS の出力をとにかくすべて貼りつけて提出してしまおうとするものもある．

　本書は，このような学生の現状に対して何か良い教材が提供できないだろうか，という観点から書かれたものである．そういう意味でこの本は，私自身の学生指導に役立てるために作成されたと言ってもよいものである．

学生の皆さんはできればこの本を，卒業研究のデータをとる前（できれば研究計画を立てる前）に読んでほしい．そして読むだけではなく，実際にデータを Web からダウンロードして，自分自身の手でデータを分析してほしい．さらに結果が出たら，本書を参考にして図表と文章で表現してみてほしい．

なお，本書に掲載されている結果の記述例はあくまでも「ひとつの例」であることを心にとどめておこう．日本語で心理学の論文やレポートを作成する際には，日本心理学会による『執筆・投稿の手びき』（http://www.psych.or.jp/publication/inst.html）を，英語で作成する際にはアメリカ心理学会（American Psychological Association）による "Publication Manual of the American Psychological Association"（江藤裕之らによる邦訳『APA 論文作成マニュアル』も出版されている）を参照することを勧める．

前著のまえがきにも書いたのだが，統計技法や統計的な知識を身につけるためには，実際にデータを分析してみるのが一番の近道である．一連の分析の方法や結果の記述方法，それ以前の研究計画の立て方などに完全なマニュアルがあるわけではない．学問の世界では，誰かが論文である分析手法をとりあげると，その分析手法が他の論文でも使われるようになるといった流行現象が実際に生じることがある．このように研究者でもある種の「真似」をするのであるから，学生諸君も先行研究の真似をしながら分析手法を身につけていってほしい．それはコピーをするというよりも，「お手本の真似をする」という感覚に近いものである．本書が，このような意味での「良いお手本」となってくれれば幸いである．

2005 年 8 月

小塩真司

目　次

第2章 尺度を用いて調査対象を分類する
◉友人関係スタイルと注目・賞賛欲求　　71

第3章 グループ間の平均値の差を検討する
◉恋愛期間と別れ方による失恋行動の違い　　111

<table>
<tr><td>第4章</td><td>影響を与える要因を探る
●若い既婚者の夫婦生活満足度に与える要因</td><td>153</td></tr>
</table>

＜STEP UP＞

◎装丁：高橋　敦（LONGSCALE）

第 **0** 章
データ解析の基礎知識
──データを集める前に，まず知っておくこと

◎このテキストは，研究目的に添ったひととおりのデータ解析を
体験し，結果として記述する練習を行うことを目的に執筆した
ものである．

◎各章（第1章以降）では，研究目的を示した後に分析のアウト
ラインを示している．基本的にはそのアウトラインに添って分
析を行っていくのだが，実際のデータ解析では必ずしも予定通
りに分析が進むわけではない．ある分析を行ってある結果が出
たときに，「ではこれをやってみたらどうなるだろう」と別の分
析を試みる．現実にはそのような試行錯誤をくり返すのだとい
うことを覚えておいてほしい．

◎また各章の分析を行ったあと，レポートや論文では結果をどの
ように表現するのかを示している．これはあくまでも1つの例
であって，必ずこのように書かなければいけないというもので
はない．実際には，必ず専門分野の論文を読み，論文の結果の
書き方を参考にすること．

1-1 「ベースの分析」と「メインの分析」

　実際にデータ解析を行う場合に必要なことは，1つひとつの分析手法をどのように組み合わせて最終的な結論を見いだすかという点にある．

　そのためにはもちろん，どのような目的でそれぞれの分析手法がどのようなデータに適用され，そこから何がわかるのかという基本的な知識も不可欠である．そしてその上で，いくつかの分析手法を組み合わせ，最終的な結論を見いだしていくのである．

　心理学の論文に書かれている統計的な分析手続きをよく読んでみよう．そこに書かれている分析手法は，その目的から大きく2種類に分けることができる．

　第1に，**ベースの分析**である．これは，多くの研究を行う上で「やっておかなければいけない」「やっておくべき」分析だといえる．この分析を押さえておかないと，論文を読んでいる研究者は「この部分はどうなってるの？」「この部分を知りたいなあ」「その結論にいく前に，こういうことも考えられるんじゃないかなあ」と，さまざまな疑問がわき上がってきてしまうのである．したがって，論文に書く書かないにかかわらず，この「ベースの分析」を行うことは最低限必要な手続きであるといえる．

　そして第2に，**メインの分析**である．これはコース料理で言えばメインディッシュに当たり，この結果から主要な結論を導きだすという部分になる．心理学の教科書に書かれているようなグラフやパス図，概念図などの多くはこの「メインの分析」によって導きだされたものであるといってもよいだろう．

ここで分けた2種類は，ある分析手法がどちらに含まれる，というものではない．たとえば同じ相関係数であっても，「ベースの分析」のために出力したものと，「メインの分析」のために出力したものとがある．前者はいわば，「ちゃんとこの部分の相関係数も算出していますから，読み手の方々は安心してください」という，読者が抱くであろう疑問を回避するためのものである．そして後者は，「ここの相関関係が最も言いたいことだったんですよ．どうです，興味がわいてきませんか？」という，論文の筆者が最も主張したい部分になる．

▌ 1−2　論文執筆での「暗黙のルール」

　先ほど，「論文に書く書かないにかかわらず」と書いたが，必ずしも行ったすべての分析結果が論文に掲載されているわけではない．しかし論文を読む人々は，ある統計的な分析を当然行っているものとして読む．つまり，そこには何らかのルールが存在しているのである．

　また逆に，出力された分析結果をすべて論文に書き込む必要もない．「ここは当然だから書かなくていいよ」という部分もあるのである．卒業論文などでよくあるケースに，とにかく思いつく統計解析をすべて行って，それをすべて結果に書いてしまうことがある．そのような論文は結局，何が言いたいのかよくわからないものになってしまうことが多い．

　論文というものは「思考のプロセス」をそのまま記述するものではない．読み手に伝えたいことを，説得力があるように順序よくコンパクトにまとめるものである．データ解析の部分でも同じであり，最終的な結論に向かって手順よくまとめていく必要があるといえる．

　近年では，調査や実験を行う前に，分析手法の計画を明確にすることを推奨される場面が増えている．そこでしっかりとした計画を立てるためにも，一連の分析プロセスについて理解しておきたい．

1-3 真似から始める

　分析の技術を身につけるためには，とにかくひととおりの分析を自分自身でやってみることが一番である．できれば調査の計画から自分自身で考え，実際にデータをとり，分析してみるとよい．一度やってみると，自分の調査・研究の何が問題点なのかが見えてくるだろう．

　どんな職業・技術の世界でも，最初は「真似をする」ことからスタートするのではないだろうか．真似をすることなく突然エキスパートになろうとするのは困難であろう．心理学でも，読んでみておもしろいと思える論文を見つけたら，実際にその論文と同じ調査・実験（あるいは少しだけ自分なりに工夫したもの）を行ってみるとよい．そのような経験をすることは，新たに得られたデータがほんとうに先行研究と同じことを表現しているのかを確かめるだけでなく，論文に書かれている分析の仕方，結果の書き方を勉強することにもなる．

　真似をするときには，本書の結果の書き方だけを参考にしてはいけない．あくまでも自分の専門分野の論文をよく読み，その分野の論文の書き方を真似するように心がけてほしい．分野が違えば結果の書き方の作法も異なってくる．結果の記述の仕方というのは個人の好み・こだわりを大きく反映する．心理学者どうしであっても，まったく同じ結果の書き方をするわけではない．そして，結果の書き方は時代によっても変わっていくものである．ましてや心理学以外の分野であれば，本書とは異なる書き方をするのが当然といえる．

1–4 真似だけで終わらないこと

大学院に入って専門分野の研究を行っていこうとするのであれば言うまでもないが，卒業研究でもただ単に真似だけで終わらせたくはない．真似をしながら自分自身で考えて形にしていく部分が少しでも入っていれば，きっと単に真似をするだけよりもよい評価を得ることができるだろう．

もっと細かい部分に目を向けてみよう．この本の第1～6章で扱っている**結果の記述の仕方**である．結果の書き方というのは，フォーマットが決まっているようで完全には決まっていない．そこでも，さまざまな工夫を行うことができる．平均値を表で表現するのか，グラフで表現するのか？　いくつかの相関係数が得られたら，どのペアから記述していくのがよいのか？平均値はすべて本文中に羅列するほうがよいのか，表を参照するように促して終わるのか？それだけではない．グラフの作り方，表の作り方にも日本心理学会の『執筆・投稿の手びき』などのマニュアルはあるが，個々人でさまざまな工夫を行う余地がある．これは，ただ単に真似をしているだけでは身につかない工夫である．

ポイントは，読みやすいこと，理解できること，言いたい結果が主張できること，である．結果部分はとにかく客観的に得られた結果を並べればよい，と考える人もいるかもしれない．それは確かに一面としては正しい．もちろん，表面上は客観的な記述を心がけている．しかし実際には，そこで分析された情報の取捨選択，情報の並べ替えが行われるのである．論文というものは全体として，自分が主張したいことを説得的に書くものである．それは結果の部分であっても例外ではない．考察部分で主張したいことがあるのであれば，その主張が十分導きだせるような結果の記述を行わなくてはいけない．意図をもった結果の記述を心がけてほしい．

2–1 データを得る

　心理学では，実験法・観察法・面接法・調査法といった多様なデータ収集法を用いて研究を行う．このような多様なデータ収集法をもつことは，心理学の特徴の1つと言ってもよいだろう．

　最も説得力のある科学的方法は**実験法**である．

- ▶ 多くは実験室で行われ，結果に影響を与える条件を操作・統制し，何らかの形で測定を行う．
- ▶ 実験法では，いかに条件を統制するか，結果に影響を与える他の要因をいかに排除するかを考えることが重要なポイントになる．

観察法とは文字どおり，観察によってデータを収集する手法である．

- ▶ 観察法には，事前にチェックリストやコード表などを用意し，観察した行動などを集計する**組織的観察法**，観察された現象を記述したりビデオに収めたりしたあとでカテゴリーに分類したりチェックリストで集計する**非組織的観察法**がある．
- ▶ 後者はさらに，第三者として対象を観察する**非参与観察法**と，対象者と行動をともにしながら観察を行う**参与観察法**に分けられる．

面接法は一対一もしくは一対少人数で，口頭で相手に質問して回答を得る手法である．

- ▶ あらかじめ質問する内容を設定して回答を記録する**構造化面接**や，ある程度の質問内容を事前に設定し，その場の回答によって臨機応変に対応する**半構造化面接**などがある．

調査法は質問紙（アンケート）を対象に与えて答えを記入してもらい，データを収集する手法である．

  ▶ 現実場面での人々の考え方や態度，行動を調べるものである．多くは，言語的な刺激を与えてデータを得るという手続きによって行われる．
  ▶ 得られたデータは**多変量解析**という手法によって，複雑な変数間の関連を検討する．

いずれの手法にも長所と短所があり，研究目的によって使い分けることが必要となる．

	長　　所	短　　所
実験法	● 因果関係が特定しやすく，規則性・法則性が明確に導かれやすい． ● 同じ手続きを行うことで，結果が再現されるかどうかを検討することができる． ● 理論が妥当かどうかを検証することができる．	● 研究者が設定した人工的な環境で行われるので，現実の場面にそのまま適用できるとは限らない． ● 研究者が操作しきれない条件が存在する可能性がある． ● データ収集にコスト（時間・費用）がかかる．
観察法	● 多くの現象に柔軟に適用できる．十分な仮説がなくてもデータを収集することができる． ● データを柔軟に分析することができる．質的データ，量的データのいずれの分析方法にも対応が可能．	● 観察している現象の原因が何であるのかが不明確になりやすい． ● 観察対象が特定の集団であるなど，事例の検討になりやすい． ● 観察者の構えによってデータが歪む可能性がある．
面接法	● 個人の考え方について，現実に即した情報を得ることができる． ● 個人に関する多くの詳細な情報を得ることができる．	● 多くが質的な分析となる． ● 面接者と面接対象とのやりとりの中で，本来の面接対象の考えとは異なる答えが導き出される危険性がある． ● 多くのデータを得るには時間的なコストがかかる．
調査法	● 日常場面における考え方や態度，行動の特徴を把握することができる． ● 多くの情報を一度に得ることができる． ● データ収集のコスト（時間・費用）が少ない．	● データを分析しても，因果関係を明確に特定することが困難である． ● 回答に虚偽の報告が混在する可能性がある． ● 設問や回答の方法を工夫する必要がある．

なおこの本では，主に調査的な手法を用いて得たデータの実際的な解析を体験する．他の手法については，適切な文献を参照してほしい．

2−2　質問と回答

　ほとんどの質問紙は複数の問いで構成される．問いの形式にはさまざまなものがあるが，その形式によってデータの分析方法が異なってくる．

　下の表にまとめておこう（岩淵，1997を改変）．

回答形式		例	特　徴
自由回答法		あなたは大学生活で何が重要だと思いますか？　あなたの考えを自由に記入してください． <回答欄>	▶ 質的な分析を行う．量的な分析には向いていない．
選択肢法	単一回答法	次の中で，あなたが大学生活で最も重要だと考えるものはどれですか？　当てはまるもの1つに丸をつけてください． 　　1. 学業　2. アルバイト　3. 友人関係　4. 恋愛	▶ 適切な選択肢を用意することが必要（p.9〜p.11 参照）．
	複数回答法	次の中で，あなたが大学生活で重要だと考えるものはどれですか？　当てはまるもの全てに丸をつけてください． 　　1. 学業　2. アルバイト　3. 友人関係　4. 恋愛	▶ 単一回答法よりデータの処理が複雑になる． ▶ 適切な選択肢を用意することが必要（p.9〜p.11 参照）．
	限定回答法	次の中で，あなたが大学生活で重要だと考えるものはどれですか？　次の中から2つまで選んで丸をつけてください． 　　1. 学業　2. アルバイト　3. 友人関係　4. 恋愛	▶ 単一回答法よりデータの処理が複雑になる． ▶ 適切な選択肢を用意することが必要（p.9〜p.11 参照）．
	順位法	次の中で，あなたが大学生活で重要だと思う順に，1から4まで番号をつけてください． 　　（　）学業　（　）アルバイト　（　）友人関係　（　）恋愛	▶ 順序尺度あるいは名義尺度のデータ処理方法をとる．
	一対比較法	次の組み合わせでは，どちらの方が大学生活で重要だと思いますか？　重要だと思う方に丸をつけてください． 　　（学業　アルバイト）（学業　友人関係） 　　（学業　恋愛）（アルバイト　友人関係） 　　（アルバイト　恋愛）（友人関係　恋愛）	▶ 厳密ではあるが，組み合わせが多いと回答しづらく，データ処理も複雑になる．
	強制選択法	あなたの大学生活は，次の2つのうちどちらに当てはまりますか？　当てはまるほうに丸をつけてください． 　　1. 大学生活では学業を優先している． 　　2. 大学生活では学業以外の活動を優先している．	▶ この方式を採用している心理検査もある． ▶ 基本的には，名義尺度水準の分析方法となるが，量的な分析を行う検査もある．

評定法	あなたの大学生活に対する考え方についてお尋ねします．次のそれぞれの質問について，あなたの大学生活にもっとも当てはまると思う数字に丸をつけてください． 1. まったく当てはまらない　2. あまり当てはまらない 3. どちらともいえない　　　4. 少し当てはまる 5. とてもよく当てはまる (1) 大学生活では学業が最優先されるべきだと思う 　　　　　　　　　・・・・・ 1 2 3 4 5 (2) 大学生にとってアルバイトは社会勉強のために必要だと思う 　　　　　　　　　・・・・・ 1 2 3 4 5 (3) 大学生活で友人関係はあまり重要ではない 　　　　　　　　　・・・・・ 1 2 3 4 5	▶ 心理学の調査研究でもっともよく用いられる． ▶ 間隔尺度水準の分析方法が適用できる． ▶ 3から7程度の回答段階を設定することが多い． ▶ 回答部分は数字だけではなく├─┼─┼─┼─┤のような線分で示されることもある．
SD (semantic differential) 法	あなたの大学生活のイメージをお尋ねします．対になったそれぞれの言葉のもっとも当てはまる数字に丸をつけてください． (1) 明るい　1 2 3 4 5 6　暗い (2) 好きな　1 2 3 4 5 6　嫌いな (3) 元気な　1 2 3 4 5 6　疲れた	▶ イメージを測定する際によく使用される． ▶ 評定法の一形態． ▶ 間隔尺度水準の分析方法が適用できる．

　心理学の質問紙法でもっともよく用いられるのは選択肢法の中の**評定尺度法**である．

　いずれの形式についても，<u>質問内容が知りたいことに合致しているか</u>，<u>問いと回答の方法が合っているか</u>，<u>回答者が答えやすい質問文になっているか</u>などに注意する必要がある．

▌ 2-3　質問項目

　選択肢法による調査で注意することは，研究者があらかじめ用意した選択肢以外の回答は得られないという点にある．

● なお，質問紙の内容はすべて新たに作成しなければならないというわけではない．

● 自分が測定したい内容について，過去の研究で信頼性と妥当性が十分に検討されている質問項目が存在するのであれば，それを用いればよい．

　次に，質問項目を作成する際の注意点を挙げてみよう．

- 質問の意図を明確に反映する.
  - 質問の内容と回答のしかたが一致しているか.
    - 「あなたはどんな果物が好きですか」という質問に対して「はい」「いいえ」という選択肢を用意しても適切に回答することができない.
  - 質問文が明確でないと, 予想外の回答の可能性が生じる場合もある.
    - 曖昧な質問文では, 複数の回答が考えられることもある.
  - 1つの質問文の中で2つ以上のことを尋ねていないか.
    - 「あなたは怒りを感じやすく, 身近な人物に怒りをぶつけてしまうほうですか」という質問文は, 「怒りを感じやすいかどうか」と「他人に怒りをぶつけるかどうか」という2つのことを尋ねてしまっている.
- 文章表現に気をつける.
  - 複雑すぎる文章や長すぎる文章, 短すぎて多義的な文章になっていないか.
  - 方言や自分たちだけに通用する用語・言い回しを用いていないか.
  - そもそも日本語として正しい文章になっているか.
- 回答を誘導するような質問は避ける.
  - たとえば「今の世の中は不便なことが多いですが, あなたはこのような世の中を不満に思っていますか」という質問は, 「不満だ」という回答を誘導している.
  - ここまで明確なものではなくても, 暗に回答者の反感や共感をあおるような文章は望ましくない.
  - 回答者のプライバシーや回答したくないという反応に対する十分な配慮を行う.
- その他
  - 個人の考え方を尋ねるのか, 一般的な考え方を尋ねるのか, 一般的な考え方に対する個人の意見を尋ねるのかなど, 尋ねている概念を区別して質問項目を作成する必要がある.
  - 句読点のつけ方や「です・ます」調, 「である」調を統一する.
    - 句点は「。」or「.」で統一. 読点は「、」or「,」で統一.

- 質問項目を作った後で…….

  ▶ 質問項目を作成したら，予備調査をするのがよいだろう．たとえば，周りにいる数名の人々に回答をお願いしてみることである．

  ▶ 事前に，作成した質問項目が，どのような得点分布であるべきかを考えておくとよい．

    ◆ 中央付近に回答が集まり，両極端な回答が少ない，正規分布に近い分布（多くの性格や態度，価値観などを測定する質問項目はこの分布を想定する）．

    ◆ 「いいえ」「はい」に偏った回答する者が多くなる分布（例：非行傾向，犯罪傾向など）．

  ▶ もしもその回答が，事前に想定した得点分布から大きく逸脱するようであれば，質問項目の表現を変更したり，ニュアンスを調整したほうがよいかもしれない．

    ◆ たとえば「私はいつも自分に満足している」と「私は自分に満足しているほうだ」という2つの質問項目は，「自分に満足している」という方向性としては同じであるが，強さが異なっている．そのため，得点分布は異なってくるだろう．

2-4 尺度

　心理学では一般的に，評定法による項目をいくつか集めて「**尺度**」を構成する．

- 項目　→　（集合）→　**下位尺度**　→　（集合）→　　**尺度**

という構造をとるのが一般的であるが，1つの下位尺度で構成される尺度もある．

- 下位尺度

  ▶ 項目が集まった下位尺度を，1本の数直線で表現してみよう．

  ▶ 下位尺度は，互いに正の相関関係にある項目群によって構成される．

  ▶ 他の項目と負の相関関係にある項目は**逆転項目**として，得点を逆向きに換算する．

  ▶ 一般に下位尺度の得点は，下位尺度を構成する項目の得点を合計して算出する．

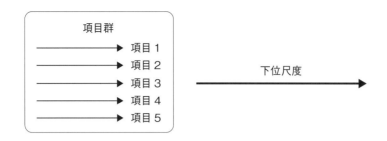

　項目の集合体である下位尺度は数直線で構成されるが，下位尺度の集合体である「**尺度**」は，必ずしも数直線で表現されるわけではない．

● 尺度
　▶ 1つの尺度に含まれる複数の下位尺度が，互いに正の相関を示さず，無相関や負の相関になることもある．
　▶ ある尺度に含まれる下位尺度間の相互関連がどのようなものであるのかは，その尺度がどのような概念を反映しているのかによって異なる．

下の図に，代表的な3つのパターンを示してみた．
図a.は尺度全体である一定の方向性をもつ概念を測定するときによくみられる構造である．

[図a.]　下位尺度が互いに正の相関関係にある

　▶ たとえば，A不安・B不安・C不安という3つの不安内容を意味する下位尺度で構成される「不安尺度」を作成したとする．
　▶ 不安尺度に含まれる3つの下位尺度はともに「不安」を表現するので，互いに正の相関関係を示すはずである．
　▶ もし，他の下位尺度と正の相関を示さない下位尺度が存在する場合には，それが「全体的な不安」という概念を想定したときに許容されるのかどうかを十分に考える必要がある．

図 b. は，下位尺度間に特定の相関を仮定しないケースである.

ある概念

下位尺度 A

下位尺度 B

下位尺度 C

[図 b.]　下位尺度間に特定の相関を仮定しない

▶ たとえば「大学生の携帯電話使用方式尺度」といった尺度を作成する場合……
▶ 自由記述形式や面接形式の予備調査を行い，その情報からある程度の数の項目を設定して調査を行うことがある.
▶ このような手順の場合，いくつの下位尺度が存在するのか，そして下位尺度どうしの関連がどのようなものであるのかに関する明確な仮定がない．項目の取捨選択を行いながら探索的因子分析によって下位尺度を特定していく.
▶ 事前に方向性を定めていないので，1 つの尺度の中に含まれる複数の下位尺度が互いに正の相関・無相関・負の相関といういずれのパターンもとり得る.
● 図 c. は，下位尺度間に無相関を仮定するケースである.
　▶ 2 つの下位尺度を設定し，その平均値に基づいて調査対象を 4 群に分けるようなデータ処理を行う場合には，2 つの下位尺度が互いにほぼ無相関である必要がある.
　　　◆「A・B ともに高い群」「A が高く B が低い群」「A が低く B 高い群」「A・B ともに低い群」という 4 群が設定できる.
　▶ 3 つ以上の下位尺度が設定されていても，理論的な観点から，互いに無相関を仮定することがある.

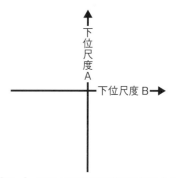

下位尺度 A

下位尺度 B

[図 c.]　下位尺度間に無相関を仮定する

　下位尺度が互いにどのような関連を示すのかについても，理論と照らし合わせながら考察する必要がある.

2-5 信頼性

人間の行動や心の状態を測定したデータには，誤差がつきものである．

- ［測定値］＝［真の値］＋［測定の誤差］という関係が成り立つ．
- 誤差には，研究者の不手際などによる人為的なものと，測定を行う際に生じる予測困難なものがある．
- 研究者の人為的な誤差は研究手順を慎重に検討することによってある程度回避できるが，測定時に生じる誤差に対処することは難しい．

視力を正確に測定することを考えてみよう．

- 視力を1回測ってみたところ，1.2 だった．1分後もう一度測ってみたら 1.3 だった．この 0.1 の差は視力が増したことを反映しているのだろうか，それとも誤差なのだろうか．
- 1つの考えかたは，測定には誤差がつきものであることを認め，何度も視力を測定して平均値を算出し，その平均値を真の視力に近い値だとみなすことである．

測定したデータに誤差はつきものであるから，測定したデータの信頼性や用いた測定用具の信頼性を何らかの形で表現する必要がある．

数多くある信頼性の検討方法のうち代表的なものを示す（岩淵，1997 を改変）．

名 称	内 容
再検査法	● ある程度の時間的間隔をおいて，同じ測定を2回行い，測定値間の相関係数を算出し，信頼性係数の推定値とする． ● 時間の経過で安定している測定値の成分を，真の値とみなす．
折半法	● 尺度が複数の項目の合計得点で表現される時に，その複数の項目を内容や難易度の等しい2群に分け，合計得点間の相関係数を信頼性の推定値とする． ● 奇数番号の項目と偶数番号の項目に分けて検討することもある．
評定者間の一致度	● 同時に2名以上で測定を行い，評定者間の相関係数や一致率を算出して信頼性係数の推定値とする． ● 観察データの評定や，記述データのカテゴリ分けの際に用いられることが多い． ● 尺度が複数の項目の合計得点で表現されるときに用いられ，複数の項目に共通する成分が真の値であるとみなす．
内的整合性	● α 係数と呼ばれる信頼性係数を算出することが多い．0から1の数値で表され，1に近いほど内的整合性が高いと判断する． ● α 係数は，測定がくり返し行われたときの得点間の相関係数の推定値であり，真の信頼性係数の下限値を与える．

2-6 妥当性

いくら信頼性が高い測定用具を用いたとしても，測りたいものを測ることができていない，つまり，妥当性に欠けているのであれば意味がない．

● たとえば……
  ▶ ある器具を使って視力を測定した．何度測定しても同じ数値が得られる，非常に信頼性の高い器具である．
  ▶ しかし，A君よりもB君の数値のほうが高いのだが，A君が見ることができる遠くのものをB君は見ることができないなど，何かおかしいような気がする．
  ▶ そこでよくその器具を調べてみると，測定しているのは「視力」ではなく「聴力」だった．

「まさか」と思うかもしれないが，これと似たようなことが心理学の調査でも起こり得る．調査で測定するものは直接目にすることができない構成概念であるから，測っているものが間違っていてもなかなかわからないことがある．

● たとえば……
  ▶「対人不安傾向」を測定しようとして作成した尺度が，実は「内向性」を測定していたとしたらどうだろうか．
  ▶ 対人不安傾向と内向性のどこが同じでどこが異なるのかを理論的に明確にしておかないと，新たに作った尺度がこの2つのうちどちらを測定しているのか判断することができない．
  ▶ どうすれば，「内向性ではなく，対人不安傾向を測定しているのだ」ということができるのだろうか．
● これを確かめることが**妥当性の検証**である．
  ▶ 信頼性と妥当性は必ず両立するものではない．上記の例で出した器具は非常に信頼性が高い．しかしこの器具を視力計として用いるのは不適切である．なぜなら，視力計としては妥当性に欠けているからである．

● 妥当性については，次の表のような整理がなされることが多かった．

名　称	内　容
内容的妥当性	● 測定すべき概念が測定用具に過不足なく反映されているかどうかを理論的に検討する． （例）1学期の数学の試験問題を作成した．その試験問題の妥当性を検討するために，その学期に教えたことを全体的にカバーしているかどうか，その学期に教えていないことを含んでいないかどうか，その学期の評価を行う上で問題が適切であるかどうかなどについて検討する．
基準関連妥当性	● 何らかの外的な基準を設定し，その基準と測定された値との関連を検討する． ● あらかじめ妥当性が確認されている指標を外的基準として関連を検討すること（併存的妥当性）や，将来の事象を適切に予測できるかどうかを検討すること（予測的妥当性）などがある． （例）ある病気を診断するチェックリストを作成した．その妥当性を検討するために，医師によってその病気だと診断されたグループと別の病気と診断されたグループ，健常者のグループの3群でチェックリストの得点を比較する．この場合，医師の判断が外的基準である．
構成概念妥当性	● 測定された得点が理論から導きだされるさまざまな心理学的事実と整合しているかどうかを検討する． ● 単に測定値間の関連を検討するのではなく，背景にある概念を理論的に検討し，たしかにその理論が測定された値に反映しているのかどうかを検討することが重要である． （例）新たに社会的外向性を測定する尺度を作成した．社会的外向性という概念の背景にあるさまざまな理論から，社会的外向性が高い人物は，広い友人関係をもち対人不安が低いと考えられた．そこで，友人関係の広さと対人不安を測定する尺度を実施し，たしかにそのような関連が認められるかどうかを検討する．

● 近年では，構成概念が妥当性そのものであり，構成概念妥当性の確かめ方が複数存在するという議論がなされている（Messik, 1995）

名　称	内　容
内容的側面	● 内容の適切さ，項目の代表性，適切な技術を用いているか． （例）専門家が内容を確認すること．
実質的側面	● 測定された内容が理論的根拠を反映しているか． （例）理論的プロセスをデータで確認すること．
構造的側面	● 変数間の構造が理論的根拠を反映しているか． （例）因子分析などによって構造を確認すること．
一般化可能性の側面	● 異なる母集団，状況，課題を超えて得点の性質や解釈が一貫しているか． （例）別の集団で結果の再現性を確認すること．
外的側面	● 基準となる変数や関連すべきと関連しているか，また関連すべきでない変数と関連していないか． （例）他の変数との関連を検討すること．
結果的側面	● そのテストを用いることでどのような社会的影響があるか． （例）社会的不利益が生じるか否かを十分に考察すること．

新たな尺度を作成したときには，その尺度の妥当性を検討する必要がある．しかし，他のいくつかの尺度との関連を検討したからといって，新たな尺度の妥当性が完全に検証されたことになるわけではない．

　調査研究において，妥当性というものは完全に満たされるようなものではない．研究をくり返していくうちに，その尺度の妥当性がより確実なものになっていく，というスタンスで臨むものであろう．

● たとえば……

▸ あなたは，「対人不安傾向」を測定する新たな尺度を作成した．妥当性を検討するために，既存の対人不安尺度との相関を検討することにした．

▸ その結果，新たな尺度と既存の尺度との間の相関係数は $r = .80$ と非常に高いものであり，新たな尺度は対人不安という概念を反映しているとあなたは結論づけた．

▸ しかし指導教員は，「それだけ高い相関係数が得られたということは，君が作成した尺度と既存の尺度はほぼ同じものであり，わざわざ新たに作成する意味がないのではないか」ということを指摘した．

▸ あなたはその指摘に対して何も言えなくなってしまった……．

　たしかに新たな尺度の妥当性を検討する際には，既存の尺度との関連を検討することがよくある．

▸ しかし重要なことは，新たな尺度がどのような理論を反映しているのかを明確にし，既存の尺度とはどこが異なっているのか，新たな尺度を作成する利点がどこにあるのかを明らかにすることにある．

Section 3 どの分析を使うか

まずは，どのようなときにどのような分析を行うのかを復習しておこう．

3-1 「関連」を検討する

　関連の指標にはさまざまなものがあるが，尺度水準と適用の条件を見ながら適切なものを選択する．

　心理学ではピアソンの積率相関係数，順位相関係数，偏相関係数がよく使われる．

	相関係数の名称	値の範囲	適用可能な尺度の水準	適用する場合の条件など
2変数間の相関関係	独立係数（定性相関係数）	0〜+1	名義尺度	
	φ 係数（点相関係数）	−1〜+1	名義尺度・順序尺度	・2変数とも2つの値のみをとる離散変数
	スピアマンの順位相関係数	−1〜+1	順序尺度	
	ケンドールの順位相関係数	−1〜+1	順序尺度	
	四分相関係数	−1〜+1	間隔尺度以上	・2変数とも正規分布に従う ・2変数は直線的に回帰 ・2変数とも分割点の上下の情報しかない
	点双列相関係数	−1〜+1	1つの変数(X) は名義尺度・順序尺度 1つの変数(Y) は間隔尺度以上	・X は2つの値の離散変量 ・Y は正規分布に従う
	双列相関係数	−1〜+1	間隔尺度以上	・2変数とも正規分布に従う ・2変数は直線的に回帰 ・1変数は分割点の上下の情報しかない
	ピアソンの積率相関係数	−1〜+1	間隔尺度以上	・2変数とも正規分布に従う ・2変数は直線的に回帰
	相関比	0〜+1	1変数(X) はどの尺度水準でもよい 1変数(Y) は間隔尺度以上	・X のそれぞれに対応する Y はそれぞれ正規分布に従う ・2変数間が曲線的回帰
3変数以上の相関関係	一致係数	0〜+1	順序尺度	
	重相関係数	0〜+1	間隔尺度以上	・多変量正規分布に従う ・直接的な回帰を示す
	偏相関係数	−1〜+1	間隔尺度以上	・多変量正規分布に従う ・直接的な回帰を示す

［岩淵（1997）を改変］

3-2 「相違」を検討する

　群間の相違を検討する際には，まず比率の差を検討するのか平均の差を検討するのかを把握する.

目的	統計量	データの種類	同時に分析する変数の数				
			1変数	2変数		3変数以上	
				対応なし	対応あり	対応なし	対応あり
相違	分散	量的データ	χ^2分布を利用した検定	F検定	t検定	コクラン検定 バートレット検定	分散分析の応用
	平均	量的データ	正規分布・t検定を利用した検定	t検定	対応のあるt検定	分散分析（ANOVA）多重比較	くり返しのある分散分析 共分散分析（相関分析）（ANCOVA）多変量分散分析（MANOVA）
	カテゴリー間の差 人数や%	質的データ（名義尺度）	χ^2検定（比率の検定）	2×2のχ^2検定 2×kのχ^2検定	対応のあるχ^2検定	r×kのχ^2検定	χ^2検定（コクランのQ検定）

［岩淵（1997）を改変］

そしていくつの群が設けられているのか，群間に対応があるのかないのかを把握すること.

3-3 「多変量解析」を行う

　どの分析でもそうなのだが，まずは目的を明確にすることが重要である.

　多変量解析の目的は，大きく予測と整理に分けられる.

　予測する場合には独立変数と従属変数のデータの種類によって適用する分析が異なってくる.

何をするか？	尺度水準は？		多変量解析の手法
	従属変数（基準変数, 目的変数）	独立変数（説明変数）	
1つの変数を複数の変数から予測・説明・判断する	量的データ	量的データ	重回帰分析
		質的データ	数量化Ⅰ類
	質的データ	量的データ	判断別分析
		質的データ	数量化Ⅱ類
複数の変数間の関連性を検討する 圧縮・整理する	量的データ		因子分析※ 主成分分析 クラスター分析
	質的データ		数量化Ⅲ類 コレスポンデンス（対応）分析

※厳密には，因子分析は主成分分析とは異なり，潜在的な説明変数を仮定する分析方法である.

3-4 「共分散構造分析（構造方程式モデリング）」を行う

因子分析，重回帰分析など，多くの多変量解析を，共分散構造分析によって検討することができる．

共分散構造分析（構造方程式モデリング）とは，構成概念や観測変数の性質を調べるために集めた多くの観測変数を同時に分析するための統計的手法である（豊田，1998）．

共分散構造分析はさまざまな因果モデルを扱うことができるが，どのような分析がどのような因果モデルとなるのかについては使用者が設定しなければならない．

Amos によって共分散構造分析（構造方程式モデリング）を行うことができる．

［⇒詳しい説明は p.281 以降を参照］

3-5 効果量を見る

研究を進める際に，サンプルサイズ（調査対象者）が増えれば，小さな関連や差でも統計的には有意になる．「有意かどうか」だけに注目していると，ときにきわめて小さな，些細な差を取り上げて「差がある」と結論づけてしまうことになる．

「差がある」と言うときにも，あるかないかではなく「どれくらいの差」なのかを問題にする方が良い．ただし，それが靴の大きさなのか，身長の差なのか，部屋の大きさなのか，球場の大きさなのかによって，その差が何センチなのか何メートルなのかが変わってくる．

そこでたとえば，「標準偏差に対していくつ分」なのかを検討するとよい．2つの群の平均値の差が標準偏差1つ分であるよりも，2つ分である方が「差が大きい」と考える．このような考え方を効果量という．平均値の差が標準偏差いくつ分であるかを表す効果量を，Cohen の d という．効果量にはいくつかのものがあり，相関係数（r）も効果量のひとつである．結果を

示すときには，有意かどうかだけではなく「どの程度か」を示すように心がけると良い．また考察を書く際にも，程度を考慮に入れると良いだろう．

　代表的な効果量と対応する分析，効果の大きさを表に示す．効果の大きさはあくまでも目安であり，またその効果の大きさが何を意味するかは，研究の文脈による．

効果量	対応する分析	効果の大きさ
d	t 検定	小：0.20，中：0.50，大：0.80
r	相関	小：0.10，中：0.30，大：0.50
ϕ, V, ω	χ^2 検定，クロス集計表	小：0.10，中：0.30，大：0.50
η^2	分散分析	小：0.01，中：0.06，大：0.14
R^2	回帰分析	小：0.02，中：0.13，大：0.26

第 **1** 章

尺度構成の基本的な分析手続き
──清潔志向性尺度の作成と男女比較

◎ここでは，尺度作成を中心とした SPSS の基本的な分析手順とその流れを練習する．項目分析，因子分析，α 係数の検討，尺度得点の算出，相関係数の検討という流れは，尺度作成を行う際には欠かせないものである．

◎また，男女 2 群の平均値の比較を t 検定によって行う．加えて，散布図の描き方やグループ別の相関係数の算出方法についても，練習してみよう．

——清潔志向性尺度の作成と男女比較——
（石川・井関・大谷・桑原・小島・佐竹・里澤（2005）「清潔志向性と対人ストレスコーピングの関連性」基礎実習 B（調査法）最終レポート（中部大学）の一部を使用）

1−1 研究の目的

　私たちは普段，人の目に触れながら生活し，相手にさまざまな印象を与えている．人間関係に積極的な人は，他者に自分の存在をアピールし，よい印象を与えるために身なりや衛生面に気をつけるかもしれない．また，そのような傾向には男女で何らかの差があると考えられる．

　本研究では，個人の清潔に対する考え方である**清潔志向性**という概念に注目する．清潔志向性とは，個人の意識や注意が自分の衛生面や身だしなみにどの程度向いているかを意味する概念のことである．

　本研究では，清潔志向性の内容として以下の 3 つを考える．

　第 1 に**オシャレ**である．これは個人の意識が自分自身の髪形や服装など自分自身の外面に向かうことを意味する．

　第 2 に**衛生**である．これは病気や病原菌を避け，清潔かつ健康な生活に個人の意識が向かうことである．

　そして第 3 に，**整理整頓**である．これは部屋や身の回りのものを整えることに意識が向かうことである．

　このような内容で表現される概念を測定するために，新たに**清潔志向性尺度**を作成し，男女間の得点差を検討することが本研究の目的である．

1−2 項目内容

C01_ 電車やバスのつり革や手すりを持つことに抵抗を感じる
C02_ 身の回りをこまめに片づけるように心がけている
C03_ ゴミはきちんと分別するように心がけている
C04_ 他人の服装が気になる
C05_ 毎日お風呂に入らないと気がすまない
C06_ 髪の毛は毎日洗わないと気がすまない
C07_ 使ったものは元の場所に戻す
C08_ 外出するときは必ず鏡で服装をチェックする
C09_ 手を洗うときは石鹸を使わないと気がすまない
C10_ 脱いだ服は脱ぎっぱなしにしないように心がけている
C11_ 毎日髪型に気を遣う
C12_ 常に鏡を携帯している
C13_ 目につかないところも整理整頓している
C14_ 毎食後，必ず歯を磨く
C15_ 帽子や小物に気を遣うようにしている
C16_ 衣類を細かく分類して収納するようにしている
C17_ 自分のものがどこにしまってあるかすぐわかる
C18_ 服や身につけるものの買い物が好きだ
C19_ 流行が気になる
C20_ 友達同士で回し飲みをするのを不快に感じる
C21_ 鞄の中が整理整頓されている
C22_ 公共のトイレに抵抗を感じる
C23_ 眉毛は常に整えておきたいと思う
C24_ 公共のスリッパを履くのに抵抗を感じる
C25_ 授業で配られたプリントは項目ごとに分けている
C26_ 手を洗うときは爪の間まで洗う
C27_ 学校用や遊び，デート用に服を変えるようにしたい
C28_ いろんな服の組み合わせにチャレンジしている
C29_ 脱いだ服はきちんとそろえる
C30_ 公共のトイレの便座にそのまま座りたくない

1-3 調査の方法

(1) 調査対象・調査時期

調査対象は愛知県内の大学生 72 名（男性 34 名，女性 38 名）であった．全調査対象の平均年齢は 19.79（標準偏差 0.65）歳であった．調査は 2004 年 11 月に講義時間を利用して一斉に行われた．

(2) 調査内容

本研究で新たに作成された清潔志向性尺度を使用した．回答は

まったく当てはまらない	（1 点）
当てはまらない	（2 点）
やや当てはまらない	（3 点）
やや当てはまる	（4 点）
当てはまる	（5 点）
非常に当てはまる	（6 点）

の 6 段階評定で求められた．

1-4 分析のアウトライン

● 項目分析

▶ まず，清潔志向性尺度30項目について，平均値や標準偏差（SD）など基礎統計量を算出し，ヒストグラムを描いて得点分布を確認する．

▶ 天井効果やフロア（床）効果は，事前に予想された得点分布に対し，得られた得点分布が偏っていることを意味する．

▶ 基礎統計量やヒストグラムを確認しながら，各項目に**天井効果**や**フロア（床）効果**が見られないかどうかをチェックする．

▶ たとえば，1点から6点の得点分布で，中央付近である3点か4点を選ぶ者が多く，1点や6点を選ぶものが少なければ，左右対称の山形の分布が得られる．

▶ そのような分布を事前に仮定していたにもかかわらず……
- 1点や2点ばかりが回答として得られてしまった … フロア（床）効果
- 5点や6点ばかりが回答として得られてしまった … 天井効果
- 天井効果やフロア（床）効果に明確な基準があるわけではない．

▶ あまりに極端な回答が得られた質問項目は，分析から除外したほうがよいだろう．
- どのような得点分布の質問項目を除外すべきか，明確な基準があるわけではない．
- 必ず本調査を行う前に予備調査を行い，このようなことが極力生じないように，質問項目の表現を調整しておくことが望ましい．

▶ また，極端な得点が得られたとき，すぐに分析から除外するのも望ましくない．
- 質問紙調査でもっとも重要なことは，測定しようとしている特徴をもつ人物ともたない人物を，その質問項目で分けることができるか（弁別力があるか）である．
- 研究の目的によっては，多くの人が1点や2点ばかりをつけるなかで，4点や5点をつける少数の人を見つけることに意味がある場合もある．
- 機械的に項目の取捨選択をしたり，ある指標だけで取捨選択をする判断を下したりしないこと．判断は，総合的な観点からするようにしたい．

- **因子分析**
  - ▸ 得点分布が極端に偏っていない質問項目に対して，因子分析を行う．
  - ▸ 事前に３因子が想定されているが，ほんとうに３因子構造となるのかどうかを探索的因子分析で検討する．
- **内的整合性の検討**
  - ▸ 最終的に得られた因子構造に基づいて，尺度を作成する．
  - ▸ 各下位尺度に含まれる項目について α 係数を算出し，内的整合性を検討する．
- **尺度得点の算出と相関関係**
  - ▸ 項目平均値によって各下位尺度の得点を算出する．
  - ▸ 得られた下位尺度得点間の相関係数を算出する．
- **男女差の検討**
  - ▸ 得られた下位尺度得点を用いて，男女差を t 検定で検討する．

では，やってみよう．

Section 2 データの確認と項目分析

2−1 データの内容と値ラベルの設定

● データの内容は以下の通りである.

▶ ID, 年齢, 性別ラベル (F:女性, M:男性), 性別 (1:女性, 2:男性), C01～C30 (清潔志向性の項目)

● 性別に値ラベルをつけておこう.

▶ 変数ビューを表示

▶ 性別の「値」の部分をクリックし, … をクリックする.

◆ [値(U):] に 1, [ラベル(L):] に女性と入力して, 追加(A) をクリック.

◆ [値(U):] に 2, [ラベル(L):] に男性と入力して, 追加(A) をクリック.

▶ OK をクリック.

◎ なお, ID1～74 のうち, ID8, 27 に欠損値があったため, 次ページにあるようにデータを省いてある.
そのため, 今回は 72 名分のデータを用いて分析を行う.

ID	年齢	性別ラベル	性別	C01	C02	C03	C04	C05	C06	C07	C08	C09	C10	C11	C12	C13	C14	C15	C16	C17	C18	C19	C20	C21	C22	C23	C24	C25	C26	C27	C28	C29	C30
1	19	F	1	3	4	5	3	6	5	4	4	4	3	3	4	3	5	3	3	3	5	3	1	4	3	4	2	5	4	6	2	4	3
2	20	F	1	4	4	3	5	6	6	4	6	4	4	5	6	4	4	5	5	5	6	4	2	2	4	5	5	4	5	5	4	5	2
3	20	F	1	5	6	6	5	6	6	6	4	3	6	3	5	6	4	3	6	6	4	3	4	6	4	6	6	5	4	4	6	6	6
4	21	F	1	5	6	5	1	6	6	6	6	6	6	5	6	6	4	5	6	6	4	2	6	6	6	6	6	6	6	6	2	6	6
5	20	F	1	3	4	4	6	6	5	6	6	3	3	5	6	5	5	6	6	4	2	6	2	6	2	4	2	3	5	5	6	6	6
6	19	F	1	4	1	5	6	5	4	1	6	5	1	5	1	1	5	4	1	6	5	1	1	4	3	1	1	1	3	6	1	5	
7	20	F	1	3	3	5	6	6	4	2	6	4	4	2	6	4	3	4	5	2	4	5	6	4	2	3	2	3	4	5	6		
9	20	F	1	3	4	5	5	6	6	5	5	4	3	5	6	5	5	3	4	4	5	5	3	4	4	2	5	3	4	5	4		
10	20	F	1	5	4	4	5	6	6	4	5	3	4	5	4	4	4	5	5	6	5	2	4	5	5	3	4	3	4	5	5	3	
11	20	F	1	2	2	5	4	4	4	3	2	2	2	2	1	2	2	4	5	4	2	2	4	4	4	2	3	3	3	3	3	5	
12	19	F	1	4	3	3	4	6	6	2	5	3	3	5	5	2	3	4	2	6	5	4	1	2	4	4	4	2	3	3	3	6	
13	22	F	1	2	2	5	4	6	6	5	6	4	5	6	5	4	4	5	2	6	4	4	2	2	5	1	6	5	4	4	2	1	
14	19	F	1	1	3	2	4	5	6	2	5	2	2	2	5	3	1	3	5	6	6	1	3	2	5	2	2	2	2	3	3	3	
15	19	F	1	2	3	3	5	4	4	4	4	3	2	1	1	3	1	1	3	5	5	2	4	1	4	3	3	1	1	1	1	5	4
16	20	F	1	1	2	5	6	1	1	2	6	1	1	5	5	1	1	5	3	2	5	1	1	4	5	1	2	1	4	4	2	2	
17	20	F	1	2	5	3	2	5	4	2	3	3	3	4	3	3	3	3	2	5	3	2	2	6	2	3	2	2	2	2	2	2	6
18	19	F	1	1	4	3	4	3	4	3	5	1	3	3	3	2	2	3	3	4	4	1	2	2	4	1	4	2	3	3	4	2	
19	19	F	1	3	5	5	6	6	6	4	6	4	6	4	6	6	6	5	6	4	4	2	5	2	6	3	4	3	6	6	4	5	
20	20	F	1	3	3	4	3	3	3	4	3	4	4	4	2	3	1	4	4	3	4	4	2	4	2	5	2	2	5	4	4	6	
21	20	F	1	4	2	5	4	6	6	5	5	2	2	4	6	1	3	2	4	2	5	4	2	4	4	5	4	4	2	5	2	3	6
22	20	F	1	2	2	4	4	4	3	4	1	3	3	2	2	2	2	2	5	4	1	5	4	1	4	2	3	4	2				
23	19	F	1	1	2	4	5	5	5	6	6	6	5	4	2	6	2	2	2	2	1	1	2	1	4	1	5	3	5	4	2	3	
24	19	F	1	1	6	6	6	6	6	6	3	6	6	3	3	6	3	5	4	4	1	4	6	5	1	6	2	4	5	3	4		
25	20	F	1	2	3	2	4	5	4	2	4	3	5	5	2	4	4	5	5	2	4	5	3	4	5	3	4	4	3				
26	20	F	1	6	5	3	5	6	6	3	6	6	5	6	6	4	3	4	2	3	6	5	4	3	6	6	5	2	2	6	5	6	6
28	21	F	1	3	6	5	6	6	6	3	4	6	4	4	3	4	4	3	3	6	6	4	1	3	5	3	4	6					
29	20	F	1	1	5	5	4	4	6	4	5	3	5	4	6	5	5	3	5	6	6	4	2	5	2	3	6	4	3	3	5	4	
30	20	F	1	1	1	2	4	6	6	1	4	1	1	5	5	1	4	1	1	1	4	5	1	1	4	1	6	1	1	5	1	1	
31	20	F	1	6	2	5	5	3	3	4	3	2	3	2	4	2	1	1	5	4	5	2	2	4	2	5	3	2	3				
32	20	F	1	1	2	4	5	6	2	5	2	3	2	2	3	3	4	5	5	2	3	5	5	3	2	3	4	4	4				
33	20	F	1	4	3	4	4	4	4	2	6	5	3	6	1	3	1	4	2	4	4	2	4	2	4	5	4	2	4	4	4	6	
34	20	F	1	1	2	1	2	4	4	2	5	2	3	1	1	2	3	4	4	1	3	2	2	3	3	1	2	3	3	3	3		
35	19	F	1	5	5	5	6	5	6	4	5	4	4	6	3	4	4	3	5	6	6	3	6	1	5	5	5	2	3	6	6		
36	20	F	1	2	4	4	4	3	4	3	4	4	3	4	4	5	5	1	4	2	4	2	5	2	3	2	3	4	4				
37	20	M	2	5	2	2	1	6	6	4	2	1	2	2	1	1	1	2	1	3	2	2	1	6	1	1	1	6	1	2	4	2	1
38	20	M	2	1	2	4	3	4	4	3	4	2	1	3	2	2	5	4	3	2	3	2	1	1	4	2	2	5	3				
39	20	M	2	1	2	5	6	4	5	6	6	5	2	3	4	1	3	3	5	3	5	6	2	5	4	2	6	1	5	5	5	2	
40	20	M	2	2	5	5	4	4	5	4	3	4	5	3	4	3	3	3	4	4	2	4	2	3	4	3	4	4	4	5	2		
41	20	M	2	1	6	5	5	5	6	4	5	4	1	5	3	5	5	6	6	2	3	4	4	4	1	6	6	4	3				
42	19	M	2	1	1	6	1	6	6	1	1	1	1	6	1	1	1	1	1	1	1	1	1	1	1	1	1	1	1	1	1	1	6
43	20	M	2	1	4	2	1	2	2	4	2	1	3	2	1	3	2	1	2	4	3	2	1	4	1	2	1	5	2	2	3	3	1
44	19	M	2	1	3	4	4	4	5	3	4	3	5	3	3	2	2	2	4	3	1	3	4	3	2	3	4	3	4	3			
45	19	M	2	1	4	1	2	5	5	4	2	5	3	3	1	2	4	1	2	5	2	1	4	5	2	1	2	3	1	2	4	3	
46	20	M	2	1	3	5	1	6	3	4	2	4	3	2	1	2	3	3	4	4	3	4	3	2	1	1	1	1	1	2	2	2	
47	20	M	2	2	2	6	4	6	6	4	5	3	4	1	1	5	2	3	4	4	2	4	2	5	2	2	1	4	4	3	6		
48	20	M	2	1	4	3	5	6	6	3	3	5	1	1	1	2	3	5	3	4	4	5	2	6	3	2	5	6	2	4	4	3	4
49	19	M	2	2	1	2	5	3	4	2	4	3	2	1	1	3	2	1	1	5	2	1	2	2	4	2	1	3	5	2	3	3	
50	21	M	2	4	5	5	5	6	5	5	5	3	4	5	3	4	5	5	5	5	1	2	3	3	4	2	3	4	4				
51	20	M	2	1	6	5	5	6	4	5	6	2	3	4	1	3	2	1	2	6	5	3	1	5	1	4	1	4	4	5	3	4	4
52	22	M	2	2	5	4	4	5	5	3	3	3	4	3	3	4	2	4	3	5	5	4	4	3	3	5	3	3	3	4	3	4	4
53	20	M	2	4	5	4	2	6	4	4	4	3	3	1	4	3	5	5	4	4	5	5	4	4	3	5	4	4	3	4			
54	20	M	2	1	4	4	3	4	4	4	4	3	2	3	3	3	4	3	2	4	2	3	2	4	2	2	2	4	3				
55	20	M	2	1	1	2	6	6	1	1	4	1	1	2	1	1	2	1	1	1	1	1	2	1	1	1	1	1	1	1	1		
56	19	M	2	3	4	4	4	5	5	3	4	5	2	4	4	2	4	2	2	4	2	5	2	4	2	5	2	2	5	5	2		
57	20	M	2	1	2	5	2	2	2	3	4	3	3	1	1	3	4	5	5	3	1	1	6	3	6	1	2	3	6	3	3	2	
58	19	M	2	2	3	5	4	6	6	5	5	3	3	1	2	3	4	2	3	3	1	3	2	3	5	4	5						
59	20	M	2	1	4	6	5	6	6	4	5	4	5	4	1	3	1	1	1	5	5	2	1	4	1	2	1	5	3	2	4	6	1
60	19	M	2	2	3	4	4	4	4	4	4	4	1	2	3	1	2	3	3	2	4	4	6	3	2	2	4	6	3	2	2	4	
61	20	M	2	1	5	5	2	6	4	5	4	5	4	2	1	2	3	3	1	5	5	4	4	5	2	2	4	3	6				
62	20	F	1	1	3	5	2	6	2	4	3	5	3	3	2	2	3	4	2	3	1	2	2	3	2	5	3	3	5	3			
63	20	F	1	1	3	5	6	5	6	5	4	3	4	2	3	4	2	3	5	2	5	5	3	3	3	6	1	3					
64	20	F	1	3	2	3	5	5	2	5	3	4	2	3	4	2	3	5	5	5	3	3	4	2	4								
65	19	F	1	1	4	5	5	6	6	4	6	4	5	2	2	1	4	6	3	2	6	1	5	1	2	6	2	2	1				
66	20	M	2	1	4	4	2	6	6	4	5	2	4	3	1	3	1	1	5	3	1	3	3	3	3	3	3	4	2	4			
67	20	M	2	2	3	1	4	6	6	3	3	4	3	1	3	4	4	1	4	4	1	4	4	3	4	4	2	4	3	4			
68	19	M	2	4	5	5	6	6	5	4	4	3	3	3	3	5	6	5	5	5	4	4	4	5	4	5	5	5	6				
69	20	M	2	2	3	5	4	5	4	4	3	2	4	1	2	3	3	4	5	2	4	2	4	1	2	3	4	3					
70	19	M	2	1	4	4	4	6	4	5	2	4	6	3	3	4	4	2	5	1	4	2	1	6	1	6	4	3	2				
71	19	M	2	1	4	5	2	6	6	5	3	4	2	1	2	3	1	2	2	6	2	2	4	3	4	3	4	3	2				
72	20	M	2	1	4	5	2	6	6	2	5	3	6	4	3	2	1	3	2	1	3	1	2	6	1	5	1	2	3	2	5		
73	20	M	2	1	1	5	5	4	2	4	4	2	2	1	2	2	1	5	1	1	1	1	1	1	1	1	1	2	1				
74	19	M	2	1	2	3	4	3	3	2	1	2	1	1	1	2	3	1	1	5	1	1	1	2	1	1	1	1	1	3	1		

2-2　項目分析 (平均値・標準偏差の算出と得点分布の確認)

清潔志向性30項目の平均値，標準偏差を算出し，得点分布を確認する．

■分析の指定

- [分析(A)] ⇒ [記述統計(E)] ⇒ [記述統計(D)] を選択．
  - ▶ [変数(V):] 欄に C01 から C30 までを指定．
  - ▶ OK をクリック．

- なお尖度や歪度など他の統計値を算出したいときは [オプション(O)] をクリックして指定．

- また95％信頼区間を出力したいときは [ブートストラップ(B)] をクリックし，[ブートストラップの実行(P)] にチェックを入れる．

  ※ Bootstrapping モジュールが必要

  Bootstrapping モジュールがある場合（右上）

  モジュールがない場合（右下）

■出力結果の見方

● 記述統計量が出力される.

記述統計量

	度数	最小値	最大値	平均値	標準偏差
C01_電車やバスのつり革や手すりを持つことに抵抗を感じる	72	1	6	2.21	1.443
C02_身の回りをこまめに片づけるように心がけている	72	1	6	3.54	1.433
C03_ゴミはきちんと分別するように心がけている	72	1	6	4.10	1.365
C04_他人の服装が気になる	72	1	6	3.90	1.436
C05_毎日お風呂に入らないと気がすまない	72	1	6	5.03	1.222
C06_髪の毛は毎日洗わないと気がすまない	72	1	6	4.96	1.261
C07_使ったものは元の場所に戻す	72	1	6	3.57	1.351
C08_外出するときは必ず鏡で服装をチェックする	72	1	6	4.26	1.404
C09_手を洗うときは石鹸を使わないと気がすまない	72	1	6	3.18	1.314
C10_脱いだ服は脱ぎっぱなしにしないように心がけている	72	1	6	3.43	1.372
C11_毎日髪型に気をつかう	72	1	6	3.78	1.567
C12_常に鏡を携帯している	72	1	6	2.99	1.996
C13_目につかないところも整理整頓している	72	1	6	2.93	1.387
C14_毎食後、必ず歯を磨く	72	1	6	2.85	1.307
C15_帽子や小物に気をつかうようにしている	72	1	6	3.07	1.367
C16_衣類を細かく分類して収納するようにしている	72	1	6	3.17	1.482
C17_自分のものがどこにしまってあるかすぐわかる	72	1	6	3.81	1.469
C18_服や身につけるものの買い物が好きだ	72	1	6	4.21	1.601
C19_流行が気になる	72	1	6	3.49	1.574
C20_友達同士で回し飲みをするのを不快に感じる	72	1	6	2.14	1.282
C21_鞄の中が整理整頓されている	72	1	6	3.42	1.489
C22_公共のトイレに抵抗を感じる	72	1	6	3.07	1.595
C23_眉毛は常に整えておきたいと思う	72	1	6	3.67	1.556
C24_公共のスリッパを履くのに抵抗を感じる	72	1	6	2.54	1.463
C25_授業で配られたプリントは項目ごとに分けている	72	1	6	3.51	1.712
C26_手を洗うときは爪の間まで洗う	72	1	6	2.44	1.099
C27_学校用や遊び、デート用に服を変えるようにしたい	72	1	6	3.54	1.574
C28_いろんな服の組み合わせにチャレンジしている	72	1	6	3.46	1.331
C29_脱いだ服はきちんとそろえる	72	1	6	3.54	1.363
C30_公共のトイレの便座にそのまま座りたくない	72	1	6	3.65	1.663
有効なケースの数 (リストごと)	72				

● 得点幅が1点から6点であることを考えると，C05（平均5.03，標準偏差1.22），C06（平均4.96，標準偏差1.26）は，「当てはまる（5点）」「非常に当てはまる（6点）」に多くの回答が集まっているようである.

● また，C01（平均2.21，標準偏差1.44）やC20（平均2.14，標準偏差1.28）は，「まったく当てはまらない（1点）」「当てはまらない（2点）」に多くの回答が集まっているようである.

次に，得点分布を確認しよう．［グラフ(G)］⇒［レガシーダイアログ(L)］⇒［ヒスト
グラム(I)］でヒストグラムを描くことができるのだが，各変数について1つずつしか描くこ
とができない．

　そこで次のようにしてみよう．基礎統計量と得点分布の両方を，一度に出力することができる．

■分析の指定

- ［分析(A)］⇒［記述統計(E)］⇒［探索的(E)］
  から
    - ［従属変数(D)：］欄にC01からC30までを指定
      する．
    - 作図(T) をクリック．
        - ［記述統計］の［ヒストグラム(H)］にチェッ
          クを入れ，続行 をクリック．
    - ［表示］が［両方(B)］になっていることを確認
      して OK をクリック．

■出力結果の見方

- 処理したケースの要約に引き続き，記述統計量が出力される．
    - それぞれの項目の平均値や標準偏差，最小値や最大値などの数値を確認しよう．

記述統計

			統計量	標準誤差
C01_電車やバスのつり革や手すり を持つことに抵抗を感じる	平均値		2.21	.170
	平均値の 95% 信頼区間	下限	1.87	
		上限	2.55	
	5%トリム平均		2.09	
	中央値		2.00	
	分散		2.083	
	標準偏差		1.443	
	最小値		1	
	最大値		6	
	範囲		5	
	4分位範囲		2	
	歪度		1.012	.283
	尖度		-.045	.559
C02_身の回りをこまめに片づける ように心がけている	平均値		3.54	.169
	平均値の 95% 信頼区間	下限	3.20	
		上限	3.88	

● 次に，各変数のヒストグラムと幹葉図，箱ひげ図が表示される.

  ▸ ヒストグラムと幹葉図は，各選択肢を何名が選択したかを確認することができる.

  ▸ 箱ひげ図は，[**最小値**]，[**25%**]（第1四分点），[**50%**]（中央値），[**75%**]（第3四分点），[**最大値**]の位置を表す.

  ▸ 項目 C01 の場合，選択肢1に回答した者が多く，得点分布全体が低い方向に寄っていることがわかる.

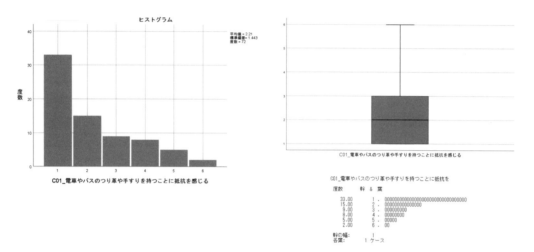

（左：ヒストグラム，右上：箱ひげ図，右下：幹葉図）

  ▸ では，項目 C02 のヒストグラムと箱ひげ図を見てみよう.

    ◆ なだらかな得点分布ではあるが，得点が中央に寄っており，1と6の選択肢を選んだ者が少ないことがわかる.

    ◆ このような得点分布であれば，このあとの分析をする上でも大きな問題が生じることはないだろう.

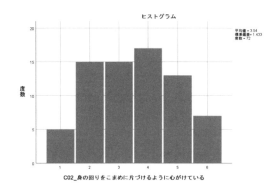

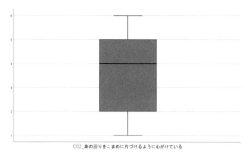

▶ C05 と C06 のヒストグラムを見てみよう.

  ◆ いずれも 6 の選択肢を選んだ者が多く, 得点が高いほうへ寄っている.

  ◆ これらの項目をこれ以降の分析に含めるかどうか, 慎重に考える必要がある.

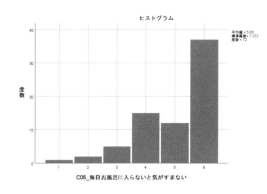

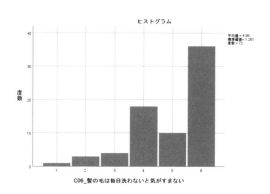

▶ C12 のヒストグラムを見てみよう.

  ◆ 「常に鏡を携帯している」という質問項目に対しては, 多くの人が「まったく当てはまらない (1 点)」か「非常に当てはまる (6 点)」のいずれかに回答したことがわかる.

  ◆ 多くの回答者は, 普段の生活のなかで鏡を携帯しているかいないか, どちらかの状態にある. 選択肢は 6 つ用意されているが, 「はい」か「いいえ」で答えるような質問項目なので, このような得点の分布になってしまう.

- ◆ やはり予備調査を行ない，おおよそどのような得点分布を示すかを確かめてから本調査を行うのが望ましい．何度か経験を積んでいくと，より良い質問項目をつくることができるようになっていくことだろう．
- ▶ さらに大きく得点が偏っていたのは，C20である．多くの回答者は，友達同士で回し飲みをするのを不快に感じないようである．
  - ◆ 「友達同士」という表現を変えれば（たとえば「見知らぬ人同士」など），得点分布は変わってくるだろう．やはり，少人数でも予備調査を行って確認しておきたい．

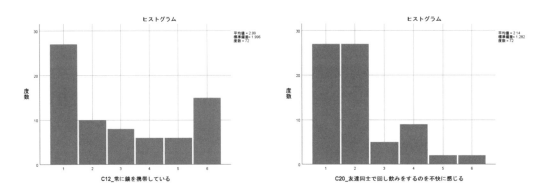

以上のように，いくつかの質問項目には得点分布上の問題がありそうだ（他には，C24やC30などの得点分布も確認してみよう）．

どの程度の得点分布の偏りによって，これ以降の分析からその質問項目を除外するかは難しい問題である．あまりに厳しい基準で項目の取捨選択を行うと，多くの質問項目が排除されてしまい，本来測定したい内容が測定できなくなってしまう危険性もある．やはり，予備調査を行うとともに，質問項目の表現を十分に考えておきたい．

今回の場合，反省すべき点は多いが，ここではすべての質問項目を用いて，以降の分析を進めることにしてみよう．偏った得点分布の項目を削除したときに結果がどうなるかは，各自で試してみてほしい．

3-1 1回目の因子分析 (因子数の検討)

1回目の因子分析を行う. ここでは,清潔志向性尺度が何因子構造となるのかの目安をつける.

■分析の指定

● [分析(A)] ⇒ [次元分解(D)] ⇒ [因子分析(F)] を選択.

▶ [変数(V):] 欄に,清潔志向性尺度30変数を指定.

▶ 因子抽出(E) ⇒ [方法(M):] は主因子法, [表示] の [スクリープロット(S)] にチェックを入れて, 続行 .

▶ OK をクリック.

■出力結果の見方

(1) まず, 説明された分散の合計の初期の固有値を見る.

説明された分散の合計

因子	初期の固有値 合計	初期の固有値 分散の %	初期の固有値 累積 %	抽出後の負荷量平方和 合計	抽出後の負荷量平方和 分散の %	抽出後の負荷量平方和 累積 %
1	9.243	30.811	30.811	8.870	29.566	29.566
2	3.455	11.518	42.329	3.096	10.319	39.885
3	2.395	7.984	50.314	1.972	6.575	46.460
4	1.695	5.649	55.963	1.429	4.763	51.223
5	1.477	4.922	60.885	1.094	3.645	54.868
6	1.315	4.383	65.267	.865	2.883	57.751
7	1.069	3.563	68.831	.652	2.174	59.925
8	.972	3.242	72.072			
9	.950	2.865	74.937			

▶ 合計の欄を見ると，固有値は大きいものから 9.24，3.46，2.40，1.70，1.48，……と変化
している．

▶ 累積％を見ると，3 因子で 30 項目の全分散の 50.31％を説明している．

(2) スクリープロットを見る．

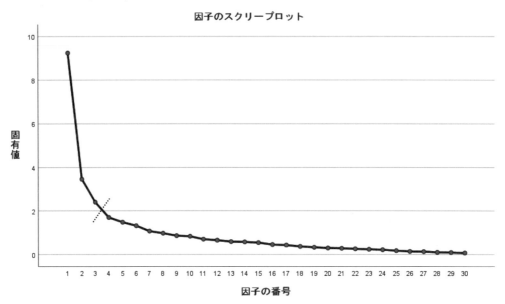

因子のスクリープロット

▶ 第 3 因子と第 4 因子までの傾きが大きく，第 4 因子以降の傾きが小さくなっていること
がわかる．

▶ そこで，3 因子構造と仮定して，再び因子分析を行ってみよう．

3-2　2回目の因子分析 （Promax 回転と項目の取捨選択）

　2回目以降の因子分析では3因子構造を仮定し，回転をかけ，項目の取捨選択を行う.

　因子分析によって得られる因子は清潔志向性の下位概念であり，相互に正の関連が想定されるため，斜交回転の1つである**プロマックス回転**を行う.

■分析の指定

● ［分析(A)］ ⇒ ［次元分解］ ⇒ ［因子分析(F)］を選択.

　　▶ 因子抽出(E) ウィンドウの指定は……

　　　　◆ ［方法(M):］は主因子法.

　　　　◆ ［抽出の基準］の［因子の固定数(N)］をクリックし，枠に3と入力する.

　　▶ 回転(T) ウィンドウは，［プロマックス(P)］を指定する.

　　▶ オプション(O) ⇒ ［係数の表示書式］で［サイズによる並び替え(S)］にチェックを入れる（因子負荷量の順に項目を並べ替える）.

　　▶ 元の画面に戻って， OK をクリックする.

■出力結果の見方

(1) 因子抽出後の「共通性」をチェック.

　　▶ C03とC05の因子抽出後の共通性が，やや低い値を示している.

(2) 出力の中で，パターン行列を見る.

　　▶ プロマックス回転後の因子パターンが出力されている.

共通性

	初期	因子抽出後
C01_電車やバスのつり革や手すりを持つことに抵抗を感じる	.496	.366
C02_身の回りをこまめに片づけるように心がけている	.653	.480
C03_ゴミをきちんと分別するように心がけている	.577	.139
C04_他人の服装が気になる	.664	.484
C05_毎日お風呂に入らないと気がすまない	.710	.178
C06_髪の毛は毎日洗わないと気がすまない	.722	.222
C07_使ったものは元の場所に戻す	.775	.666
C08_外出するときは必ず鏡で服装をチェックする	.800	.611
C09_手を洗うときは石鹸を使わないと気がすまない	.538	.331
C10_脱いだ服は脱ぎっぱなしにしないように心がけている	.632	.427
C11_毎日髪型に気をつかう	.731	.592
C12_常に鏡を携帯している	.585	.383
C13_目につかないところも整理整頓している	.766	.676
C14_毎食後、必ず歯を磨く	.557	.247
C15_帽子や小物に気をつかうようにしている	.695	.451
C16_衣類を細かく分類して収納している	.728	.460
C17_自分のものがどこにしまってあるかすぐわかる	.544	.351
C18_服や身につけるものの買い物が好きだ	.766	.707
C19_流行が気になる	.863	.735
C20_友達同士で回し飲みをするのを不快に感じる	.558	.394
C21_鞄の中が整理整頓されている	.600	.463
C22_公共のトイレに抵抗を感じる	.521	.445
C23_眉毛は常に整えておきたいと思う	.763	.563
C24_公共のスリッパを履くのに抵抗を感じる	.729	.554
C25_授業で配られたプリントは項目ごとに分けている	.641	.345
C26_手を洗うときは爪の間まで洗う	.578	.398
C27_学校用や遊び、デート用に服を変えるようにしたい	.633	.412
C28_いろんな服の組み合わせにチャレンジしている	.756	.604
C29_脱いだ服はきちんとそろえる	.606	.418
C30_公共のトイレの便座にそのまま座りたくない	.737	.473

因子抽出法: 主因子法

	因子 1	2	3
C19_流行が気になる	.938	-.077	-.149
C18_服や身につけるものの買い物が好きだ	.902	-.011	-.156
C28_いろんな服の組み合わせにチャレンジしている	.819	.012	-.120
C04_他人の服装が気になる	.753	-.274	.027
C08_外出するときは必ず鏡で服装をチェックする	.737	.032	.064
C11_毎日髪型に気をつかう	.734	.049	.029
C23_眉毛は常に整えておきたいと思う	.641	.056	.154
C15_帽子や小物に気をつかうようにしている	.521	-.061	.290
C12_常に鏡を携帯している	.513	.155	.046
C27_学校用や遊び、デート用に服を変えるようにしたい	**.369**	.205	.229
C14_毎食後、必ず歯を磨く	**.297**	.228	.091
C07_使ったものは元の場所に戻す	-.066	.903	-.172
C21_鞄の中が整理整頓されている	-.002	.726	-.112
C02_身の回りをこまめに片づけるように心がけている	-.029	.690	.030
C13_目につかないところも整理整頓している	.090	.688	.163
C10_脱いだ服は脱ぎっぱなしにしないように心がけている	-.292	.667	.121
C17_自分のものがどこにしまってあるかすぐわかる	-.031	.632	-.066
C25_授業で配られたプリントは項目ごとに分けている	.124	.620	-.330
C29_脱いだ服はきちんとそろえる	.007	.570	.135
C26_手を洗うときは爪の間まで洗う	-.003	.532	.176
C16_衣類を細かく分類して収納するようにしている	.246	.412	.186
C05_毎日お風呂に入らないと気がすまない	.205	**.317**	-.043
C06_髪の毛は毎日洗わないと気がすまない	.286	**.303**	-.047
C03_ゴミはきちんと分別するように心がけている	.000	**.296**	.127
C22_公共のトイレに抵抗を感じる	-.058	-.202	.756
C24_公共のスリッパを履くのに抵抗を感じる	.023	.074	.696
C30_公共のトイレの便座にそのまま座りたくない	.118	-.125	.681
C20_友達同士で回し飲みをするのを不快に感じる	-.232	.064	.668
C01_電車やバスのつり革や手すりを持つことに抵抗を感じる	.108	-.002	.550
C09_手を洗うときは石鹸を使わないと気がすまない	.063	.110	.483

第1因子に最も高い負荷量を示したグループ

第2因子に最も高い負荷量を示したグループ

第3因子に最も高い負荷量を示したグループ

因子抽出法：主因子法
回転法：Kaiser の正規化を伴うプロマックス法
a. 5 回の反復で回転が収束しました。

(3) 因子負荷量が .400 であることを基準に項目の取捨選択を行う.

▶ 第1因子に最も高い負荷量を示した

　　C14　毎食後，必ず歯を磨く

　　C27　学校用や遊び，デート用に服を変えるようにしたい　　と，

　　第2因子に最も高い負荷量を示した

　　C03　ゴミはきちんと分別するように心がけている

　　C05　毎日お風呂に入らないと気がすまない

　　C06　髪の毛は毎日洗わないと気がすまない　　　　の

5項目の因子負荷量が .400 を下回っていたため，これらの項目を外して再び因子分析を行うことにする. 得点分布が偏っていることと，因子分析で負荷量が低くなることは一致するわけではない，ということがわかるだろう.

3-3 3回目の因子分析 (最終的な因子構造の確定)

C03, C05, C06, C14, C27 を分析から除外し, 再度, 因子分析を行う.

■分析の指定

● [分析 (A)] ⇒ [次元分解] ⇒ [因子分析 (F)]

C03, C05, C06, C14, C27 の 5 項目を変数の指定から外して, 先ほどと同じ設定を行う.

■出力結果の見方

(1) パターン行列を見てみよう.

パターン行列[a]

	因子		
	1	2	3
C19_流行が気になる	.933	-.052	-.130
C18_服や身につけるものの買い物が好きだ	.901	.011	-.146
C28_いろんな服の組み合わせにチャレンジしている	.798	.022	-.100
C04_他人の服装が気になる	.749	-.258	.018
C08_外出するときは必ず鏡で服装をチェックする	.738	.039	.052
C11_毎日髪型に気をつかう	.712	.049	.052
C23_眉毛は常に整えておきたいと思う	.630	.081	.163
C15_帽子や小物に気をつかうようにしている	.519	-.028	.273
C12_常に鏡を携帯している	.498	.151	.061
C07_使ったものは元の場所に戻す	-.046	.882	-.180
C21_鞄の中が整理整頓されている	-.004	.718	-.094
C13_目につかないところも整理整頓している	.108	.697	.159
C02_身の回りをこまめに片づけるように心がけている	-.019	.668	.055
C17_自分のものがどこにしまってあるかすぐわかる	-.017	.651	-.063
C10_脱いだ服は脱ぎっぱなしにしないように心がけている	-.274	.616	.133
C25_授業で配られたプリントは項目ごとに分ける	.115	.608	-.305
C29_脱いだ服はきちんとそろえる	.028	.597	.128
C26_手を洗うときは爪の間まで洗う	.003	.543	.164
C16_衣類を細かく分類して収納するようにしている	.253	.432	.178
C22_公共のトイレに抵抗を感じる	-.056	-.201	.755
C24_公共のスリッパを履くのに抵抗を感じる	.022	.085	.720
C30_公共のトイレの便座にそのまま座りたくない	.126	-.144	.704
C20_友達同士で回し飲みをするのを不快に感じる	-.214	.080	.629
C01_電車やバスのつり革や手すりを持つことに抵抗を感じる	.104	.008	.552
C09_手を洗うときは石鹸を使わないと気がすまない	.060	.101	.480

第1因子に最も高い負荷量を示したグループ

第2因子に最も高い負荷量を示したグループ

第3因子に最も高い負荷量を示したグループ

因子抽出法: 主因子法
回転法: Kaiser の正規化を伴うプロマックス法
a. 4 回の反復で回転が収束しました.

▸ 全体としてきれいな（因子負荷量が高いところは高く，それ以外は 0 に近い）因子構造
となっている．
▸ 今回はこの結果を最終的な因子分析結果としておこう．

最終的に，25 項目から 3 因子構造が得られた．

(2) 最終的な因子分析結果が得られたら，他の情報も見ておく必要がある．
　　　　▸ 斜交解の場合，**抽出後の分散の説明率**と**因子間相関**をチェックしよう．
● 「抽出後の分散の説明率」 ⇒ **説明された分散の合計**を見る．

説明された分散の合計

因子	初期の固有値			抽出後の負荷量平方和			回転後の負荷量平方和[a]
	合計	分散の %	累積 %	合計	分散の %	累積 %	合計
1	8.117	32.470	32.470	7.649	30.595	30.595	6.251
2	3.412	13.647	46.117	2.950	11.802	42.396	5.691
3	2.360	9.441	55.559	1.832	7.328	49.724	4.677
4	1.276	5.104	60.663				
5	1.150	4.601	65.264				
6	1.100	4.400	69.664				

　　　　▸ **抽出後の累積%**を見ると，回転前の 3 因子で 25 項目の全分散を説明する割合は 49.72%
であることがわかる．
● 「因子間相関」 ⇒ **因子相関行列**を見る．
　　　　▸ 3 つの因子は相互に正の相関関係にあることがわかる．

因子相関行列

因子	1	2	3
1	1.000	.379	.418
2	.379	1.000	.443
3	.418	.443	1.000

因子抽出法: 主因子法
回転法: Kaiser の正規化を伴うプロマック
ス法

<**STEP UP**> KMO と Bartlett の球面性検定

　因子分析で KMO や Bartlett の球面性検定を出力したいときは，次のような手順で行う。

● [分析(A)] ⇒ [次元分解(D)] ⇒ [因子分析(F)] を選択

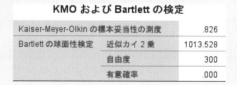

　　▶ [記述統計(D)] をクリック

　　　◆ [KMO と Bartlett の球面性検定(K)] にチェックを入れて [続行]

　　▶ 他の指定方法は **3-3** と同じ

　　▶ [OK] をクリック

● KMO および Bartlett の検定が出力される

　　▶ Kaiser-Meyer-Olkin の標本妥当性の測度：1 に近いほど適切，.50 以下は要注意

　　▶ Bartlett の球面性検定：有意であれば問題なし

KMO および Bartlett の検定

Kaiser-Meyer-Olkin の標本妥当性の測度		.826
Bartlett の球面性検定	近似カイ 2 乗	1013.528
	自由度	300
	有意確率	.000

3-4　因子の命名

　最終的な因子構造が決まったら，因子を命名する．

　各因子に高い負荷量を示した項目の内容から，

　　　　第 1 因子を 「オシャレ」因子，

　　　　第 2 因子を 「整理整頓」因子，

　　　　第 3 因子を 「衛生」因子

と命名する．

3-5 結果の記述1（清潔志向性尺度の分析）

ここまでの結果を論文形式で記述してみよう．

注）得点分布の偏りにもとづいて項目を削除した場合は，そのことを明示する．

1. 清潔志向性尺度の分析

　まず，清潔志向性尺度30項目について得点分布を確認したところ，いくつかの質問項目で得点分布の偏りが見られた．しかしながら，得点分布の偏りが見られた項目の内容を吟味したところ，いずれの質問項目についても清潔志向性という概念を測定する上で不可欠なものであると考えられた．そこでここでは項目を除外せず，すべての質問項目を以降の分析対象とした．

　次に30項目に対して主因子法による因子分析を行った．固有値の変化は9.24, 3.46, 2.40, 1.70, 1.48…，というものであり，3因子構造が妥当であると考えられた．そこで再度3因子を仮定して主因子法・Promax回転による因子分析を行った．その結果，十分な因子負荷量を示さなかった5項目を分析から除外し，再度，主因子法・Promax回転による因子分析を行った．Promax回転後の最終的な因子パターンと因子間相関をTable 1に示す．なお，回転前の3因子で25項目の全分散を説明する割合は49.72%であった．

　第1因子は9項目で構成されており，「流行が気になる」「服や身につけるものの買い物が好きだ」など，身につけるものや髪形などに意識が向かう内容の項目が高い負荷量を示していた．そこで「オシャレ」因子と命名した．

　第2因子は10項目で構成されており，「使ったものは元の場所に戻す」「鞄の中が整理整頓されている」など，身の回りを整頓する内容の項目が高い負荷量を示していた．そこで「整理整頓」因子と命名した．

　第3因子は6項目で構成されており，「公共のトイレに抵抗を感じる」など過度に衛生に気をつかう内容の項目が高い負荷量を示していた．そこで「衛生」因子と命名した．

Table 1　清潔志向性尺度の因子分析結果（Promax 回転後の因子パターン）

		I	II	III
19.	流行が気になる	**.93**	-.05	-.13
18.	服や身につけるものの買い物が好きだ	**.90**	.01	-.15
28.	いろんな服の組み合わせにチャレンジしている	**.80**	.02	-.10
4.	他人の服装が気になる	**.75**	-.26	.02
8.	外出するときは必ず鏡で服装をチェックする	**.74**	.04	.05
11.	毎日髪型に気をつかう	**.71**	.05	.05
23.	眉毛は常に整えておきたいと思う	**.63**	.08	.16
15.	帽子や小物に気をつかうようにしている	**.52**	-.03	.27
12.	常に鏡を携帯している	**.50**	.15	.06
7.	使ったものは元の場所に戻す	-.05	**.88**	-.18
21.	鞄の中が整理整頓されている	.00	**.72**	-.09
13.	目につかないところも整理整頓している	.11	**.70**	.16
2.	身の回りをこまめに片づけるように心がけている	-.02	**.67**	.06
17.	自分のものがどこにしまってあるかすぐわかる	-.02	**.65**	-.06
10.	脱いだ服は脱ぎっぱなしにしないように心がけている	-.27	**.62**	.13
25.	授業で配られたプリントは項目ごとに分けている	.12	**.61**	-.31
29.	脱いだ服はきちんとそろえる	.03	**.60**	.13
26.	手を洗うときは爪の間まで洗う	.00	**.54**	.16
16.	衣類を細かく分類して収納するようにしている	.25	**.43**	.18
22.	公共のトイレに抵抗を感じる	-.06	-.20	**.76**
24.	公共のスリッパを履くのに抵抗を感じる	.02	.09	**.72**
30.	公共のトイレの便座にそのまま座りたくない	.13	-.14	**.70**
20.	友達同士で回し飲みをするのを不快に感じる	-.21	.08	**.63**
1.	電車やバスのつり革や手すりを持つことに抵抗を感じる	.10	.01	**.55**
9.	手を洗うときは石鹸を使わないと気がすまない	.06	.10	**.48**

因子間相関	I	II	III
I	—	.38	.42
II		—	.44
III			—

＜得点分布の偏りに基づいて項目を削除した場合には……＞

　冒頭部分を，次のように変更するとよいだろう．

　　　　まず，清潔志向性尺度 30 項目について平均値と標準偏差を算出し，得点分布を確認したところ，○項目で天井効果やフロア効果と考えられる得点分布の偏りが見られた．そこでこれらの項目を以降の分析から除外した．

因子分析に投入する項目が異なれば，最終的な結論も変わってくるかもしれない.

　最初から分析に用いる項目を削除してしまうのではなく，いくつかの可能性をふまえて分析をくり返してみるのがよいだろう.

　次に，ここで得られた3因子から下位尺度を設定する.

＜ほかの分析方法も試してみよう＞

　今回は，主因子法とプロマックス回転による因子分析を行った.

　他の章で採用されている最尤法でも分析してみてほしい. どのような結果になるか，何が違うのかを各自で確認してみよう.

　そのような因子分析の手法を用いたとしても，その手法をちゃんと結果に書いておくことが重要である.

Section 4 内的整合性の検討

因子分析で得られた結果から，3つの下位尺度を設定する．
まずは，各下位尺度の内的整合性（α係数）を検討する．

4–1 「オシャレ」下位尺度の内的整合性

■分析の指定

- [分析(A)] ⇒ [尺度(A)] ⇒ [信頼性分析(R)] を選択．
  - ▶ [項目(I)：] にオシャレ下位尺度の9項目（C04, C08, C11, C12, C15, C18, C19, C23, C28）を指定する．
  - ▶ [モデル(M)：] はアルファとなっていることを確認する．
  - ▶ 統計量(S) をクリック．
    - ★ ここでは，[記述統計] の [項目を削除したときのスケール(A)] と，[項目間] の [相関(L)] にチェックを入れておこう ⇒ 続行 ．
  - ▶ OK をクリック．

■出力結果の見方

信頼性統計量の出力をみよう．

Cronbach のアルファを見ると，α係数は .907 である．

信頼性統計量

Cronbach の アルファ	標準化された 項目に基づい た Cronbach のアルファ	項目の数
.907	.911	9

［相関（L）］にチェックを入れたので，**項目間の相関行列**が出力される．

- ▶1つの尺度（下位尺度）はある1つの意味を表現している．
- ▶したがって，同じ方向性の項目が集まる必要がある．
- ▶つまり，1つの尺度（下位尺度）に含まれる項目は，すべて互いに正の相関関係を示す必要がある．

［**項目を削除したときのスケール（A）**］にチェックを入れたので，**項目合計統計量**（Item-Total Statistics）が出力される．

項目合計統計量

	項目が削除された場合の尺度の平均値	項目が削除された場合の尺度の分散	修正済み項目合計相関	重相関の2乗	項目が削除された場合のCronbachのアルファ
C04_他人の服装が気になる	28.92	92.331	.619	.443	.901
C08_外出するときは必ず鏡で服装をチェックする	28.56	89.124	.769	.673	.891
C11_毎日髪型に気をつかう	29.04	87.393	.738	.617	.893
C12_常に鏡を携帯している	29.83	86.338	.570	.435	.910
C15_帽子や小物に気をつかうようにしている	29.75	94.613	.564	.424	.905
C18_服や身につけるものの買い物が好きだ	28.61	85.734	.782	.724	.889
C19_流行が気になる	29.33	86.423	.771	.778	.890
C23_眉毛は常に整えておきたいと思う	29.15	88.188	.714	.602	.895
C28_いろんな服の組み合わせにチャレンジしている	29.36	91.755	.704	.651	.896

修正済み項目合計相関とは，当該項目とその項目「以外」の項目の合計得点との相関係数である．

- ▶1つの尺度（下位尺度）に含まれる項目の方向性をこの欄でチェックする．

▶ 修正済み項目合計相関が低い値であったり負の値を示す場合には，その項目を尺度に含めるのは望ましくない．
▶ 低い値の修正済み項目合計相関を見つけたときには，項目どうしの相関行列を見て，どの項目がどの項目と低い（あるいは負の）相関係数を示しているのかを確認する．

　項目が削除された場合の Cronbach のアルファとは，当該項目を除いた場合に α 係数がいくつになるかを表す．

▶ たとえば，今回の結果では全体の α 係数は .907 であるが，C19 を除いた場合の α 係数は .890 であることがわかる．C19 を除くと α 係数が低下するので，C19 は除かないほうがよいことがわかる．
▶ C12 を除いた場合の α 係数は .910 と，全体の α 係数よりもほんの少し上昇している．しかし今回の場合はこのまま含めても問題はないであろう．

　この部分の数値が全体の α 係数よりも明らかに上昇する場合には，その項目を含めるべきかどうか慎重に検討する必要があるだろう．

4−2 「整理整頓」下位尺度の内的整合性

　同様に，整理整頓下位尺度の内的整合性を検討してみよう．

■分析の指定
● [分析(A)] ⇒ [尺度(A)] ⇒ [信頼性分析(R)] を選択．
　　▶ [項目(I):] に整理整頓下位尺度の 10 項目（C02, C07, C10, C13, C16, C17, C21, C25, C26, C29）を指定する．
　　▶ 統計量(S) 以下の指定内容は 4-1 と同じ．
　　▶ OK をクリック．

■出力結果の見方

信頼性統計量を見ると，α 係数は .876 となっている.

信頼性統計量

Cronbach の アルファ	標準化された 項目に基づい た Cronbach のアルファ	項目の数
.876	.880	10

4-3 「衛生」下位尺度の内的整合性

同様に，衛生下位尺度の内的整合性を検討してみよう.

■分析の指定

- [分析(A)] ⇒ [尺度(A)] ⇒ [信頼性分析(R)] を選択.
  - ▶ [項目(I):] に衛生下位尺度の 6 項目（C01，C09，C20，C22，C24，C30）を指定する.
  - ▶ 統計量(S) 以下の指定内容は **4-1** と同じ.
  - ▶ OK をクリック.

■出力結果の見方

信頼性統計量を見ると，α 係数は .803 となっている.

信頼性統計量

Cronbach の アルファ	標準化された 項目に基づい た Cronbach のアルファ	項目の数
.803	.802	6

項目合計統計量の項目が削除された場合の Cronbach のアルファを見る.

項目合計統計量

	項目が削除された場合の尺度の平均値	項目が削除された場合の尺度の分散	修正済み項目合計相関	重相関の 2 乗	項目が削除された場合のCronbach のアルファ
C01_電車やバスのつり革や手すりを持つことに抵抗を感じる	14.58	28.303	.560	.348	.772
C09_手を洗うときは石鹸を使わないと気がすまない	13.61	30.551	.462	.222	.793
C20_友達同士で回し飲みをするのを不快に感じる	14.65	30.652	.471	.311	.791
C22_公共のトイレに抵抗を感じる	13.72	26.879	.578	.395	.768
C24_公共のスリッパを履くのに抵抗を感じる	14.25	26.556	.683	.512	.743
C30_公共のトイレの便座にそのまま座りたくない	13.14	25.896	.610	.506	.761

▶ いずれの項目を除いても，全体で算出した α 係数を上回ることはない，ということが確認できる.

<**STEP UP**> 分析をくり返すときには

　分析をくり返し行うときには，シンタックス・エディタを利用するのが便利である．

　たとえば，先ほどの「オシャレ」下位尺度の９項目について信頼性分析を行う際に，OK ではなく 貼り付け(P) をクリックしてみよう．

　すると，シンタックス・エディタが表示される．

　「RELIABILITY」から「/SUMMARY＝TOTAL.」と書かれた部分が，信頼性分析を行う命令である．この命令部分を分析する際には，[実行(R)] → [すべて(A)]（すべての命令が実行される）か，実行したい部分を選択して，[実行(R)] → [選択(S)] を選択，もしくは緑色の三角形アイコンをクリックする（選択部分だけが実行される）．

　この６行をコピーし，「/VARIABLES＝」以降の変数名を変更することで，他の下位尺度の質問項目群についても分析を行うことができる．また，一連の分析のシンタックスを保存しておけば，再分析も簡単に行うことができる．

ここでは，下位尺度得点を算出して下位尺度間の相関関係を検討する．

5-1 下位尺度得点の算出

下位尺度得点の算出方法にはいくつかのものがあるが……

- ▸ 下位尺度に含まれる項目得点の合計値を下位尺度得点とする．
- ▸ 下位尺度に含まれる項目平均値を下位尺度得点とする．

今回のように，下位尺度に含まれる項目数が大きく異なる場合には，項目平均値を下位尺度得点としたほうが，得点の大小が直観的に理解しやすいであろう．

そこで今回は，項目平均値によって下位尺度得点を算出する．

■「オシャレ」下位尺度得点の算出

- ● データビューを表示しておく．
    - ▸ ［変換(T)］メニュー ⇒ ［変数の計算(C)…］ を選択．
    - ▸ ［目標変数(T)：］に，オシャレと入力する．
        - ◆ ［数式(E)：］に，（C04 ＋ C08 ＋ C11 ＋ C12 ＋ C15 ＋ C18 ＋ C19 ＋ C23 ＋ C28)/9 と入力する．
            - ♣ オシャレ下位尺度は9項目で構成されるので，9で割る．項目数で割らなくても尺度得点を算出することはできるが，下位尺度の項目数が異なるときは割った方が，得点を比較しやすい．

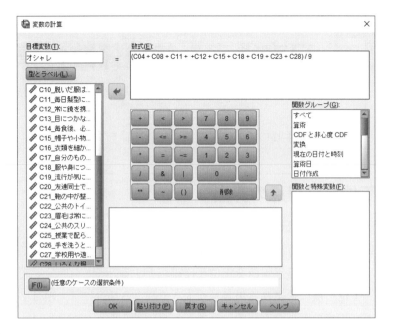

8	C29	C30	オシャレ
2	4	3	3.44
5	4	2	5.11
4	6	6	4.11
2	6	6	4.11
5	6	6	5.44
6	1	5	4.78
4	5	6	5.44

▶ OK をクリックすると，変数が新たに付け加わる．

● 変数が加わっていることを確認しよう．

■他の下位尺度得点の算出

◎整理整頓下位尺度得点の算出

    ▶［変換(T)］メニュー ⇒ ［変数の計算(C)…］ を選択．

    ▶［目標変数(T)：］に，整理整頓と入力．計算式は，

    （C02 ＋ C07 ＋ C10 ＋ C13 ＋ C16 ＋ C17 ＋ C21 ＋ C25 ＋ C26 ＋ C29)/10　である．

◎衛生下位尺度得点の算出

    ▶計算式は，（C01 ＋ C09 ＋ C20 ＋ C22 ＋ C24 ＋ C30)/6　である．

★オシャレ下位尺度の計算を行う際に 貼り付け(P) をクリックし，シンタックス・エディタで他の下位尺度得点を計算してもよいだろう．

5−2　平均値・標準偏差・相関係数の算出

　次に，算出した各下位尺度得点の平均値および標準偏差と下位尺度間の相関係数を算出しよう．

■分析の指定

- ［分析(A)］⇒［相関(C)］⇒［2変量(B)］と選択．
  - ▶［変数(U):］に先ほど算出した**オシャレ・整理整頓・衛生**を指定する．
  - ▶［相関係数］の［Pearson］のチェックを確認．
  - ▶［有意な相関係数に星印を付ける(F)］にチェックが入っていることを確認．
    - ◆有意確率から有意水準を自分で判断できるようであれば，チェックの必要はない．
  - ▶ オプション(O) をクリック．

  - ◆ここでは［統計］の［平均値と標準偏差(M)］にチェックを入れる．
  - ◆［欠損値］の部分……欠損値がない場合は［リストごとに除外(C)］を選ぶと出力が少なくてすむ．
    - ♣［ペアごとに除外(P)］…欠損値がある変数のペアだけ欠損値を除いて分析．
    - ♣［リストごとに除外(C)］…欠損値があるケース（調査対象者）ごと分析から除外．
  - ◆⇒ 続行 ．
  - ▶ OK をクリック．

■出力結果の見方

　記述統計量に各下位尺度得点の平均値と標準偏差が，**相関係数**に下位尺度間相関が出力される．

記述統計

	平均	標準偏差	度数
オシャレ	3.6466	1.17312	72
整理整頓	3.3361	.97926	72
衛生	2.7986	1.04062	72

相関

		オシャレ	整理整頓	衛生
オシャレ	Pearson の相関係数	1	.383**	.393**
	有意確率 (両側)		.001	.001
	度数	72	72	72
整理整頓	Pearson の相関係数	.383**	1	.371**
	有意確率 (両側)	.001		.001
	度数	72	72	72
衛生	Pearson の相関係数	.393**	.371**	1
	有意確率 (両側)	.001	.001	
	度数	72	72	72

**. 相関係数は 1% 水準で有意 (両側) です.

＜ペアごとに除外の場合＞

相関ᵇ

		オシャレ	整理整頓	衛生
オシャレ	Pearson の相関係数	1	.383**	.393**
	有意確率 (両側)		.001	.001
整理整頓	Pearson の相関係数	.383**	1	.371**
	有意確率 (両側)	.001		.001
衛生	Pearson の相関係数	.393**	.371**	1
	有意確率 (両側)	.001	.001	

**. 相関係数は 1% 水準で有意 (両側) です.
b. リストごと N=72

＜リストごとに除外の場合＞

＜STEP UP＞　相関係数の信頼区間を算出

※以下の分析には, Bootstrapping モジュールが必要.

　近年の論文では, 相関係数だけでなく相関係数の 95% 信頼区間を表示することが推奨されたり, 求められたりすることもある. 信頼区間の出力方法を確認しておこう.

- ［分析(A)］ ⇒ ［相関(C)］ ⇒ ［2 変量(B)］ と選択.
  - ▶変数の指定方法は先ほどと同じ.
  - ▶［ブートストラップ(B)］をクリック.
    - ◆［ブートストラップの実行(P)］にチェックを入れて続行をクリック
  - ▶［OK］をクリック.
- 相関の出力を見る.
  - ▶オシャレと整理整頓の相関係数：r = .38 [.13 - .59]
  - ▶オシャレと衛生の相関係数：r = .39 [.18 - .55]
  - ▶整理整頓と衛生の相関係数：r = .37 [.10 - .57]

			オシャレ	整理整頓	衛生
オシャレ	Pearson の相関係数		1	.383**	.393**
	有意確率 (両側)			.001	.001
	度数		72	72	72
	ブートストラップ^c	バイアス	0	-.010	-.006
		標準誤差	0	.114	.091
	95% 信頼区間	下限	1	.148	.206
		上限	1	.567	.559
整理整頓	Pearson の相関係数		.383**	1	.371**
	有意確率 (両側)		.001		.001
	度数		72	72	72
	ブートストラップ^c	バイアス	-.010	0	-.022
		標準誤差	.114	0	.124
	95% 信頼区間	下限	.148	1	.077
		上限	.567	1	.573
衛生	Pearson の相関係数		.393**	.371**	1
	有意確率 (両側)		.001	.001	
	度数		72	72	72
	ブートストラップ^c	バイアス	-.006	-.022	0
		標準誤差	.091	.124	0
	95% 信頼区間	下限	.206	.077	1
		上限	.559	.573	1

**. 相関係数は 1% 水準で有意 (両側) です。

c. 特に記述のない限り、ブートストラップの結果は 1000 ブートストラップ サンプルに基づきます。

＜STEP UP＞　相互相関と因子間相関

● ここで得られた相互相関を，因子分析を行った際に得られた因子間相関と比較すると，数値が異なっていることがわかる．

● 探索的因子分析は，ある項目はすべての因子から影響を受けるというモデルで行われる．

● したがって，因子間相関は，ある項目の当該因子以外への負荷量も考慮に入れて算出される．

● その一方で尺度得点は，ある項目の当該因子以外への影響力を 0（ゼロ）とする．

● したがって，因子間相関と下位尺度得点間の相関は，異なる数値となり得るのである．

	(1) 因子得点のイメージ			(2) 合計得点のイメージ	
	I	II		I	II
項目A	.90	.10	項目A	1.00	.00
項目B	.80	.15	項目B	1.00	.00
項目C	.70	.20	項目C	1.00	.00
項目D	.10	.90	項目D	.00	1.00
項目E	.15	.80	項目E	.00	1.00
項目F	.20	.70	項目F	.00	1.00

ある項目は，全ての因子から影響を受ける。 ⇔ 第1因子から影響を受ける項目は，第2因子からの影響が0である。

＜**STEP UP**＞ ベイズ推定で相関係数

● SPSS Statistics のバージョン25より，ベイズ統計の相関係数を算出することができるようになっている．

● ［分析(A)］ → ［ベイズ統計(B)］ → ［Pearson の相関(C)］
  ▶ ［検定変数(T)］にオシャレ・整理整頓・衛生を指定
  ▶ ベイズ分析で［ベイズ因子の推定(E)］を選択してみよう
  ▶ ［OK］をクリック

● 結果は以下の通りである．
  ▶ 相関係数は同じで，その下にベイズ因子（ベイズファクター，BF01）が出力される．ここでは，帰無仮説（関連がない）と対立仮説（関連がある）を評価した結果が示されている．小さな値であるほど，帰無仮説の支持に反対する強い証拠があることを意味する．

ペアごとの相関係数についてのベイズ因子推論[a]

		オシャレ	整理整頓	衛生
オシャレ	Pearson の相関	1	.383	.393
	ベイズ因子		.045	.032
	N	72	72	72
整理整頓	Pearson の相関	.383	1	.371
	ベイズ因子	.045		.065
	N	72	72	72
衛生	Pearson の相関	.393	.371	1
	ベイズ因子	.032	.065	
	N	72	72	72

a. ベイズ因子: 帰無仮説 対 対立仮説。

5−3 結果の記述2 （下位尺度間の関連）

ここまでの結果を論文形式で記述してみよう.

2. 下位尺度間の関連

　清潔志向性尺度の3つの下位尺度に相当する項目の平均値を算出し,「オシャレ」下位尺度得点 (M = 3.65, SD = 1.17),「整理整頓」下位尺度得点 (M = 3.34, SD = 0.98),「衛生」下位尺度得点 (M = 2.80, SD = 1.04) とした. 内的整合性を検討するために各下位尺度の α 係数を算出したところ,「オシャレ」で α = .91,「整理整頓」で α = .88,「衛生」で α = .80 と十分な値が得られた.

　清潔志向性の下位尺度間相関を Table 2 に示す. 3つの下位尺度は互いに有意な正の相関を示した.

Table 2　清潔志向性の下位尺度間相関

	オシャレ	整理整頓	衛生
オシャレ	—	.38 **	.39 **
整理整頓		—	.37 **
衛生			—

** p < .01

<STEP UP> 結果の数値について

- 統計記号 (M, SD など) はイタリック体 (斜体) で.
- 絶対値で1を超えない値 (相関係数や α 係数) は「.00」と表記する.
- 絶対値で1を超えうる値 (平均値や標準偏差) は「0.00」と表記する.
- Table に示した数値を, 本文中に過度に重複して書くのは望ましくない.
- Table 中に1つしか有意水準の記号がない場合は,「*p < .01」とアスタリスク1つで記載してもかまわない.
- 平均値や標準偏差, α 係数などの基礎的な統計量は, 結果のセクションに書いて結果では触れない場合もある.
- 相関係数の信頼区間やベイズ統計による結果を記載する際には, そのことを結果の文章でも記述しておくこと.

Section **6** 男女差の検討

6-1 *t*検定による男女差の検討

ここでは，*t*検定によって男女差を検討する．

■分析の指定

● [分析(A)]メニュー ⇒ [平均の比較(M)] ⇒ [独立したサンプルの*t*検定(T)] を選択．

  ▶ [検定変数(T):]にオシャレ・整理整頓・衛生を指定する．

  ▶ [グループ化変数(G):]に性別を指定する．

> ◎古いバージョンのSPSSでは「T検定」
> となっているが，正しい表記は「*t*検定」
> である．記述のときには気をつけること．

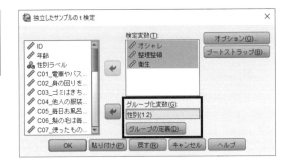

  ▶ グループの定義(D) をクリック．

    ◆ [グループ1(1):]に1，[グループ2(2):]に2
      を入力 ⇒ 続行 ．

  ▶ OK をクリック．

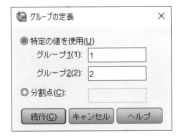

■出力結果の見方

グループ統計量に，各変数の男女別の平均値と標準偏差が出力される．

グループ統計量

	性別	度数	平均値	標準偏差	平均値の標準誤差
オシャレ	女性	38	4.2456	.93967	.15244
	男性	34	2.9771	1.04689	.17954
整理整頓	女性	38	3.3789	1.03275	.16753
	男性	34	3.2882	.92892	.15931
衛生	女性	38	3.1140	1.08988	.17680
	男性	34	2.4461	.86915	.14906

独立サンプルの検定に，t 検定の結果が出力される．

独立サンプルの検定

		等分散性のための Levene の検定		2 つの母平均の差の検定					差の 95% 信頼区間	
		F 値	有意確率	t 値	自由度	有意確率 (両側)	平均値の差	差の標準誤差	下限	上限
オシャレ	等分散を仮定する	.348	.557	5.419	70	.000	1.26849	.23410	.80159	1.73539
	等分散を仮定しない			5.386	66.776	.000	1.26849	.23552	.79835	1.73863
整理整頓	等分散を仮定する	.473	.494	.390	70	.698	.09071	.23256	-.37312	.55455
	等分散を仮定しない			.392	69.997	.696	.09071	.23119	-.37037	.55180
衛生	等分散を仮定する	1.327	.253	2.852	70	.006	.66796	.23417	.20092	1.13499
	等分散を仮定しない			2.888	69.131	.005	.66796	.23125	.20664	1.12928

▸ まず，等分散性のための Levene の検定の部分を見る．
- ◆ F 値が有意であったら，等分散を仮定しないを参照.
  - ⇒ 自由度が小数点以下をもつ.
- ◆ F 値が有意でなければ，等分散を仮定するを参照.
  - ⇒ 自由度は整数となる.
- ◆ ただし，常に等分散を仮定しない結果を参照すれば良いという意見もある.

▸ 今回は等分散の検定はいずれも有意ではないので，t 値や自由度は「等分散を仮定する」の部分を見る.
- ◆ オシャレ下位尺度
  - ♣ 自由度 70，t 値 5.42，0.1%水準で有意

$\Rightarrow$　$t = 4.49$, $df = 70$, $p < .001$　という表記になる.

- ♣ 先ほどの平均値を見ると，男性よりも女性のほうが高得点である.

- ◆ 整理整頓下位尺度
  - ♣ 自由度 70, t 値 0.39, 有意ではない
    - $\Rightarrow$　$t = 0.39$, $df = 70$, $n.s.$　　という表記になる.
  - ♣ 男女の間に有意な差は見られなかった.

- ◆ 衛生下位尺度
  - ♣ 自由度 70, t 値 2.85, 1%水準で有意
    - $\Rightarrow$　$t = 2.85$, $df = 70$, $p < .01$　　という表記になる.
  - ♣ 先ほどの平均値を見ると，男性よりも女性のほうが高得点である.

＜**STEP UP**＞　効果量を算出してみよう

　2 群の平均値の違いの程度を表す効果量のひとつが，Cohen の d である.
2 つの群のサンプルサイズが等しい場合には，次の数式を用いて算出する.

$$d = \frac{\text{平均} 1 - \text{平均} 2}{S}$$

$$s = \sqrt{\frac{(n_1 - 1)s_1^2 + (n_2 - 1)s_2^2}{n_1 + n_2 - 2}}\quad (\text{プールされた標準偏差})$$

※n_1：第 1 群のサンプルサイズ, s_1：第 1 群の標準偏差

　n_2：第 2 群のサンプルサイズ, s_2：第 2 群の標準偏差

　オシャレは，女性の平均（標準偏差）が 4.25 (0.94)，男性の平均（標準偏差）が 2.98 (1.05)，女性のサンプルサイズは 38，男性のサンプルサイズは 34 なので，この数式に代入すると次のようになる.

$$s = \sqrt{\frac{(38 - 1)0.94^2 + (34 - 1)1.05^2}{38 + 34 - 2}} = \sqrt{\frac{69.1}{70}} = 0.99$$

$$d = \frac{4.25 - 2.98}{0.99} = \frac{1.27}{0.99} = 1.28$$

　この場合，男女の平均値の差はおよそ標準偏差 1.3 個分であり，大きな

差となる.

　ほかの得点についても，効果量を算出してみてほしい.

　また，インターネット上にも効果量を算出できるwebサイトがあるので，探して使ってみると良いだろう.

6-2　結果の記述3（男女差の検討）

ここまでの結果を論文形式で記述してみよう.

3. 男女差の検討

　男女差の検討を行うために，清潔志向性の各下位尺度得点について t 検定を行った. その結果，オシャレ下位尺度（$t = 5.42$, $df = 70$, $p < .001$）と衛生下位尺度（$t = 2.85$, $df = 70$, $p < .01$）について，男性よりも女性のほうが有意に高い得点を示していた. 整理整頓下位尺度については男女の得点差は有意ではなかった（$t = 0.39$, $df = 70$, $n.s.$）.

Table 3　男女別の平均値と SD および t 検定の結果

	女性		男性		
	M	SD	M	SD	t 値
オシャレ	4.25	0.94	2.98	1.05	5.42 ***
整理整頓	3.38	1.03	3.29	0.93	0.39
衛生	3.11	1.09	2.45	0.87	2.85 **

** $p < .01$, *** $p < .001$

※もしも効果量を算出したら，Table もしくは本文に記載しておこう.

　たとえば……オシャレ下位尺度（$t = 5.42$, $df = 70$, $p < .001$, $d = 1.28$）

　男女で大きな得点差が見られた下位尺度があった. では，男女で下位尺度間の関連に違いはあるのだろうか. この点をさらに検討してみよう.

6-3 男女の関連の違いを散布図に描く

男女の下位尺度間の関連の違いを視覚的に確認するために，散布図に描いてみる．

■分析の指定

● ［グラフ(G)］メニュー ⇒ ［レガシーダイアログ(L)］ ⇒ ［散布図 / ドット(S)］ を選択．

　▶ ［グラフ(G)］ ⇒ ［図表ビルダー(C)］でも描くことができるので試してみてほしい．

　▶ ［単純な散布］を選択して，　定義　をクリック．

　▶ ［Y 軸(Y):］にオシャレを，［X 軸(X):］に整理整頓を指定する．
　　　［マーカーの設定(S):］に性別を指定する．

　▶ 　OK　 をクリック．

■出力結果の見方

男女別に異なる色で描かれた**オシャレ**得点と**整理整頓**得点の散布図が出力される.

同じように,**オシャレ**と**衛生**,**整理整頓**と**衛生**の男女別の散布図を出力してみよう.
男女で散布図の形が異なっているようだ.

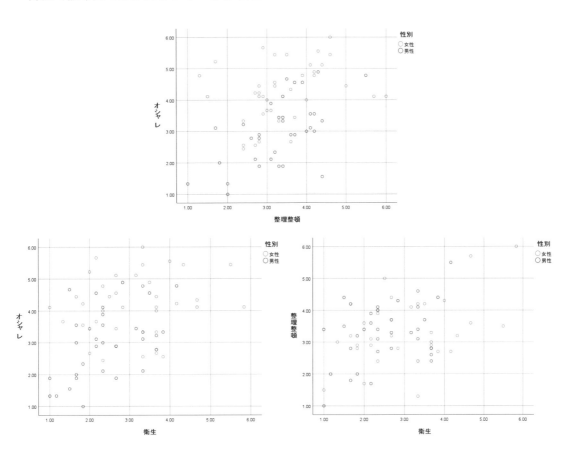

6-4 男女別の相関係数を算出する

では，男女の関連の違いを男女別の相関係数を算出することによって示してみよう．

■ファイルの分割

まず，男女別の分析を行うために，ファイルの分割を行う．

● ［データ(D)］メニュー ⇒ ［ファイルの分割(F)］を選択．

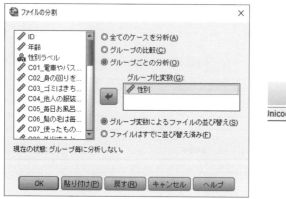
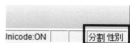

▶ ［グループごとの分析(O)］をチェックし，性別を選択，をクリックして枠内に入れる．

▶ ［グループ変数によるファイルの並び替え(S)］を選択しておく．

▶ OK をクリック．

 ◆ データエディタの右下に，「分割　性別」と表示されればOK．

■男女別の相関係数の算出

● ［分析(A)］メニュー ⇒ ［相関(C)］ ⇒ ［2変量(B)］を選択（p.55 参照）．

▶ ［変数(U)：］に先ほど算出したオシャレ・整理整頓・衛生を指定する．

▶ OK をクリック．

■出力結果の見方

男女別の相関係数が出力される.

オシャレと**整理整頓**, **オシャレ**と**衛生**との間の相関が男女で大きく異なっていることがわかるだろう.

性別 = 女性

相関[a]

		オシャレ	整理整頓	衛生
オシャレ	Pearson の相関係数	1	.291	.150
	有意確率 (両側)		.076	.369
	度数	38	38	38
整理整頓	Pearson の相関係数	.291	1	.406[*]
	有意確率 (両側)	.076		.011
	度数	38	38	38
衛生	Pearson の相関係数	.150	.406[*]	1
	有意確率 (両側)	.369	.011	
	度数	38	38	38

*. 相関係数は 5% 水準で有意 (両側) です.

a. 性別 = 女性

性別 = 男性

相関[a]

		オシャレ	整理整頓	衛生
オシャレ	Pearson の相関係数	1	.582[**]	.440[**]
	有意確率 (両側)		.000	.009
	度数	34	34	34
整理整頓	Pearson の相関係数	.582[**]	1	.332
	有意確率 (両側)	.000		.055
	度数	34	34	34
衛生	Pearson の相関係数	.440[**]	.332	1
	有意確率 (両側)	.009	.055	
	度数	34	34	34

**. 相関係数は 1% 水準で有意 (両側) です.

a. 性別 = 男性

6-5 結果から考えられること

男性は女性よりも, オシャレが身の回りを整理することや衛生面に気をつけることに関連しているようである. その一方で, 女性の場合には, オシャレをすることは他の2つの下位尺度とはあまり関連していないようである.

オシャレ得点は男性よりも女性のほうが有意に高かった. このことを考え合わせると, 女性にとってオシャレをすることは男性よりも日常的な行動であり, 身の回りを整理することや衛生に気をつけることとはあまり関係なく行われるといえるのではないだろうか.

※結果の記述は, Section 7 の最後の部分を参照.

1. 清潔志向性尺度の分析

　まず，清潔志向性尺度 30 項目について得点分布を確認したところ，いくつかの質問項目で得点分布の偏りが見られた．しかしながら，得点分布の偏りが見られた項目の内容を吟味したところ，いずれの質問項目についても清潔志向性という概念を測定する上で不可欠なものであると考えられた．そこでここでは項目を除外せず，すべての質問項目を以降の分析対象とした．

　次に 30 項目に対して主因子法による因子分析を行った．固有値の変化は 9.24, 3.46, 2.40, 1.70, 1.48 …というものであり，3 因子構造が妥当であると考えられた．そこで再度 3 因子を仮定して主因子法・Promax 回転による因子分析を行った．その結果，十分な因子負荷量を示さなかった 5 項目を分析から除外し，再度，主因子法・Promax 回転による因子分析を行った．Promax 回転後の最終的な因子パターンと因子間相関を Table 1 に示す．なお，回転前の 3 因子で 25 項目の全分散を説明する割合は 49.72 ％であった．

　第 1 因子は 9 項目で構成されており，「流行が気になる」「服や身につけるものの買い物が好きだ」など，身につけるものや髪形などに意識が向かう内容の項目が高い負荷量を示していた．そこで「オシャレ」因子と命名した．

　第 2 因子は 10 項目で構成されており，「使ったものは元の場所に戻す」「鞄の中が整理整頓されている」など，身の回りを整頓する内容の項目が高い負荷量を示していた．そこで「整理整頓」因子と命名した．

　第 3 因子は 6 項目で構成されており，「公共のト

Table 1　清潔志向性尺度の因子分析結果（Promax回転後の因子パターン）

	I	II	III
19. 流行が気になる	**.93**	-.05	-.13
18. 服や身につけるものの買い物が好きだ	**.90**	.01	-.15
28. いろんな服の組み合わせにチャレンジしている	**.80**	.02	-.10
7. 他人の服装が気になる	**.75**	-.26	.02
8. 外出するときは必ず鏡で服装をチェックする	**.74**	.04	.05
11. 毎日髪型に気をつかう	**.71**	.05	.05
3. 眉毛は常に整えておきたいと思う	**.63**	.08	.16
15. 帽子や小物に気をつかうようにしている	**.52**	-.03	.27
12. 常に鏡を携帯している	**.50**	.15	.06
5. 使ったものは元の場所に戻す	-.05	**.88**	-.18
21. 鞄の中が整理整頓されている	.00	**.72**	-.09
13. 目につかないところも整理整頓している	.11	**.70**	.16
2. 身の回りをこまめに片づけるように心がけている	-.02	**.67**	.06
17. 自分のものがどこにしまってあるかすぐわかる	-.02	**.65**	-.06
10. 脱いだ服は脱ぎっぱなしにしないように心がけている	-.27	**.62**	.13
23. 授業で配られたプリントは項目ごとに分けている	.12	**.61**	-.31
29. 脱いだ服はきちんとそろえる	.03	**.60**	.13
26. 手を洗うときは爪の間まで洗う	.00	**.54**	.16
16. 衣類を細かく分類して収納するようにしている	.25	**.43**	.18
22. 公共のトイレに抵抗を感じる	-.06	-.20	**.76**
25. 公共のスリッパを履くのに抵抗を感じる	.02	.09	**.72**
30. 公共のトイレの便座にそのまま座りたくない	.13	-.14	**.70**
20. 友達同士で回し飲みをするのを不快に感じる	-.21	.08	**.63**
1. 電車やバスのつり革や手すりを持つことに抵抗を感じる	.10	.01	**.55**
9. 手を洗うときは石鹸を使わないと気がすまない	.06	.10	**.48**
因子間相関	I	II	III
I	—	.38	.42
II		—	.44
III			—

イレに抵抗を感じる」など過度に衛生に気をつかう内容の項目が高い負荷量を示していた．そこで「衛生」因子と命名した．

2. 下位尺度間の関連

　清潔志向性尺度の2つの下位尺度に相当する項目の平均値を算出し，「オシャレ」下位尺度得点（M = 3.65, SD = 1.17），「整理整頓」下位尺度得点（M = 3.34, SD = 0.98），「衛生」下位尺度得点（M = 2.80, SD = 1.04）とした．内的整合性を検討するために各下位尺度のα係数を算出したところ，「オシャレ」でα = .91，「整理整頓」でα = .88，「衛生」でα = .80と十分な値が得られた．

　清潔志向性の下位尺度間相関を Table 2 に示す．3つの下位尺度は互いに有意な正の相関関係を示した．このことは，3つの下位尺度が全体として清潔志向性としてまとまりをもつことを示している．

Table 2　清潔志向性の下位尺度間相関

	オシャレ	整理整頓	衛生	M	SD	α
オシャレ	—	.38 **	.39 **	3.65	1.17	.91
整理整頓		—	.37 **	3.34	0.98	.88
衛生			—	2.80	1.04	.80

** p < .01

3. 男女差の検討

　男女の平均値の違いを検討するために，清潔志向性の各下位尺度得点について t 検定を行った．その結果，オシャレ下位尺度（t = 5.42, df = 70, p < .001）と衛生下位尺度（t = 2.85, df = 70, p < .01）について，男性よりも女性のほうが有意に高い得点を示していた．整理整頓下位尺度については男女の得点差は有意ではなかった（t = 0.39, df = 70, n.s.）．

Table 3　男女別の平均値と SD および t 検定の結果

	女性		男性		
	M	SD	M	SD	t 値
オシャレ	4.25	0.94	2.98	1.05	5.42 ***
整理整頓	3.38	1.03	3.29	0.93	0.39
衛生	3.11	1.09	2.45	0.87	2.85 **

** p < .01, *** p < .001

4. 男女別の相関

　男女別の清潔志向性下位尺度間の相関係数を Table 4 に示す．男性ではオシャレが整理整頓，衛生と有意な中程度の正の相関を示したのに対し，女性の場合にはオシャレは整理整頓，衛生ともに有意な相関を示さなかった．これらの結果と男女の得点差の検討結果（Table 3）から，女性にとってオシャレをすることは男性よりも日常的な行動であり，身の回りを整理することや衛生に気をつけることとはあまり関係なく行われるのではないかと考えられる．

Table 4　男女別の相関係数

	オシャレ	整理整頓	衛生
オシャレ	—	.29	.15
	—	.58 ***	.44 **
整理整頓		—	.41 *
		—	.33
衛生			—
			—

* *p* < .05, ** *p* < .01, *** *p* < .001
上：女性，下：男性

第 **2** 章

尺度を用いて調査対象を分類する
──友人関係スタイルと注目・賞賛欲求

◎ここでは，尺度の検討を行ったあとにその尺度を用いてグルー
　プを構成し，他の得点を比較することを試みる．このような分
　析手続きは，これまでの心理学論文で数多く見られるものである．
◎また，グループを構成する手法の1つとして，クラスタ分析を
　行う．下位尺度得点に因子得点を利用する手法についても練習
　してみよう．
◎群間の得点比較は，1要因の分散分析で行う．分散分析と多重
　比較の結果をうまく読みとることができるように練習してみよう．

Section 1 分析の背景

──友人関係スタイルと注目・賞賛欲求── （他のデータを加工した仮想データ）

1-1 研究の目的

　従来，青年期の友人関係は，特定の相手との親密な関係を営むことが特徴とされてきた．しかし近年，相手に気遣いつつ友人関係を営む青年の姿や，友人と距離をおいた接し方をとる青年の姿が報告されている．本研究では，このような青年期の友人関係スタイルに注目する．

　またこのような現代青年に特有とされる友人関係の背景には，他者からの注目や賞賛を求める傾向が関連している可能性がある．他者からの注目や賞賛を過剰に求める者は相手に気遣い，友人との親密な関係を構築できない可能性が考えられるからである．そこで本研究では，青年の友人関係スタイルと注目・賞賛欲求との関連を検討する．

1-2 項目内容

F01_ お互いの領分にふみこまない
F02_ 心を打ち明ける
F03_ 相手の言うことに口をはさまない
F04_ お互いのプライバシーには入らない
F05_ 楽しい雰囲気になるよう気をつかう
F06_ 相手に甘えすぎない
F07_ みんなで一緒にいることが多い
F08_ 友達グループのメンバーからどう見られているか気になる
F09_ 互いに傷つけないよう気をつかう
F10_ 相手の考えていることに気をつかう

1-3　調査の方法

(1) 調査対象

　　大学生 200 名（男性 100 名，女性 100 名）に対して調査を行った．平均年齢は 20.22（SD 1.63）歳であった．

(2) 調査内容

・友人関係尺度

　　岡田（1995）によって作成された友人関係尺度から 10 項目を選択して用いた．

　　回答は，普段の友人関係について当てはまるかどうかを

まったく当てはまらない	（1 点）
あまり当てはまらない	（2 点）
どちらともいえない	（3 点）
やや当てはまる	（4 点）
とてもよく当てはまる	（5 点）

の 5 段階で求めた．

・注目・賞賛欲求尺度

　　小塩（1998, 1999）によって作成された自己愛人格目録短縮版の下位尺度のうち，「注目・賞賛欲求」下位尺度の 10 項目を用いた．

　　私には，みんなの注目を集めてみたいという気持ちがある・私は，みんなからほめられたいと思っている・私は，どちらかといえば注目される人間になりたい・周りの人が私のことを良く思ってくれないと，落ちつかない気分になる・私は，多くの人から尊敬される人間になりたい・私は，人々を従わせられるような偉い人間になりたい・機会があれば，私は人目につくことを進んでやってみたい・私は，みんなの人気者になりたいと思っている・私は，人々の話題になるような人間になりたい・人が私に注意を向けてくれないと，落ちつかない気分になる

　　回答は友人関係尺度と同じ 5 段階で求め，合計得点のみを使用した．

1-4 分析のアウトライン

- 項目分析
  - ▶ 友人関係尺度10項目の平均値と標準偏差（SD）を求め，ヒストグラムを描いて，得点分布に大きな偏りが見られる項目がないかどうかをチェックする．
- 因子分析
  - ▶ 事前の因子数は想定されていないので，探索的因子分析を行う．
- 友人関係スタイルによる調査対象のグループ分け
  - ▶ 今回のようなデータの場合，いくつかのグループ分けの手法が考えられる．

下位尺度得点を利用 or 因子得点を利用	下位尺度得点	因子分析を行い，因子を見いだす
		α係数を算出し，内的整合性を確認する
		項目得点を合計したり項目平均値を算出したりすることによって下位尺度得点を算出する
		利点 今後研究が続く場合に，下位尺度得点を比較することができる
		欠点 下位尺度得点を算出することにより，因子分析によって得られる構造の情報が失われる可能性がある
	因子得点	因子分析を行い，因子を見いだす
		因子得点を算出する
		利点 因子分析によって得られる構造の情報を後の分析で利用することができる
		欠点 別の調査を行い因子分析結果が変わった場合，調査間の結果を比較することが困難になる．また，因子得点は平均0，分散1に標準化されるため，今回の得点と後の調査で得られたデータの得点を比較することが困難である
得点を利用してグループ分け or クラスタ分析を利用	得点	平均値や中央値によって調査対象を「高群」「低群」に分類する．たとえば，2つの変数A,Bから4つのグループ（A高B高，A高B低，A低B高，A低B低）を見いだすなど
		利点 研究者がもつ理論を分類に反映させることができる
		欠点 2変数A，Bから4グループに分類する場合，変数Aと変数Bが無相関であれば得られる4群の人数比率はほぼ等しくなるが，高い相関があると4群の人数比率が大きく偏る可能性がある．高群・低群と2分類するのか，高群・中群・低群と3分類するのかなど，恣意的な分類となる可能性がある．また，3変数の高低で分類すると$2^3=8$群となるが，これ以上の分類はその後の分析を煩雑にするだけとなる可能性がある
	クラスタ分析	複数の変数の類似度・被類似度情報などによって，調査対象をいくつかのパターンに自動的に分類する
		利点 たとえば，2変数から3群，4変数から5群など，変数間の関連情報に基づいた分類が可能となる
		欠点 うまく理論を反映した分類が可能であるかどうか，分析を行ってみるまでわからない．また，別のデータで同じ結果が得られるとは限らない

　　因子得点を利用して，**クラスタ分析**を行ってみよう．他の組み合わせも各自試してほしい．

- 分散分析
  - ▶ 分類したグループ間で注目・賞賛欲求得点を比較する．

Section 2 データの確認と項目分析

2−1 データの内容

● データの内容は以下の通りである

▶ ID，F01〜F10（友人関係尺度の項目），注目・賞賛欲求（尺度の合計得点）

ID	F01	F02	F03	F04	F05	F06	F07	F08	F09	F10	注目賞賛欲求
1	2	3	3	2	3	3	2	3	3	2	32
2	2	4	2	3	4	2	3	5	4	5	40
3	3	5	3	3	3	4	4	4	4	4	40
4	2	4	2	2	4	2	2	5	4	4	40
5	5	1	4	4	5	5	3	5	2	3	36
6	4	2	3	4	4	2	4	4	4	4	32
7	4	2	2	4	3	5	1	1	4	4	30
8	2	3	4	2	5	4	5	3	5	5	37
9	4	4	4	4	4	3	5	4	4	4	29
10	3	2	4	2	4	3	2	4	4	4	28
11	5	1	5	5	4	4	4	2	5	5	31
12	4	4	4	4	4	2	2	4	4	4	30
13	4	2	4	4	4	3	3	4	4	4	29
14	5	1	5	5	5	2	5	5	5	5	10
15	3	4	3	3	4	4	4	2	4	4	32
16	2	4	2	2	5	5	4	5	5	4	42
17	2	4	4	2	5	2	5	5	4	2	44
18	4	3	3	4	4	5	5	4	4	4	17
19	4	4	5	4	5	4	4	4	4	5	33
20	4	5	2	4	5	2	3	4	5	5	16
21	4	4	3	3	5	4	2	4	4	4	31
22	1	4	4	1	4	4	4	3	5	5	34
23	5	1	5	5	1	5	3	3	3	3	12
24	2	3	3	2	4	4	3	4	4	4	35
25	4	1	2	3	5	3	5	3	2	4	25
26	3	3	2	3	4	2	4	3	4	4	33
27	3	5	2	3	4	1	4	5	3	4	50
28	4	2	4	2	4	4	3	4	4	4	35
29	3	2	3	2	4	4	4	4	4	4	31
30	4	2	4	2	4	4	4	4	4	4	36
31	4	2	3	4	4	5	3	3	4	3	37
32	3	2	2	3	2	4	3	3	3	3	29
33	4	4	2	2	3	2	4	2	3	2	31
34	2	4	2	2	1	2	1	1	1	1	42
35	4	2	4	4	2	5	2	4	4	4	34
36	2	3	2	4	2	2	4	2	4	4	33
37	5	1	5	4	2	3	2	4	2	5	32
38	4	3	4	4	4	2	4	4	4	4	26
39	4	4	4	5	2	5	4	4	4	4	36
40	4	4	2	4	5	1	2	5	5	5	26
41	3	4	2	2	4	1	2	4	4	3	38
42	3	4	3	3	4	5	3	3	4	3	31
43	3	4	3	3	4	3	3	3	3	3	27
44	2	4	1	2	4	1	3	4	2	4	36
45	3	4	2	2	4	4	3	5	4	4	49
46	4	5	2	4	5	2	2	3	5	5	44
47	4	3	4	4	4	2	2	4	4	5	25
48	3	4	3	2	4	3	3	5	4	5	45
49	2	4	2	3	4	2	2	5	4	4	47
50	4	4	3	4	3	4	3	3	4	3	26
51	4	2	3	4	4	3	3	2	4	4	34
52	2	4	2	2	5	4	5	1	4	5	26
53	5	2	3	4	4	4	5	4	4	4	38
54	2	5	1	1	4	2	4	1	2	2	25
55	4	2	2	4	4	5	1	2	4	4	41
56	3	2	2	3	1	2	1	5	3	2	26
57	3	4	4	4	4	4	3	4	3	3	34
58	2	4	3	3	2	5	2	3	3	3	33
59	2	3	2	4	4	2	4	5	4	4	31
60	2	4	3	3	2	4	4	3	3	3	24
61	3	4	2	3	4	5	2	4	4	3	22
62	3	5	3	2	5	4	5	5	5	5	40
63	4	4	5	4	5	4	5	4	5	5	14
64	2	4	2	2	4	5	4	4	4	4	22
65	4	2	2	5	4	5	5	4	2	3	47
66	3	3	2	2	5	2	3	4	4	4	31
67	3	1	3	3	5	5	3	5	1	5	42
68	3	2	4	4	5	5	4	2	4	5	33
69	5	2	2	4	2	2	4	4	3	3	29
70	2	4	2	4	2	2	2	4	4	4	40
71	4	2	4	4	4	4	4	4	4	4	33
72	2	3	3	4	3	4	3	4	4	4	33
73	4	3	4	4	4	3	3	4	3	4	30
74	4	4	3	4	4	5	4	5	5	5	41
75	4	4	3	5	3	3	3	2	4	3	39
76	2	3	2	4	2	1	5	4	3	4	34
77	3	5	2	5	4	3	1	3	5	3	20
78	4	4	4	4	3	4	5	2	5	4	24
79	4	2	2	3	4	3	2	5	4	4	29
80	5	1	3	5	5	5	3	4	5	5	30

ID	F01	F02	F03	F04	F05	F06	F07	F08	F09	F10	注目賞賛欲求
81	4	2	2	4	2	4	2	2	4	4	36
82	2	4	4	3	4	2	4	4	4	4	30
83	4	2	2	4	4	4	3	4	4	4	32
84	5	2	4	5	4	5	5	5	4	5	45
85	4	4	5	4	5	5	5	4	4	4	22
86	4	4	4	5	5	4	3	4	4	4	43
87	3	1	2	2	5	2	1	4	4	5	39
88	4	3	4	3	4	3	4	4	4	4	33
89	5	2	3	4	4	4	5	4	4	4	30
90	2	2	3	4	3	2	2	5	4	3	20
91	3	4	5	3	4	1	2	5	4	5	42
92	4	2	1	2	2	2	3	3	5	5	29
93	2	2	4	2	3	2	1	3	3	3	34
94	2	4	2	3	4	2	4	4	4	4	36
95	3	2	3	4	5	2	5	4	5	5	40
96	4	4	3	3	5	3	3	5	4	4	48
97	3	4	3	4	4	3	4	3	3	4	32
98	4	4	3	4	5	3	5	5	5	5	41
99	4	3	3	4	4	4	3	4	4	5	28
100	2	5	2	4	4	1	2	4	2	2	40
101	3	3	4	4	4	4	2	5	5	5	29
102	3	4	4	3	4	4	3	4	4	4	32
103	2	4	3	1	4	4	3	4	4	4	39
104	2	5	2	2	5	2	5	5	3	5	50
105	3	1	1	3	2	3	2	2	2	4	27
106	5	2	4	5	5	5	4	4	5	5	35
107	2	4	2	4	4	3	4	4	2	4	28
108	5	2	3	4	4	4	4	4	4	4	33
109	5	1	5	4	5	5	1	1	4	5	25
110	3	3	3	3	3	4	3	2	3	3	30
111	3	3	4	4	5	2	5	4	3	4	30
112	4	2	4	4	3	5	1	1	4	2	10
113	3	2	5	5	4	4	2	1	5	5	27
114	5	1	2	5	5	4	2	5	2	2	44
115	4	1	1	4	4	2	1	4	4	4	26
116	4	2	5	5	4	3	3	4	3	4	38
117	4	3	4	4	4	3	2	3	4	4	25
118	3	4	2	5	4	4	2	1	2	3	20
119	4	1	3	5	2	5	1	1	1	1	24
120	2	5	3	2	5	4	4	5	5	5	42
121	3	3	4	4	4	3	5	4	4	4	34
122	4	3	3	3	5	4	3	4	3	3	36
123	3	3	4	3	2	2	2	5	4	4	25
124	4	4	4	4	4	4	2	2	4	4	21
125	3	4	3	4	2	3	2	4	4	4	34
126	4	3	2	4	3	5	3	5	4	4	26
127	2	4	2	2	4	4	2	4	3	3	39
128	3	4	2	3	3	4	3	3	4	4	39
129	4	2	4	2	4	3	2	1	4	4	27
130	4	2	3	3	4	3	4	4	4	4	29
131	4	3	4	3	3	4	2	2	2	4	13
132	4	1	1	5	1	5	1	1	1	5	10
133	3	4	2	3	4	3	5	1	4	4	27
134	4	1	4	4	5	5	2	2	5	5	33
135	2	4	2	3	2	2	2	3	4	4	36
136	5	4	2	2	4	4	4	5	4	4	37
137	2	4	2	2	3	4	2	2	2	3	25
138	2	3	2	2	4	3	2	4	4	4	39
139	4	4	4	4	4	4	5	5	5	5	39
140	3	3	3	3	4	2	2	2	2	4	36
141	2	2	2	2	2	2	4	4	4	4	41
142	2	4	2	2	4	3	3	4	4	4	34
143	4	2	4	4	4	5	4	4	5	4	38
144	1	4	3	2	4	5	2	3	4	4	36
145	2	4	3	2	3	3	4	4	3	4	22
146	2	4	3	3	4	3	4	4	4	4	36
147	2	4	2	2	4	2	2	2	2	2	35
148	3	3	2	3	5	4	4	4	5	4	33
149	1	4	3	2	4	5	2	3	4	2	40
150	2	4	2	2	4	4	5	4	4	4	40
151	3	4	3	3	4	4	2	5	5	4	31
152	2	3	4	2	4	3	3	4	3	5	33
153	2	3	2	2	4	4	4	3	4	4	32
154	4	3	2	3	5	4	4	4	4	4	36
155	4	3	4	4	2	2	3	3	3	3	17
156	4	2	2	4	4	3	2	5	4	5	43
157	3	4	3	3	5	3	5	4	4	4	36
158	3	3	3	3	3	3	2	3	3	3	31
159	4	3	2	4	4	3	4	4	3	3	28
160	4	3	4	2	5	4	2	1	4	3	31
161	4	4	4	3	2	4	2	3	2	2	21
162	1	3	3	4	5	3	1	4	3	1	50
163	4	2	4	4	4	4	2	4	4	4	35
164	3	4	4	3	4	4	3	3	4	4	29
165	4	4	2	4	1	4	5	1	2	2	16
166	2	4	3	3	4	3	4	2	3	3	37
167	5	2	3	5	5	5	2	3	4	5	36
168	4	2	4	3	4	2	3	4	4	4	33
169	4	4	2	4	5	4	3	4	5	4	38
170	5	2	3	5	4	3	4	4	4	4	36
171	4	2	1	4	4	5	3	4	2	2	34
172	4	4	4	4	3	4	2	4	5	5	38
173	5	1	5	5	4	5	2	4	5	4	31
174	1	2	4	1	4	2	3	2	2	3	31
175	4	1	2	4	4	2	3	4	4	4	36
176	2	4	1	2	5	2	3	4	4	2	44
177	3	4	3	4	4	2	2	4	3	4	33
178	4	4	3	3	4	3	2	3	4	4	30
179	4	3	3	3	4	2	5	3	4	4	35
180	1	5	2	2	5	1	3	5	4	4	34
181	4	2	2	3	3	3	3	4	4	4	33
182	4	2	2	4	4	5	1	4	4	5	22
183	3	3	2	3	4	3	3	3	3	3	39
184	3	2	3	2	5	3	2	3	4	4	34
185	4	3	2	4	4	2	3	4	5	4	42
186	5	2	4	5	3	5	3	2	2	2	10
187	4	2	4	4	4	5	1	4	4	5	25
188	4	3	4	4	4	2	2	1	4	3	24
189	3	4	1	2	4	3	5	2	4	4	48
190	2	3	4	3	4	3	2	3	4	4	32
191	2	3	4	4	4	4	2	1	5	5	30
192	4	2	3	4	3	4	3	4	4	4	42
193	3	4	1	3	5	3	4	4	5	5	36
194	2	5	3	2	4	2	4	4	4	4	35
195	4	4	4	3	3	3	2	2	2	2	32
196	5	2	2	4	5	5	5	5	5	5	43
197	2	4	2	4	5	4	3	2	4	4	37
198	2	4	2	4	4	5	4	3	4	4	42
199	5	2	2	5	5	4	5	4	4	5	44
200	4	3	4	2	3	4	5	2	4	4	36

2-2 項目分析 （平均値・標準偏差の算出と得点分布の確認）

友人関係尺度 10 項目の平均値と標準偏差を算出する.

■分析の指定 （設定画面は p.31 を参照）

● ［分析(A)］ ⇒ ［記述統計(E)］ ⇒ ［記述統計(D)］ を選択.

▶ ［変数(V):］欄に F01 から F10 までを指定して, OK をクリック.

■出力結果の見方

● 記述統計量が出力される.

記述統計量

	度数	最小値	最大値	平均値	標準偏差
F01_お互いの領分にふみこまない	200	1	5	3.26	1.038
F02_心を打ち明ける	200	1	5	3.13	1.127
F03_相手の言うことに口をはさまない	200	1	5	2.94	1.016
F04_お互いのプライバシーには入らない	200	1	5	3.24	1.024
F05_楽しい雰囲気になるよう気をつかう	200	1	5	3.92	.904
F06_相手に甘えすぎない	200	1	5	3.40	1.152
F07_みんなで一緒にいることが多い	200	1	5	3.17	1.157
F08_友達グループのメンバーからどう見られているか気になる	200	1	5	3.42	1.217
F09_互いに傷つけないよう気をつかう	200	1	5	3.73	.932
F10_相手の考えていることに気をつかう	200	1	5	3.87	.933
有効なケースの数 (リストごと)	200				

▶ 友人関係尺度の項目は, 1 点から 5 点の範囲の得点をとる.

▶ いずれの項目も平均値は 3 点前後から 4 点弱の間に収まっている.

次に, ［探索的］分析で 10 項目の得点分布を確認する.

■分析の指定

● ［分析(A)］ ⇒ ［記述統計(E)］ ⇒ ［探索的(E)］ を選択.

▶ ［従属変数(D):］欄に F01 から F10 までを指定する.

▶ 作図(T) をクリック, ［記述統計］の［ヒストグラム(H)］にチェックを入れ, 続行 .

▶ OK をクリック.

■出力結果の見方

● 記述統計量の表で各項目の統計量を確認しよう.

● ヒストグラムと箱ひげ図を見ながら, 得点分布の様子を確認しよう.

  ▸ たとえば, F01 お互いの領分にふみこまないについては次のようになる.

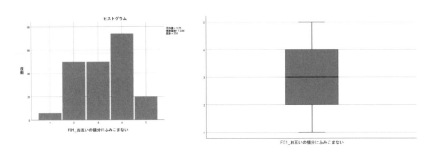

● なお, F05 楽しい雰囲気になるよう気をつかうの得点分布を見ると, 回答の半数以上が選択肢4に集中しており, 箱ひげ図も右下のように他の項目とは異なっている.

  ▸ 回答の集中が見られるので, 要注意の項目である. しかし回答のピークが端(1点や5点)に寄るほど得点分布が偏っているわけではない.

  ▸ ここでは大きな問題はないと判断して, このまま分析を進めていこう.

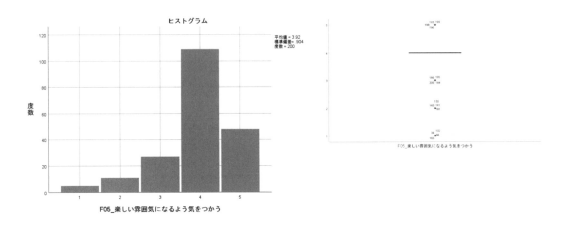

Section **3** 因子分析の実行

3–1 1回目の因子分析 (因子数の検討)

1回目の因子分析では，友人関係尺度が何因子構造となるのかの目安をつける．

■分析の指定

- ［分析(A)］ ⇒ ［次元分解］ ⇒ ［因子分析(F)］ を選択．

  ▶ ［変数(V)：］欄に，F01 から F10 までの 10 項目を指定．

  ▶ 因子抽出(E) ⇒ ［方法(M)：］は最尤法を選んでみよう．［表示］の［スクリープロット(S)］にチェックを入れて， 続行 ．

  ▶ OK をクリック．

■出力結果の見方

(1) 説明された分散の合計の初期の固有値を見る．

説明された分散の合計

因子	初期の固有値			抽出後の負荷量平方和		
	合計	分散の %	累積 %	合計	分散の %	累積 %
1	2.614	26.140	26.140	2.147	21.466	21.466
2	2.390	23.896	50.036	1.910	19.100	40.566
3	1.013	10.129	60.165	.551	5.513	46.079
4	.886	8.857	69.021			
5	.771	7.706	76.728			

  ▶ 合計の欄を見ると，固有値は 2.61，2.39，1.01，0.89，…と変化している．

  ▶ 累積%を見ると，2 因子で 10 項目の全分散の 50.04％を説明している．

(2) スクリープロットを見る.

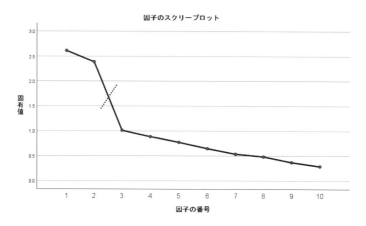

▶ 第1因子と第2因子の間はあまり傾いておらず,第2因子と第3因子の間の傾きが大きくなっていることがわかる.

▶ そこで,2因子構造と仮定して,再度,因子分析を行ってみよう.

なお,最尤法の因子分析では,適合度検定の結果が出力される.ここでの χ^2 値は,有意ではないほど適合している,すなわち因子数が適切であることを意味する.ただし,データが大きいとすぐに有意になってしまうので,あくまでもひとつの補助的な指標だと考えてほしい.

適合度検定

カイ2乗	自由度	有意確率
18.823	18	.403

ちなみに,因子分析のメニューで,[記述統計(D)]→[KMO と Bartlett の球面性検定(K)]を指定した場合の出力は次の通り.KMO は .726,球面性検定は 0.01%水準で有意であった.

KMO および Bartlett の検定

Kaiser-Meyer-Olkin の標本妥当性の測度		.726
Bartlett の球面性検定	近似カイ2乗	496.925
	自由度	45
	有意確率	.000

3-2 2回目の因子分析 (Promax 回転)

2因子を仮定し，再度，因子分析を行う．

■分析の指定

● [分析(A)] ⇒ [次元分解] ⇒ [因子分析(F)] を選択.

  ▶ 因子抽出(E) ウィンドウの指定は……
    ◆ [方法(M):] は最尤法.
    ◆ [抽出の基準] の [因子の固定数(N)] をクリックし，枠に2と入力する.
  ▶ 回転(T) ウィンドウは，[プロマックス(P)] を指定する.
  ▶ オプション(O) ⇒ [係数の表示書式] で [サイズによる並び替え(S)] にチェックを入れる ⇒ 続行 .
  ▶ OK をクリックする.

■出力結果の見方

(1) 因子抽出後の共通性を見る.

  ▶ F03 が .14，F07 が .10 とやや低い値になっている.

共通性

	初期	因子抽出後
F01_お互いの領分にふみこまない	.543	.686
F02_心を打ち明ける	.349	.409
F03_相手の言うことに口をはさまない	.179	.138
F04_お互いのプライバシーには入らない	.522	.654
F05_楽しい雰囲気になるよう気をつかう	.329	.400
F06_相手に甘えすぎない	.219	.191
F07_みんなで一緒にいることが多い	.113	.098
F08_友達グループのメンバーからどう見られているか気になる	.262	.209
F09_互いに傷つけないよう気をつかう	.448	.589
F10_相手の考えていることに気をつかう	.422	.558

因子抽出法: 最尤法

(2) パターン行列を見る.

パターン行列^a

	因子 1	因子 2
F01_お互いの領分にふみこまない	.826	.030
F04_お互いのプライバシーには入らない	.811	-.052
F02_心を打ち明ける	-.626	.187
F06_相手に甘えすぎない	.436	.004
F03_相手の言うことに口をはさまない	.338	.131
F09_互いに傷つけないよう気をつかう	.090	.755
F10_相手の考えていることに気をつかう	.149	.721
F05_楽しい雰囲気になるよう気をつかう	-.081	.634
F08_友達グループのメンバーからどう見られているか気になる	-.128	.449
F07_みんなで一緒にいることが多い	-.091	.306

因子抽出法: 最尤法
回転法: Kaiser の正規化を伴うプロマックス法^a

a. 3 回の反復で回転が収束しました.

▶ F03 と F07 の因子負荷量が .35 未満となっており, 低い値を示している.
▶ 第1因子には友人との距離をとる内容の項目が, 第2因子には友人に気遣いをする内容
の項目が高い負荷量を示しているようだ.

(3) 因子相関行列を見る.

▶ 第1因子と第2因子の因子間相関は $r = .08$ と, ほぼ無相関である.

因子相関行列

因子	1	2
1	1.000	.075
2	.075	1.000

因子抽出法: 最尤法
回転法: Kaiser の正規化を伴
うプロマックス法

3-3 3回目の因子分析 (Varimax 回転)

　因子間に相関を仮定する斜交回転（プロマックス回転）で因子分析を行ったところ，因子間の相関はほぼ「0」となった．

　つまり友人関係尺度から得られた2つの因子は「直交する」と考えることができる．

　そこで，直交回転（バリマックス回転）による因子分析を行ってみよう．

■分析の指定

● ［分析(A)］ ⇒ ［次元分解］ ⇒ ［因子分析(F)］ を選択.

　　▸ 因子抽出(E) ウィンドウの指定は……

　　　◆ ［方法(M):］ は最尤法.

　　　◆ ［抽出の基準］の［因子の固定数(N)］をクリックし，枠に2と入力する.

　　▸ 回転(T) ウィンドウは，［バリマックス(V)］を指定する.

　　▸ オプション(O) ⇒ ［係数の表示書式］で［サイズによる並び替え(S)］にチェックを入れる ⇒ 続行 .

　　▸ OK をクリックする.

■出力結果の見方

（1）共通性を見る.

　　▸ 先ほどと同じで，因子抽出後では F03 と F07 がやや低い値を示している.

（2）説明された分散の合計を見る.

　　▸ プロマックス回転を行ったときと出力が異なっている点に注意する.

共通性

	初期	因子抽出後
F01_お互いの領分にふみこまない	.543	.686
F02_心を打ち明ける	.349	.409
F03_相手の言うことに口をはさまない	.179	.138
F04_お互いのプライバシーには入らない	.522	.654
F05_楽しい雰囲気になるよう気をつかう	.329	.400
F06_相手に甘えすぎない	.219	.191
F07_みんなで一緒にいることが多い	.113	.098
F08_友達グループのメンバーからどう見られているか気になる	.262	.209
F09_互いに傷つけないよう気をつかう	.448	.589
F10_相手の考えていることに気をつかう	.422	.558

因子抽出法: 最尤法

説明された分散の合計

因子	初期の固有値			抽出後の負荷量平方和			回転後の負荷量平方和		
	合計	分散の %	累積 %	合計	分散の %	累積 %	合計	分散の %	累積 %
1	2.614	26.140	26.140	2.124	21.236	21.236	2.101	21.014	21.014
2	2.390	23.896	50.036	1.809	18.090	39.326	1.831	18.313	39.326
3	1.013	10.129	60.165						
4	.886	8.857	69.021						
5	.771	7.706	76.728						
6	.645	6.454	83.182						
7	.536	5.363	88.544						
8	.483	4.833	93.377						
9	.371	3.713	97.090						
10	.291	2.910	100.000						

因子抽出法：最尤法

▸ 直交回転では**回転後の負荷量平方和**に分散の％と累積％が出力される．

▸ 第1因子は友人関係尺度10項目の全分散の**21.01％**，第2因子は**18.31％**を説明している．

▸ 2因子の**累積％**（累積寄与率）は，**39.33％**である．

(3) 回転後の因子行列を見る．

▸ F03，F07 の因子負荷量は .35 未満となっているが，他の項目は第1因子，第2因子いずれかに高い負荷量を示している．

▸ 第1因子を**距離**，第2因子を**気遣い**と名付けることにしよう．

回転後の因子行列[a]

	因子	
	1	2
F01_お互いの領分にふみこまない	.828	.027
F04_お互いのプライバシーには入らない	.807	-.056
F02_心を打ち明ける	-.611	.189
F06_相手に甘えすぎない	.437	.002
F03_相手の言うことに口をはさまない	.349	.129
F09_互いに傷つけないよう気をつかう	.150	.752
F10_相手の考えていることに気をつかう	.206	.718
F05_楽しい雰囲気になるよう気をつかう	-.031	.632
F08_友達グループのメンバーからどう見られているか気になる	-.092	.448
F07_みんなで一緒にいることが多い	-.067	.305

因子抽出法：最尤法
回転法：Kaiser の正規化を伴うバリマックス法
a. 3 回の反復で回転が収束しました．

<STEP UP> バリマックス回転での出力結果を表に記載する

● バリマックス回転を行ったとき，論文などに示す表は以下のようになる．

● 共通性

  ▸ 出力のうち「因子抽出後」の共通性を記入する．

  ▸ 左側の因子負荷量の2乗和が共通性の値に一致する．たとえば次頁の表の第1項目の場合には，$0.828^2 + 0.027^2 = 0.686$ となる．

● 因子寄与

  ▸ 出力のうち説明された分散の合計の回転後の負荷量平方和の合計の値を記入する．

- ▸ 因子負荷量の縦の2乗和が因子寄与となる. たとえば第1因子であれば, $0.828^2 + 0.807^2 + (-0.611)^2 + \cdots = 2.101$ となる.
- ▸ 共通性の下部の因子寄与の欄には, 第1因子と第2因子の因子寄与を合計した値を記入する. 共通性を縦に合計した値と同じ.

● 寄与率
- ▸ 出力のうち**説明された分散の合計**の回転後の負荷量平方和の分散の%の値を記入する.
- ▸ 共通性の下部の寄与率の欄には, 第1因子と第2因子の寄与率を合計した値を記入する. この値は累積%（累積寄与率）に一致する.
- ▸ 寄与率ではなく, 第1因子, 第2因子の累積寄与率（累積%）を記入することもある.

	I	II	共通性
1. お互いの領分にふみこまない	**.83**	.03	.69
4. お互いのプライバシーには入らない	**.81**	-.06	.65
2. 心を打ち明ける	**-.61**	.19	.41
6. 相手に甘えすぎない	**.44**	.00	.19
3. 相手の言うことに口をはさまない	.35	.13	.14
9. 互いに傷つけないよう気をつかう	.15	**.75**	.59
10. 相手の考えていることに気をつかう	.21	**.72**	.56
5. 楽しい雰囲気になるよう気をつかう	-.03	**.63**	.40
8. 友達グループのメンバーからどう見られているか気になる	-.09	**.45**	.21
7. みんなで一緒にいることが多い	-.07	.31	.10
因子寄与	2.10	1.83	3.93
寄与率	21.01	18.31	39.33

3-4 因子得点の算出

　さて, 通常の手続きでは, このあと項目得点を合計するなどして下位尺度得点を算出する. しかし, 先ほどの因子分析で高い負荷量を示した項目の得点を合計して2つの得点を算出した場合, その2つの得点間の相関が「0」になるとは限らない. たとえば項目番号10は, 第1因子に.21, 第2因子に.72の負荷量を示しているが, 第2因子の尺度得点として項目合計得点を算出することは, 第1因子への負荷量（.22）を無視することになるからである.

　ここでは, 直交する因子構造の情報をそのまま用いるという目的で, 因子得点を算出する.

■分析の指定

● ［分析(A)］ ⇒ ［次元分解］ ⇒ ［因子分析(F)］ を選択.

  ▸ 因子抽出(E) ウィンドウの指定は……

   ◆ ［方法(M):］は最尤法.

   ◆ ［抽出の基準］の［因子の固定数(N)］をクリックし, 枠に 2 と入力する.

  ▸ 回転(T) ウィンドウは, ［バリマックス(V)］を指定する.

  ▸ オプション(O) ⇒ ［係数の表示書式］で［サイズによる並び替え(S)］にチェックを入れる ⇒ 続行 .

  ▸ 得点(S) ウィンドウの指定は……

   ◆ ［変数として保存(S)］にチェックを入れる.

   ◆ ［方法］は, 今回は［回帰(R)］.

   ◆ ［因子得点係数行列を表示(D)］にチェックを入れてみよう ⇒ 続行 .

  ▸ OK をクリックする.

<**STEP UP**> 因子得点の推定方法 (小野寺・山本, 2004 より)

● 回帰法

  推定された因子得点と真の因子得点の誤差をできるだけ小さくすることを目的とした手法.

● Bartlett 法

  独自因子得点を最小化するように因子得点を推定する手法.

● Anderson-Rubin 法

  独自因子得点を最小化するように因子得点を推定するが, 推定された因子得点が直交するという特徴をもつ.

■出力結果の見方

(1) 先ほどと同じ因子分析結果が出力される.

(2) ［因子得点係数行列を表示(D)］にチェックを入れたので, **因子得点係数行列**が表示される. この数値をもとに, 因子得点が算出される.

因子得点係数行列

	因子	
	1	2
F01_お互いの領分にふみこまない	.423	-.009
F02_心を打ち明ける	-.169	.080
F03_相手の言うことに口をはさまない	.063	.028
F04_お互いのプライバシーには入らない	.376	-.059
F05_楽しい雰囲気になるよう気をつかう	-.019	.228
F06_相手に甘えすぎない	.087	-.005
F07_みんなで一緒にいることが多い	-.015	.074
F08_友達グループのメンバーからどう見られているか気になる	-.025	.123
F09_互いに傷つけないよう気をつかう	.040	.390
F10_相手の考えていることに気をつかう	.058	.345

因子抽出法: 最尤法
回転法: Kaiser の正規化を伴うバリマックス法
因子得点の計算方法: 回帰法

(3) データエディタを見てみよう.

▶ 2つの変数（**FAC1_1** と **FAC2_1**）が追加されている
ことがわかるだろう.

(4) 先ほど,第1因子を**距離**,第2因子を**気遣い**と命名した
ので,変数名をそれぞれ変えておこう.

▶ 下のタブの［変数ビュー（**V**）］を開く.

▶ **FAC1_1** を**距離**,**FAC2_1** を**気遣い**にする.

▶「ラベル」に書かれている内容は削除しておこう.

	注目賞賛欲求	FAC1_1	FAC2_1
	32	-1.08022	-1.26967
	40	-.84593	.76588
	40	-.50621	.44379
	40	-1.26262	.39001
	36	1.31529	-.81279
	32	.03034	-.20597
	30	.92966	-.61762
	37	-.75318	1.39435
	29	.46861	.39807
	28	-.33420	.18963

11	F10	数値	11	0	F10_相手の...	なし
12	注目賞賛欲求	数値	11	0		なし
13	距離	数値	11	5		なし
14	気遣い	数値	11	5		なし

※ここでは因子分析から直接因子得点を算出しているので,項目得点の合計を前提とする内的
整合性については検討していない.

3−5 結果の記述1（友人関係尺度の分析）

ここまでの結果を論文形式で記述してみよう.

1. 友人関係尺度の分析

　友人関係尺度10項目に対して最尤法による因子分析を行った. 固有値の変化は2.61, 2.39, 1.01, 0.89, …というものであり, 2因子構造が妥当であると考えられた. そこで再度2因子を仮定して最尤法・Promax回転による因子分析を行った. その結果, 相互の因子間相関が.08とほぼ直交する, 2つの因子が見出された. 2因子がほぼ直交していたので, 最尤法・Varimax回転による因子分析を行った（Table 1）. 累積寄与率は39.33%であった.

　各因子は以下のように解釈された. 第1因子は「お互いの領分にふみこまない」など友人との距離をとってかかわる内容の項目が高い正の負荷量を示していた. そこで「距離」因子と命名した. 第2因子は「互いに傷つけないように気をつかう」など相手を気遣いつつ友人関係を営む内容の項目が高い正の負荷量を示していた. そこで「気遣い」因子と命名した.

　この因子分析結果に基づき, Varimax回転後の因子得点を推定することにより, 「距離」得点と「気遣い」得点を算出した.

Table 1　友人関係尺度の因子分析結果（Varimax回転後の因子行列）

	I	II	共通性
1. お互いの領分にふみこまない	**.83**	.03	.69
4. お互いのプライバシーには入らない	**.81**	-.06	.65
2. 心を打ち明ける	**-.61**	.19	.41
6. 相手に甘えすぎない	**.44**	.00	.19
3. 相手の言うことに口をはさまない	.35	.13	.14
9. 互いに傷つけないよう気をつかう	.15	**.75**	.59
10. 相手の考えていることに気をつかう	.21	**.72**	.56
5. 楽しい雰囲気になるよう気をつかう	-.03	**.63**	.40
8. 友達グループのメンバーからどう見られているか気になる	-.09	**.45**	.21
7. みんなで一緒にいることが多い	-.07	.31	.10
因子寄与	2.10	1.83	3.93
寄与率	21.01	18.31	39.33

ここでは，先ほど因子得点を算出することで得た**距離**得点と**気遣い**得点の特徴を見てみることにしよう．

4-1 平均・分散・標準偏差

まずは，平均や標準偏差などの基本的な統計量と得点分布を確認しよう．

■分析の指定

● ［分析(A)］ ⇒ ［記述統計(E)］ ⇒ ［探索的(E)］ を選択.

▶ ［従属変数(D)：］に距離と気遣いを指定する．

▶ 作図(T) をクリック．
［記述統計］の［ヒストグラム(H)］にチェック ⇒
続行 .

▶ OK をクリック．

■出力結果の見方

▶ 距離と気遣いの平均値はともに「0」となっている（0E-7
などと表示されることもある。この場合は，0.000000 と
少なくとも 0 が 7 つ連なることを意味する）．

▶ 距離の分散は 0.84，*SD* は 0.92，**気遣い**の分散は 0.79，
SD は 0.89 である．

◆ 平均 0，分散 1 に標準化された値に近い数値をとっていることがわかる．

▶ ヒストグラムは次のようになる．

◆ 距離の得点分布はほぼ左右対称だが，気遣いの得点分布は左に長い裾野をもつようだ．

記述統計

			統計量	標準誤差
距離	平均値		.0000000	.06478542
	平均値の 95% 信頼区間	下限	-.1277540	
		上限	.1277540	
	5% トリム平均		-.0141633	
	中央値		-.0210849	
	分散		.839	
	標準偏差		.91620413	
	最小値		-1.99864	
	最大値		2.08377	
	範囲		4.08241	
	4分位範囲		1.49875	
	歪度		.139	.172
	尖度		-.707	.342
気遣い	平均値		.0000000	.06263393
	平均値の 95% 信頼区間	下限	-.1235114	
		上限	.1235114	
	5% トリム平均		.0393255	
	中央値		.1387777	
	分散		.785	
	標準偏差		.88577754	
	最小値		-3.33479	
	最大値		1.70184	
	範囲		5.03662	
	4分位範囲		1.02744	
	歪度		-.780	.172
	尖度		1.074	.342

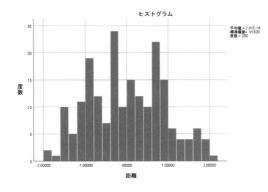

ヒストグラム

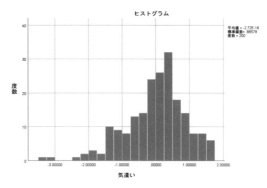

ヒストグラム

4-2 相関

距離と気遣いの相関関係を確認してみよう.

■分析の指定

● [分析(A)] ⇒ [相関(C)] ⇒ [2変量(B)] を選択.

▶ [変数(V):] に距離と気遣いを指定する.

▶ OK をクリック.

■出力結果の見方

距離と気遣いの相関は $r = .01$ と, ほぼ無相関であることがわかる.

相関

		距離	気遣い
距離	Pearson の相関係数	1	.013
	有意確率 (両側)		.857
	度数	200	200
気遣い	Pearson の相関係数	.013	1
	有意確率 (両側)	.857	
	度数	200	200

4-3 相互相関

次に，友人関係尺度の2得点と注目・賞賛欲求得点との相関係数を算出しよう．

■分析の指定

- ［分析(A)］ ⇒ ［相関(C)］ ⇒ ［2変量(B)］ を選択.
    - ▶［変数(V):］に距離，気遣い，注目賞賛欲求を指定する.
    - ▶ OK をクリック.

■出力結果の見方

注目・賞賛欲求は，

距離と有意な負の相関（$r = -.28$, $p < .001$），

気遣いと有意な正の相関（$r = .26$, $p < .001$）を示した.

相関

		距離	気遣い	注目賞賛欲求
距離	Pearson の相関係数	1	.013	-.276**
	有意確率 (両側)		.857	.000
	度数	200	200	200
気遣い	Pearson の相関係数	.013	1	.261**
	有意確率 (両側)	.857		.000
	度数	200	200	200
注目賞賛欲求	Pearson の相関係数	-.276**	.261**	1
	有意確率 (両側)	.000	.000	
	度数	200	200	200

**. 相関係数は 1% 水準で有意 (両側) です.

5-1 クラスタ分析（1回目）

　友人関係尺度の距離と気遣いによって，調査対象をいくつかのグループに分類してみよう．

　ここでは，これら2つの得点をクラスタ分析にかけることにより，いくつかのグループを導き出すことにしよう．

■分析の指定

- ［分析(A)］ ⇒ ［分類(F)］ ⇒ ［階層クラスタ(H)］

  ▶ ［変数(V):］に距離と気遣いを指定する．

  ▶ 作図(T) をクリック．
    ◆ ［デンドログラム(D)］をチェックして，続行．

  ▶ 方法(M) をクリック．
    ◆ 今回は，［クラスタ化の方法(M):］でWard法を選択して，続行．
      ★ いくつかの手法を試してみて，どのような結果が得られるのかを比較してみてほしい．

  ▶ OK をクリックする．

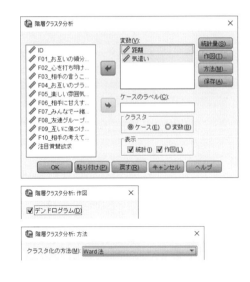

■出力結果の見方

(1) 処理したケースの要約が出力される．すべてのデータが分析に用いられた．

処理したケースの要約[a,b]

	ケース					
有効数		欠損		合計		
度数	パーセント	度数	パーセント	度数	パーセント	
200	100.0	0	.0	200	100.0	

a. ユークリッド平方距離 使用された

b. Ward 連結

(2) クラスタ凝集経過工程が出力される.

クラスタ凝集経過工程

段階	結合されたクラスタ		係数	クラスタ初出の段階		次の段階
	クラスタ1	クラスタ2		クラスタ1	クラスタ2	
1	45	192	.000	0	0	46
2	38	163	.000	0	0	34
3	73	117	.000	0	0	9
4	9	53	.000	0	0	118
5	40	95	.000	0	0	48
6	44	149	.001	0	0	140
7	47	175	.001	0	0	53

▶ クラスタがどのように結びついていったかをたどることができる.

(3) デンドログラムを見る.

再調整された距離クラスタ結合が 15 あたりのところを下にたどっていってみよう.

3つの横線と交わるのではないだろうか. 3つの横線と交わるということは, 3つの集団がこの左側にぶら下がっていることを意味する.

このことを確認して, 3つのクラスタを導出してみよう.

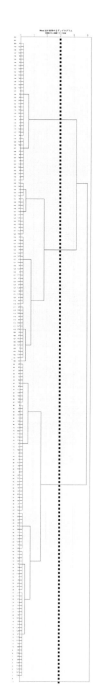

＜**STEP UP**＞　クラスタの数を確かめる

　クラスタ分析を行う際に，いくつのクラスタ数が最適かを検討したい場合がある。TwoStep クラスタで確かめる方法を行ってみよう。

- 分析(A)　→分類(F)　→ TwoStep クラスタ(T)
  - ▶ 距離と気遣いを［連続変数(C)］に指定
  - ▶［出力(U)］をクリック
    - ◆ 出力の［ピボットテーブル(P)］と［モデルビューアの図表(H)］にチェックを入れて［続行］をクリック.
  - ▶ クラスタ化の基準は，BIC もしくは AIC いずれかを選択．今回は［Schwartz's Baysian 基準(BIC)(B)］を選択.
  - ▶ クラスタ数で［自動的に判定(D)］にすると最適なクラスタ数が自動的に判定される．［最大(X)］の数値は各自で設定する．今回は 15 のまま分析を行う.
  - ▶［OK］をクリック
- 自動クラスタ化
  - ▶ BIC も AIC も小さな値ほど統計的に適合している．変化量の違いが小さくなる前のクラスタ数を採用すると良い.
- クラスタ分布
  - ▶ この場合は 3 クラスタが自動的に採用されている.
  - ▶ 各クラスタに所属する人数と割合が示される．ただし，クラスタ分析の手法が異なるので後で示す結果とは一致しない．あくまでも目安としておくのが良い.
- 重心
  - ▶ それぞれのクラスタにおける距離と気遣いの平均値が示される.
  - ▶ 平均値からクラスタの特徴を把握が推測される

● モデル要約

▸ クラスタの品質に，分析を評価した結果が表示される．

▸ この図をダブルクリックすると，詳細な結果が表示されるので試してみてほしい．

自動クラスタ化

クラスタの数	Schwarz のベイズ基準 (BIC)	BIC 変化量[a]	BIC 変化量の比[b]	距離測度の比[c]
1	297.451			
2	242.975	-54.476	1.000	1.343
3	207.808	-35.167	.646	2.046
4	201.452	-6.356	.117	1.539
5	204.743	3.291	-.060	1.494
6	213.950	9.207	-.169	1.214
7	225.267	11.318	-.208	1.107
8	237.543	12.276	-.225	1.011
9	249.919	12.376	-.227	1.004
10	262.328	12.409	-.228	1.455
11	277.482	15.154	-.278	1.561
12	294.806	17.324	-.318	1.091
13	312.454	17.648	-.324	1.298
14	330.916	18.462	-.339	1.064
15	349.542	18.626	-.342	1.046

a. 変化は，表内の前のクラスタ数からのものです．

b. 変化率は，2 クラスタの解の変化に対して相対的です．

c. 距離の測定の比率は，前のクラスタ数に対する現在のクラスタ数に基づいています．

クラスタ分布

		度数	% 結合	% 合計
クラスタ	1	75	37.5%	37.5%
	2	64	32.0%	32.0%
	3	61	30.5%	30.5%
	結合	200	100.0%	100.0%
合計		200		100.0%

重心

		距離		気遣い	
		平均	標準偏差	平均	標準偏差
クラスタ	1	.7494714	.56014167	.4916224	.47893226
	2	-.8766769	.40491819	.4085948	.52808992
	3	-.0016890	.83847884	-1.0331434	.67909668
	結合	.0000000	.91620413	.0000000	.88577754

モデル要約

アルゴリズム	TwoStep
入力	2
クラスター	3

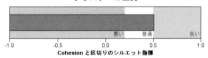

クラスターの品質

5-2 クラスタ分析 (2回目)

では次に，3つのクラスタを分類する変数を作成しよう．

■分析の指定

● ［分析(A)］ ⇒ ［分類(F)］ ⇒ ［階層クラスタ(H)］ を選択．

▶ ［変数(V):］に距離と気遣いを指定する．

▶ 出力が煩雑になる場合は，デンドログラムやつららプロットの出力をなくしておいても
よいだろう．その場合は［表示］の［作図(L)］のチェックを外す．

▶ 方法(M) をクリック．

◆ 先ほどと同じ Ward 法を選択し， 続行 ．

▶ 保存(A) をクリック．

◆ 3つのクラスタを保存するので，［単一の解(S)］を選
択し，［クラスタの数(B):］を 3 とする． ⇒ 続行 ．

▶ OK をクリックする．

■出力結果の見方

データエディタを見て，CLU3_1 という名前の変数が保存されていることを確認する．

▶ 変数の名前を，CLU3_1 から友人関係スタイルに変更しておこう．

▶ 「ラベル」にはクラスタ分析の手法名が書かれているが，これは削除しておこう．

▶ このグループはどのような特徴をもつのだろうか．これは次の Section で分析して確認
してみよう．

気遣い	友人関係ス タイル
-1.26967	1
.76588	2
.44379	3
.39001	2

5−3 結果の記述 2 (相互相関)

　相関関係までの結果を記述しておこう. **距離**と**気遣い**は直交回転後の因子得点を算出していることからほぼ無相関であることが自明なので, わざわざ結果に記述する必要はないかもしれない. また, Table の有意水準はアスタリスク 1 つ (*) で 0.1 ％水準を表している. Table 中に 1 つの有意水準の基準しかないので, このように表記してもかまわない.

2. 相互相関

　先ほど算出した友人関係の「距離」,「気遣い」, および「注目・賞賛欲求」の各得点間の相関係数を Table 2 に示す.「注目・賞賛欲求」と「距離」が低い有意な負の相関 ($r = -.28, p < .001$),「気遣い」が低い有意な正の相関 ($r = .26, p < .001$) を示した.

Table 2　友人関係と注目・賞賛欲求との関連

	距離	気遣い	注目賞賛欲求
距離	—	.01	-.28 *
気遣い		—	.26 *
注目賞賛欲求			—

* $p < .001$

グループの特徴
(χ^2 検定, 1 要因分散分析)

先ほどのクラスタ分析によって得られたグループの特徴を探っていこう.

6-1 人数比率

まずは, 各グループに何人の調査対象がいるのかを確認する.
χ^2 検定も行ってみよう.

■分析の指定
- [分析(A)] メニュー ⇒ [ノンパラメトリック検定(N)] ⇒ [過去のダイアログ(L)] ⇒ [カイ2乗(C)] を選択.
  - ▶ [検定変数リスト(T):] に友人関係スタイルを指定する.
  - ▶ オプション(O) をクリック.
    - ◆ [統計] の [記述統計量(D)] にチェックを入れて, 続行 .
  - ▶ OK をクリック.

■出力結果の見方
- ▶ 第1クラスタに57名, 第2クラスタに44名, 第3クラスタに99名が属していることがわかる.
- ▶ χ^2 検定の結果は, 自由度2, χ^2 値が24.79で0.1%水準で有意である.

  $\chi^2 = 24.79,\ df = 2,\ p < .001$

友人関係スタイル

	観測度数 N	期待度数 N	残差
1	57	66.7	-9.7
2	44	66.7	-22.7
3	99	66.7	32.3
合計	200		

検定統計量

	友人関係スタイル
カイ2乗	24.790[a]
自由度	2
漸近有意確率	.000

a. 0 セル (0.0%) の期待度数は5以下です. 必要なセルの度数の最小値は66.7です.

6-2 1要因の分散分析

次に，クラスタ分析による3群を独立変数，距離と気遣いを従属変数とした1要因分散分析を行うことで，各グループの特徴を探ろう．

■分析の指定

- [分析(A)] メニュー ⇒ [平均の比較(M)] ⇒ [一元配置分散分析(O)] を選択.
  - ▶ [従属変数リスト(E):]に距離と気遣いを指定.
  - ▶ [因子(F):] に友人関係スタイルを指定する.
  - ▶ その後の検定(H) をクリック.
    - ◆ [Tukey(T)] にチェック（TukeyのHSD 法による多重比較の結果が出力される）. 左下の [有意水準(F)] に「0.05」と入力されているが，このまま分析を行えば5%水準で多重比較を行なうことになる. ⇒ 続行 .
  - ▶ オプション(O) をクリック.
    - ◆ [記述統計量(D)] と [平均値のプロット(M)] にチェック ⇒ 続行 .
  - ▶ OK をクリック.

■出力結果の見方

(1) 記述統計が出力される.

記述統計

		度数	平均値	標準偏差	標準誤差	平均値の95%信頼区間 下限	上限	最小値	最大値
距離	1	57	-.2472951	.84851154	.11238810	-.4724355	-.0221547	-1.99864	1.91331
	2	44	-1.0113548	.31912029	.04810919	-1.1083763	-.9143334	-1.93028	-.38112
	3	99	.5918731	.63227268	.06354580	.4657685	.7179776	-.57994	2.08377
	合計	200	.0000000	.91620413	.06478542	-.1277540	.1277540	-1.99864	2.08377
気遣い	1	57	-1.0422699	.70881252	.09388451	-1.2303432	-.8541967	-3.33479	-.07563
	2	44	.5339899	.52321637	.07887784	.3749176	.6930622	-.16332	1.70184
	3	99	.3627660	.54148053	.05442084	.2547696	.4707624	-.84501	1.51152
	合計	200	.0000000	.88577754	.06263393	-.1235114	.1235114	-3.33479	1.70184

- ▶ 第1クラスタは，距離と気遣いがともにマイナスの値となっている.

- ▶ 第2クラスタは，距離がマイナスで**気遣い**がプラスの値となっている．
- ▶ 第3クラスタは，距離，**気遣い**ともプラスの値となっている．

(2) **分散分析**の結果は，距離，気遣いともに 0.1 ％で有意である．

分散分析

		平方和	自由度	平均平方	F 値	有意確率
距離	グループ間	83.172	2	41.586	97.674	.000
	グループ内	83.875	197	.426		
	合計	167.047	199			
気遣い	グループ間	87.495	2	43.748	125.557	.000
	グループ内	68.640	197	.348		
	合計	156.136	199			

- ▶ 距離 ：$F(2, 197) = 97.67$, $p < .001$
- ▶ 気遣い：$F(2, 197) = 125.56$, $p < .001$

(3) **多重比較**が出力される．

多重比較

Tukey HSD

従属変数	(I) 友人関係スタイル	(J) 友人関係スタイル	平均値の差 (I-J)	標準誤差	有意確率	95% 信頼区間 下限	95% 信頼区間 上限
距離	1	2	.76405973*	.13094216	.000	.4548313	1.0732882
		3	-.83916820*	.10849004	.000	-1.0953745	-.5829619
	2	1	-.76405973*	.13094216	.000	-1.0732882	-.4548313
		3	-1.60322793*	.11822428	.000	-1.8824223	-1.3240336
	3	1	.83916820*	.10849004	.000	.5829619	1.0953745
		2	1.60322793*	.11822428	.000	1.3240336	1.8824223
気遣い	1	2	-1.57625981*	.11845512	.000	-1.8559993	-1.2965203
		3	-1.40503591*	.09814410	.000	-1.6368096	-1.1732622
	2	1	1.57625981*	.11845512	.000	1.2965203	1.8559993
		3	.17122391	.10695006	.248	-.0813456	.4237934
	3	1	1.40503591*	.09814410	.000	1.1732622	1.6368096
		2	-.17122391	.10695006	.248	-.4237934	.0813456

*. 平均値の差は 0.05 水準で有意です．

- ▶ 距離は3つのクラスタのいずれの間にも，5％水準で有意差が見られた．最も高いのが第3クラスタ，次いで第1クラスタ，第2クラスタの順である．
- ▶ 気遣いは第2クラスタが最も高く，次いで第3クラスタ，第1クラスタとなっているが，第2クラスタと第3クラスタの間の差は有意ではなかった．

（4）平均値のプロットが出力される.

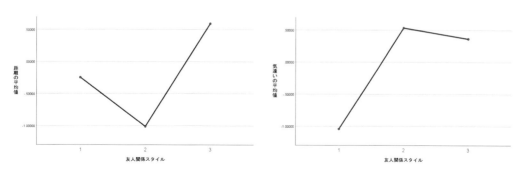

（5）以上の結果から，それぞれのクラスタは次のような特徴をもつといえる.

▸ 第1クラスタ：友人との距離がやや近く気遣わない群 →「親密関係」群
▸ 第2クラスタ：友人との距離が近く気遣う群 →「気遣い関係」群
▸ 第3クラスタ：友人との距離が遠い群 →「距離維持」群

<STEP UP> 分散分析の効果量を算出

　分散分析で効果量（偏イータ2乗；η_p^2）を算出したいときは，分析（A）→一般線形モデル（G）→多変量（M）を選択.

● ［従属変数（D）］に距離と気遣いを指定，［固定因子（F）］に友人関係スタイルを指定

● ［オプション（O）］をクリック
　▸ ［効果サイズの推定値（E）］にチェックを入れて［続行］をクリック.
　▸ ［OK］をクリック

● 多変量検定の出力および被験者間効果の検定に［偏イータ2乗］が表示される.
　▸ 距離：$\eta_p^2 = 0.50$
　▸ 気遣い：$\eta_p^2 = 0.56$

被験者間効果の検定

ソース	従属変数	タイプ III 平方和	自由度	平均平方	F 値	有意確率	偏イータ 2 乗
修正モデル	距離	83.172[a]	2	41.586	97.674	.000	.498
	気遣い	87.495[b]	2	43.748	125.557	.000	.560
切片	距離	8.826	1	8.826	20.730	.000	.095
	気遣い	.420	1	.420	1.206	.273	.006
友人関係スタイル	距離	83.172	2	41.586	97.674	.000	.498
	気遣い	87.495	2	43.748	125.557	.000	.560
誤差	距離	83.875	197	.426			
	気遣い	68.640	197	.348			
総和	距離	167.047	200				
	気遣い	156.136	200				
修正総和	距離	167.047	199				
	気遣い	156.136	199				

a. R2 乗 = .498 (調整済み R2 乗 = .493)

b. R2 乗 = .560 (調整済み R2 乗 = .556)

6−3 値ラベルをつける

この結果をふまえて，［変数ビュー（V）］の「値ラベル」に名前を付けておこう．

● 友人関係スタイルの「値」をクリック．

▶ 1 を親密関係

▶ 2 を気遣い関係

▶ 3 を距離維持

6-4 注目・賞賛欲求の群間比較

では，3つの友人関係スタイルで注目・賞賛欲求の得点に差があるかどうかを1要因分散分析で検討してみよう．

■分析の指定

● [分析(A)] メニュー ⇒ [平均の比較(M)] ⇒ [一元配置分散分析(O)] を選択.
  ▶ [従属変数リスト(E):] に注目賞賛欲求を指定する．
  ▶ [因子(F):] に友人関係スタイルを指定する．
  ▶ その後の検定(H) をクリック.
    ◆ [Tukey(T)] にチェックを入れて（Tukey の HSD 法による多重比較の結果が出力される）， 続行 .
  ▶ オプション(O) をクリック．
    ◆ [記述統計量(D)] と [平均値のプロット(M)] にチェックを入れて， 続行 .
  ▶ OK をクリック．

■出力結果の見方

(1) 記述統計を見る．

記述統計

注目賞賛欲求

	度数	平均値	標準偏差	標準誤差	平均値の 95% 信頼区間 下限	平均値の 95% 信頼区間 上限	最小値	最大値
親密関係	57	30.23	9.329	1.236	27.75	32.70	10	50
気遣い関係	44	36.57	7.193	1.084	34.38	38.76	20	50
距離維持	99	32.44	6.892	.693	31.07	33.82	10	48
合計	200	32.72	8.010	.566	31.60	33.84	10	50

▶ 気遣い関係群が他の群に比べて注目・賞賛欲求の平均値が高い傾向にあることがわかる．

(2) **分散分析**の結果は 0.1% 水準で有意であった.

分散分析

注目賞賛欲求

	平方和	自由度	平均平方	F 値	有意確率
グループ間	1013.045	2	506.523	8.490	.000
グループ内	11753.275	197	59.661		
合計	12766.320	199			

▶ $F(2, 197) = 8.49$, $p < .001$

(3) **多重比較**の結果を見ると，**気遣い関係群**と**親密関係群**，**気遣い関係群**と**距離**維持群との間で有意な得点差（5%水準）が見られた.

多重比較

従属変数: 注目賞賛欲求
Tukey HSD

(I) 友人関係スタイル	(J) 友人関係スタイル	平均値の差 (I-J)	標準誤差	有意確率	95% 信頼区間 下限	95% 信頼区間 上限
親密関係	気遣い関係	-6.340*	1.550	.000	-10.00	-2.68
	距離維持	-2.216	1.284	.198	-5.25	.82
気遣い関係	親密関係	6.340*	1.550	.000	2.68	10.00
	距離維持	4.124*	1.399	.010	.82	7.43
距離維持	親密関係	2.216	1.284	.198	-.82	5.25
	気遣い関係	-4.124*	1.399	.010	-7.43	-.82

*. 平均値の差は 0.05 水準で有意です。

(4) 平均値のプロットは以下の通りである.

▶ **気遣い関係群**の得点が他の 2 群に比べて高い傾向にあることがわかる.

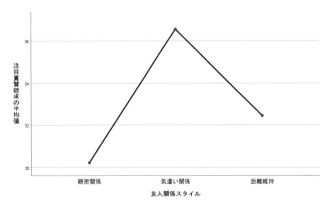

※なお，注目・賞賛欲求に対する友人関係の 3 群による効果量は，$\eta_{\mathrm{p}}^2 = 0.08$ である.
分析(A) →一般線形モデル(G) → 1 変量(U) で, p.101＜**STEP UP**＞と同じように指定すれば良い.

6-5 結果の記述 3
（友人関係による分類，友人関係スタイルと注目・賞賛欲求の関係）

　ここでは，クラスタ分析から分散分析までの結果を記述する．各群の平均値をグラフで示しているが，もちろん Table（表）で示してもよい．また効果量を記載してもよい．

3. 友人関係による分類

　友人関係尺度の「距離」得点と「気遣い」得点を用いて，Ward 法によるクラスタ分析を行い，3 つのクラスタを得た．第 1 クラスタには 57 名，第 2 クラスタには 44 名，第 3 クラスタには 99 名の調査対象が含まれていた．人数比の偏りを検討するために χ^2 検定を行ったところ，有意な人数比率の偏りが見られた（$\chi^2 = 24.79$, $df = 2$, $p < .001$）．

　次に，得られた 3 つのクラスタを独立変数，「距離」「気遣い」を従属変数とした分散分析を行った．その結果，「距離」「気遣い」ともに有意な群間差がみられた（距離：$F(2, 197) = 97.67$，気遣い：$F(2, 197) = 125.56$，ともに $p < .001$）．Figure 1 に各群の平均値を示す．Tukey の HSD 法（5%水準）による多重比較を行ったところ，「距離」については第 3 クラスタ＞第 1 クラスタ＞第 2 クラスタ，「気遣い」については第 2 クラスタ＞第 3 クラスタ＝第 1 クラスタという結果が得られた．

　第 1 クラスタは「距離」「気遣い」がともにマイナスの値を示していた．このクラスタに属する者は，友人に気を遣わず，友人と親密な関係を形成する傾向にあると考えられるため，「親密関係」群とした．第 2 クラスタは「距離」が低く「気遣い」が高い傾向を示していた．このクラスタに属する者は，友人と近い距離にありながら気遣いつつ関係を営んでいると考えられるため，「気遣い関係」群とした．第 3 クラスタは「距離」「気遣い」がともに高い傾向を示した．このクラスタに属する者は，友人と距離をおいて気遣いながら接する傾向にあると考えられるため，「距離維持」群とした．

Figure 1　友人関係スタイル3群の友人関係得点

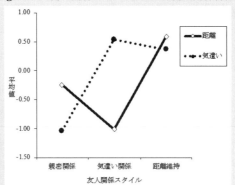

4. 友人関係スタイルと注目・賞賛欲求の関係

　3つの友人関係スタイルによって「注目・賞賛欲求」の得点が異なるかどうかを検討するために，1要因の分散分析を行った．各群の注目・賞賛欲求得点の平均値をFigure 2に示す．分散分析の結果，群間の得点差は0.1%水準で有意であった（$F_{(2, 197)} = 8.49$, $p < .001$）．TukeyのHSD法（5%水準）による多重比較を行ったところ，「気遣い関係」群が他の2群に比べて有意に高い得点を示していた．

Figure 2　友人関係スタイル3群の注目・賞賛欲求得点

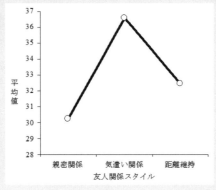

※今回の例ではプロフィールを描くという観点から折れ線グラフを使用している
が，棒グラフを用いても良い。また，信頼区間や標準誤差をグラフに描くこと
も望ましい．その場合には，説明を記述すること．

Figure 3　友人関係スタイル3群の注目・賞賛欲求得点
（エラーバーは95％信頼区間）

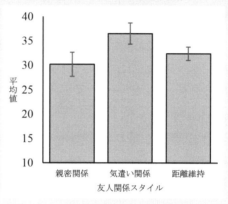

Section 7 論文・レポートでの記述

1. 友人関係尺度の分析

　友人関係尺度 10 項目に対して最尤法による因子分析を行った．固有値の変化は 2.61, 2.39, 1.01, 0.89, …というものであり，2因子構造が妥当であると考えられた．そこで再度2因子を仮定して最尤法・Promax 回転による因子分析を行った．その結果，相互の因子間相関が .08 とほぼ直交する，2つの因子が見出された．

　2因子がほぼ直交していたので，最尤法・Varimax 回転による因子分析を行った（Table 1）．累積寄与率は 39.33% であった．

　各因子は以下のように解釈された．第1因子は「お互いの領分にふみこまない」など友人との距離をとってかかわる内容の項目が高い正の負荷量を示していた．そこで「距離」因子と命名した．第2因子は「互いに傷つけないように気をつかう」など相手を気遣いつつ友人関係を営む内容の項目が高い正の負荷量を示していた．そこで「気遣い」因子と命名した．

　この因子分析結果に基づき，Varimax 回転後の因子得点を推定することにより，「距離」得点と「気遣い」得点を算出した．

Table 1　友人関係尺度の因子分析結果（Varimax 回転後の因子行列）

	I	II	共通性
1. お互いの領分にふみこまない	**.83**	.03	.69
4. お互いのプライバシーには入らない	**.81**	-.06	.65
2. 心を打ち明ける	**-.61**	.19	.41
6. 相手に甘えすぎない	**.44**	.00	.19
3. 相手の言うことに口をはさまない	.35	.13	.14
9. 互いに傷つけないよう気をつかう	.15	**.75**	.59
10. 相手の考えていることに気をつかう	.21	**.72**	.56
5. 楽しい雰囲気になるよう気をつかう	-.03	**.63**	.40
8. 友達グループのメンバーからどう見られているか気になる	-.09	**.45**	.21
7. みんなで一緒にいることが多い	-.07	.31	.10
因子寄与	2.10	1.83	3.93
寄与率	21.01	18.31	39.33

2. 相互相関

　先ほど算出した友人関係の「距離」,「気遣い」, および「注目・賞賛欲求」の各得点間の相関係数を
Table 2に示す.「注目・賞賛欲求」と「距離」が低い有意な負の相関（$r = -.28$, $p < .001$）,「気遣い」が
低い有意な正の相関（$r = .26$, $p < .001$）を示した.

Table 2　友人関係と注目・賞賛欲求との関連

	距離	気遣い	注目賞賛欲求
距離	—	.01	-.28 *
気遣い		—	.26 *
注目賞賛欲求			—

* $p < .001$

3. 友人関係による分類

　友人関係尺度の「距離」得点と「気遣い」得点を用いて, Ward法によるクラスタ分析を行い, 3つ
のクラスタを得た. 第1クラスタには57名, 第2クラスタには44名, 第3クラスタには99名の調査
対象が含まれていた. 人数比の偏りを検討するためにχ^2検定を行ったところ, 有意な人数比率の偏り
が見られた（$\chi^2 = 24.79$, $df = 2$, $p < .001$）.

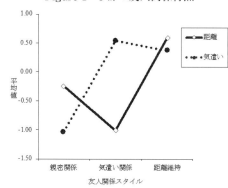

Figure 1　3群の友人関係得点

　次に, 得られた3つのクラスタを独立変数,「距離」
「気遣い」を従属変数とした分散分析を行った. その
結果,「距離」「気遣い」ともに有意な群間差がみられた
（距離：$F(2, 197) = 97.67$, 気遣い：$F(2, 197) = 125.56$,
ともに$p < .001$）. Figure 1に各群の平均値を示す.
TukeyのHSD法（5％水準）による多重比較を行っ
たところ,「距離」については第3クラスタ＞第1ク
ラスタ＞第2クラスタ,「気遣い」については第2ク
ラスタ＞第3クラスタ＝第1クラスタという結果が得
られた.

第1クラスタは「距離」「気遣い」がともにマイナスの値を示していた．このクラスタに属する者は，友人に気を遣わず，友人と親密な関係を形成する傾向にあると考えられるため，「親密関係」群とした．第2クラスタは「距離」が低く「気遣い」が高い傾向を示していた．このクラスタに属する者は，友人と近い距離にありながら気遣いつつ関係を営んでいると考えられるため，「気遣い関係」群とした．第3クラスタは「距離」「気遣い」がともに高い傾向を示した．このクラスタに属する者は，友人と距離をおいて気遣いながら接する傾向にあると考えられるため，「距離維持」群とした．

4. 友人関係スタイルと注目・賞賛欲求の関係

　3つの友人関係スタイルによって「注目・賞賛欲求」の得点が異なるかどうかを検討するために，1要因の分散分析を行った．各群の注目・賞賛欲求得点の平均値をFigure 2に示す．分散分析の結果，群間の得点差は0.1％水準で有意であった（$F(2, 197) = 8.49, p < .001$）．Tukeyの HSD 法（5％水準）による多重比較を行ったところ，「気遣い関係」群が他の2群に比べて有意に高い得点を示していた．

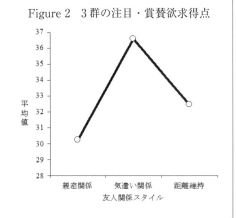

Figure 2　3群の注目・賞賛欲求得点

第**3**章

グループ間の平均値の差を検討する
──恋愛期間と別れ方による失恋行動の違い

◎ここでは，まず尺度構成を行い，そのあとで他の基準で調査対象者を分類し，グループ間の尺度得点の平均値を比較する練習を行う．分類には2つの基準を用いるので，平均値の比較は**2要因分散分析（被験者間計画）**および**単純主効果の検定**によって検討する．構成した尺度が従属変数となるパターンである．

◎また，複数の従属変数がある場合に用いられる，**多変量分散分析（MANOVA）**についても触れる．

──恋愛期間と別れ方による失恋行動の違い──（他のデータを加工した仮想データ）

1−1 研究の目的

　愛する対象を失うことは，我々にさまざまな心理的反応を生起させる．多くの人々が共通して生起する反応には悲しみがあると考えられるが，悲しみの他にも個人によって，また対象との関係のあり方によって，異なる反応が生起すると考えられる．

　本研究では，次の2つの要因に注目し，失恋後の反応の違いを検討する．第1に，恋愛の期間である．恋愛の初期に失恋を経験する場合と，恋愛が進展したあとで失恋を経験する場合とでは，失恋後の行動も異なると考えられる．また第2に，別れ方である．松井（1993）によると，交際相手から別れを切り出された人は悲嘆が深く現れ，思慕が強まり，否認や逃避が起こりやすくなるという．

　以上の2つの要因の組み合わせによって，失恋後の感情や行動にどのような違いが生じるのかについて探索的に検討を行う．

1−2 調査の方法・項目内容

（1）調査対象

　愛知県内の男子大学生の中で，最近失恋を経験した70名に対して調査を行った．平均年齢は20.01（*SD* 0.71）歳であり，別れるまでの平均期間は11.60（*SD* 6.69）か月であった．

（2）調査内容

・つきあった期間

　　別れるまでにつきあっていた期間を尋ね，期間を月数に換算した.

・別れのタイプ

　　別れたときのことを思い出し，| 自分からふった / 相手にふられた | の二者択一で回答を求めた.

・失恋行動チェックリスト

　　失恋後の行動を把握するために，松井（1993）を参考にして 19 項目で構成される失恋行動チェックリストを用意した.

　　それぞれの項目について，別れたあとの行動や感じたこととしてどの程度当てはまるかを尋ねた.

D01_ 何かにつけて相手のことを思い出すことがあった
D02_ 悲しかった
D03_ 相手をなかなか忘れられなかった
D04_ 別れた後も相手を愛していた
D05_ 強く反省した
D06_ 苦しかった
D07_ 胸が締め付けられる思いがした
D08_ 別れたことを悔やんだ
D09_ 相手を忘れようとして他のことに打ち込んだ
D10_ 相手を忘れるために他の人を好きになろうとした
D11_ 相手とのヨリを戻したいと思った
D12_ 何に対してもやる気をなくした
D13_ まったく別の人をその人と見間違えることがあった
D14_ 相手につぐないたいという気持ちが起こった
D15_ その人からの手紙や写真を取り出してよく見ていた
D16_ 夢の中によくその人が現れた
D17_ 食欲がなくなったり，眠れなくなったりした
D18_ 別れたために泣き叫んだり取り乱したりした
D19_ 別れたことが，しばらく信じられなかった

回答は，

```
当てはまらない
あまり当てはまらない
やや当てはまる
当てはまる
```

の 4 段階で求めた．

1-3 分析のアウトライン

- 項目分析
  - ▸ 失恋行動チェックリスト各項目の平均値と標準偏差（*SD*）を求めて得点分布を確認し，得点分布に大きな偏りが見られないかどうかをチェックする．
  - ▸ ただし，これらの項目は行動の評定であることから，ある程度の分布の歪みを許容する必要性があるかもしれない．
- 因子分析
  - ▸ 得点分布に大きな偏りが見られなかった項目に対して，因子分析を行う．
  - ▸ 事前の因子数が想定されていないので，探索的に因子分析を行う．
- 内的整合性の検討と尺度得点の算出
- 下位尺度間相関の検討
- つきあった期間と別れのタイプによる各得点の検討
  - ▸ 2 要因分散分析によって検討する．

Section **2** データの確認と項目分析

┃ 2–1　データの内容

● データの内容は以下の通りである.

▶ 番号，期間（月数），別れタイプ（0：自分から，1：相手から），D01 ～ D19（失恋行動チェックリストの項目）

● 別れタイプに値ラベルをつけておく.

▶ ［変数ビュー(V)］を表示.

▶ 別れタイプの［値］の部分をクリック.

◆ ［値(U):］に 0，［ラベル(L):］に自分からと入力して，追加(A) をクリック.

◆ ［値(U):］に 1，［ラベル(L):］に相手からと入力して，追加(A) をクリック.

▶ OK をクリック.

NO	期間	別れタイプ	D01	D02	D03	D04	D05	D06	D07	D08	D09	D10	D11	D12	D13	D14	D15	D16	D17	D18	D19
1	20	0	4	4	4	4	4	3	3	4	2	1	4	2	1	4	2	2	3	3	4
2	8	1	4	3	4	3	3	4	4	2	2	1	2	3	3	2	1	1	2	1	1
3	5	0	3	3	3	2	2	2	2	2	1	2	2	1	1	1	1	1	1	1	1
4	3	0	1	4	4	3	2	3	2	4	1	3	4	2	3	2	1	1	1	2	1
5	14	1	4	4	4	3	1	3	4	1	1	1	4	2	2	1	1	4	4	1	1
6	15	0	4	4	4	4	1	3	3	1	2	1	1	4	4	4	3	3	1	1	1
7	6	0	2	3	2	1	2	2	3	2	1	2	1	2	1	3	1	1	1	1	2
8	24	1	4	4	3	3	4	4	3	4	2	3	3	1	1	3	1	1	1	3	1
9	20	1	3	4	3	2	1	3	3	4	4	2	4	3	1	3	4	1	1	1	4
10	14	1	4	4	4	3	4	4	4	4	4	3	1	1	2	4	2	1	3	2	4
11	3	0	4	3	4	4	3	3	3	4	1	1	4	1	2	4	2	1	1	4	4
12	5	1	4	4	4	2	4	3	4	2	2	2	3	3	2	1	1	2	1	3	2
13	7	0	3	4	3	2	4	1	1	2	4	1	1	1	3	1	1	1	1	1	1
14	2	0	3	4	2	3	3	4	4	3	2	2	3	4	1	3	4	2	2	2	1
15	19	1	4	4	4	4	1	3	4	1	4	4	4	4	3	3	3	1	2	2	1
16	2	1	3	2	3	3	3	3	3	3	3	2	2	2	3	2	2	3	3	2	1
17	30	1	1	4	3	3	1	3	3	1	1	3	1	1	2	1	1	1	3	1	1
18	2	0	4	4	4	4	3	4	2	2	1	4	3	2	3	2	1	4	2	1	1
19	2	1	3	2	4	2	2	3	3	2	3	1	1	1	1	2	1	1	1	1	1
20	15	1	2	4	2	2	1	3	2	2	3	3	3	1	1	1	2	2	2	1	4
21	9	0	4	4	4	3	2	3	3	2	2	3	2	2	1	1	4	1	1	1	2
22	8	1	3	1	3	2	2	4	3	4	2	3	1	3	1	3	1	1	4	1	1
23	15	0	3	3	3	2	1	3	3	1	3	2	2	2	4	1	3	1	1	1	1
24	16	1	4	4	4	2	3	4	4	2	2	4	2	3	1	1	1	1	2	1	1
25	14	1	4	4	4	1	4	3	2	2	3	4	4	2	3	4	1	3	1	2	3
26	13	0	4	4	4	1	1	4	4	1	1	1	1	2	1	1	1	1	1	1	1
27	19	0	4	4	3	3	4	3	4	2	3	4	2	4	3	4	3	4	4	4	3
28	20	1	3	3	3	3	2	2	3	2	2	3	4	3	2	1	2	2	3	4	3
29	22	0	4	4	4	4	3	4	2	2	4	4	4	2	2	3	4	4	3	3	3
30	14	1	4	4	3	2	1	1	2	1	3	4	2	4	3	1	3	2	1	1	1
31	9	0	2	2	1	2	2	1	1	1	2	1	1	1	1	1	1	1	1	1	1
32	4	0	3	4	3	2	2	3	2	3	3	3	3	3	2	3	2	3	3	3	3
33	15	1	3	4	1	1	4	4	1	1	2	1	1	3	1	1	3	1	1	4	1
34	14	1	3	3	3	3	3	4	4	1	4	4	3	4	1	2	3	3	4	3	1
35	3	1	4	4	4	4	1	3	4	2	1	3	3	1	1	1	1	1	2	1	2
36	18	1	1	4	4	3	3	3	4	4	3	1	1	3	1	3	2	1	1	4	4
37	4	1	4	2	4	2	4	4	1	1	1	2	1	3	1	1	1	1	1	1	1
38	15	1	4	4	4	3	4	3	4	2	1	2	3	1	2	3	1	2	1	1	1
39	15	1	4	2	4	2	3	2	3	4	2	2	3	2	1	1	4	2	1	1	1
40	20	1	1	2	1	1	3	3	3	3	1	3	2	1	1	1	1	1	1	1	1
41	22	0	3	4	3	2	3	3	3	2	3	1	1	1	3	1	2	2	1	2	1
42	9	0	4	4	3	3	1	3	3	1	3	1	4	1	2	3	4	4	3	3	3
43	10	1	2	3	3	2	2	3	3	3	2	2	2	2	2	3	3	2	3	2	2
44	11	1	2	3	2	3	2	3	2	1	1	3	4	1	1	3	2	1	1	1	1
45	7	0	4	4	4	2	3	3	3	3	2	1	2	3	2	2	3	3	2	3	2
46	5	1	2	2	3	2	3	3	3	2	4	3	3	2	4	2	2	4	2	2	2
47	17	0	2	4	3	2	2	4	4	3	3	3	3	2	2	1	4	3	2	2	1
48	27	1	2	2	2	1	2	1	1	3	2	1	1	1	2	1	1	1	1	1	1
49	14	1	2	3	3	1	1	3	3	1	1	1	1	1	1	1	1	1	1	1	1
50	4	0	3	4	1	3	4	4	4	4	1	1	4	1	4	1	4	3	4	4	4
51	16	0	3	3	3	3	3	3	3	3	3	3	3	2	2	2	2	2	2	2	2
52	7	0	4	4	4	4	3	3	4	4	1	4	3	1	3	1	1	3	1	3	4
53	9	0	1	1	1	1	1	3	1	3	2	1	2	3	4	3	1	4	2	1	1
54	10	1	4	4	4	3	4	4	4	4	4	1	3	4	3	4	1	4	4	4	4
55	11	1	4	4	4	2	2	3	4	2	2	1	3	4	4	2	3	3	4	4	4
56	13	1	3	3	3	2	1	2	2	3	3	1	2	2	1	3	1	3	1	1	1
57	18	0	2	3	2	3	2	3	3	2	4	2	2	2	3	2	4	2	2	2	3
58	6	0	2	1	2	1	1	1	2	1	1	1	1	1	1	3	1	1	1	1	1
59	4	0	3	3	3	2	1	3	1	1	1	1	3	1	1	1	1	1	1	1	1
60	7	1	4	4	4	4	2	4	3	3	1	1	3	3	4	1	3	2	3	1	1
61	15	0	4	4	4	2	2	4	2	4	4	4	1	3	3	4	3	4	4	4	4
62	5	0	3	3	3	4	2	2	4	4	1	2	1	2	1	2	1	1	1	1	1
63	5	0	1	3	1	1	2	4	4	2	1	4	2	1	2	2	1	1	1	1	1
64	17	0	1	1	3	1	1	2	2	3	1	1	1	1	1	1	1	1	1	1	1
65	6	1	4	4	4	4	4	4	4	2	4	3	2	4	2	2	2	2	3	2	2
66	6	0	1	1	1	1	1	4	1	1	2	1	1	1	1	1	1	2	1	1	2
67	18	0	4	4	4	4	3	4	4	3	4	4	3	2	2	4	1	3	2	1	3
68	18	1	2	2	2	2	4	3	3	1	1	1	3	1	2	1	1	2	1	1	1
69	5	1	3	3	3	2	2	4	4	3	1	4	4	2	2	4	4	3	4	3	4
70	7	0	3	4	1	1	4	1	4	1	1	4	1	1	4	1	1	1	4	1	1

2-2 項目分析（平均値・標準偏差の算出と得点分布の確認）

失恋行動チェックリスト19項目の平均値と標準偏差を算出する.

■分析の指定

- ［分析(A)］ ⇒ ［記述統計(E)］ ⇒ ［記述統計(D)］ を選択（p.31を参照）.

  ▸ ［変数(V)：］欄に D01 から D19 までを指定する.

  ▸ OK をクリック.

■出力結果の見方

各項目の平均値と標準偏差を確認しよう.

記述統計量

	度数	最小値	最大値	平均値	標準偏差
D01_何かにつけて相手のことを思い出すことがあった	70	1	4	3.09	1.032
D02_恋しかった	70	1	4	3.33	.896
D03_相手をなかなか忘れられなかった	70	1	4	3.04	1.055
D04_別れた後も相手を愛していた	70	1	4	2.53	1.018
D05_強く反省した	70	1	4	2.50	1.046
D06_苦しかった	70	1	4	3.14	.937
D07_胸が締め付けられる思いがした	70	1	4	3.04	1.013
D08_別れたことを悔やんだ	70	1	4	2.34	1.089
D09_相手を忘れようとして他のことに打ち込んだ	70	1	4	2.34	1.102
D10_相手を忘れるために他の人を好きになろうとした	70	1	4	2.07	1.133
D11_相手とのヨリを戻したいと思った	70	1	4	2.44	1.137
D12_何に対してもやる気をなくした	70	1	4	2.54	1.176
D13_まったく別の人をその人と見間違えることがあった	70	1	4	1.93	1.040
D14_相手につぐないたいという気持ちが起こった	70	1	4	1.97	1.076
D15_その人からの手紙や写真を取り出してよく見ていた	70	1	4	2.06	1.020
D16_夢の中によくその人が現れた	70	1	4	1.66	.883
D17_食欲がなくなったり、眠れなくなったりした	70	1	4	2.14	1.219
D18_別れたために泣き叫んだり取り乱したりした	70	1	4	2.07	1.183
D19_別れたことが、しばらく信じられなかった	70	1	4	2.10	1.218
有効なケースの数（リストごと）	70				

  ▸ 得点の範囲が1点から4点であることを考えると，D01 や D02，D03 など3を上回る平均値はやや高く，D13 や D14，D16 など2を下回る平均値はやや低いと考えられる.

では，得点分布を確認してみよう.

■分析の指定

● [分析(A)] ⇒ [記述統計(E)] ⇒ [探索的(E)] を選択（p.33 を参照）.

▸ [従属変数(D):] 欄に D01 から D19 までを指定する.

▸ 作図(T) ⇒ [記述統計] の [ヒストグラム(D)] にチェック ⇒ 続行 .

▸ OK をクリック.

■出力結果の見方

たとえば，平均値が 3 を超えていた D01 と D02 のヒストグラムは次のようになる.

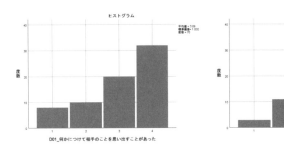

一方で，平均値が 2 を下回っていた D13 と D16 のヒストグラムは，次のようになる.

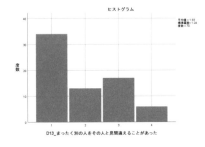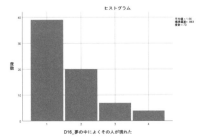

なお，平均値が中央付近にあるからといって，必ずしも正規分布に近い得点分布を示すとは限らない．たとえば，**D11** と **D12** は，平均値が 2.5 近くで得点幅の中央付近にある．しかし，得点分布は正規分布のような山型の形状を示すわけではない．

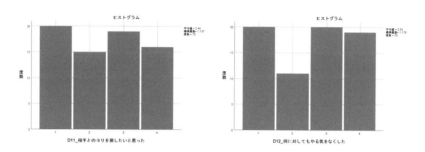

今回の場合，失恋という特殊なできごとのあとの行動を扱っているため，ある程度の回答の偏りは致し方ないかもしれない．

　▶そこで，このまますべての項目で分析を行ってみよう．

　　★ただし考察では，この尺度の特徴について触れておくのが良いだろう．

Section 3 因子分析の実行

3−1 1回目の因子分析（因子数の検討）

まず，失恋行動チェックリストが何因子構造となるのかの目安をつける．

■分析の指定

● ［分析(A)］ ⇒ ［次元分解］ ⇒ ［因子分析(F)］ を選択．

　▶ ［変数(V)：］欄に，D01 から D19 までを指定する．

　▶ 因子抽出(E) ⇒ ［方法(M)：］，今回は**最尤法**を使ってみよう
　（他の手法については各自で出力を確かめてほしい）．

　　［表示］の ［スクリープロット(S)］にチェックを入れて， 続行 ．

　▶ OK をクリック．

■出力結果の見方

（1） 説明された分散の合計の初期の固有値を見る．

説明された分散の合計

因子	初期の固有値			抽出後の負荷量平方和		
	合計	分散の %	累積 %	合計	分散の %	累積 %
1	6.332	33.324	33.324	3.493	18.384	18.384
2	1.808	9.517	42.841	1.387	7.300	25.684
3	1.769	9.310	52.151	3.381	17.796	43.480
4	1.258	6.622	58.773	1.118	5.886	49.367
5	1.033	5.439	64.212	.825	4.344	53.711

　▶ 固有値の変化を見ていくと，第3因子と第4因子との間の差が大きく開いている．

　▶ **累積%**も，第3因子で52.15%であり，50%を越える値となっている．

(2) スクリープロットを見る.

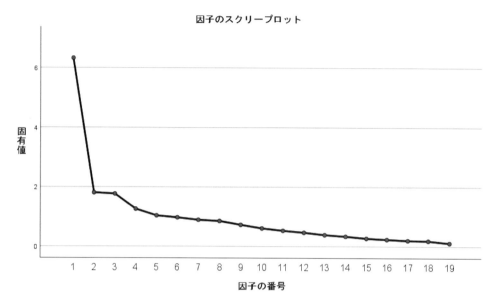

因子のスクリープロット

▶明らかに, 第3因子と第4因子の間の差が大きくなっているようだ.

▶そこで, 3因子構造と仮定して, 再度, 因子分析を行ってみよう.

3-2 2回目・3回目の因子分析（Promax 回転と項目の取捨選択）

3因子構造を仮定して因子分析を行う．回転はプロマックス回転を指定しよう．

■分析の指定

● ［分析(A)］ ⇒ ［次元分解］ ⇒ ［因子分析(F)］ を選択．

　　▶ 因子抽出(E) ウィンドウの指定は……

　　　　◆ ［方法(M):］は先ほどと同じ最尤法．

　　　　◆ ［抽出の基準］の ［因子の固定数(N)］をチェック，枠に3と入力する ⇒ 続行 ．

　　▶ 回転(T) ウィンドウは，［プロマックス(P)］を指定する ⇒ 続行 ．

　　▶ オプション(O) ⇒ ［係数の表示書式］で ［サイズによる並び替え(S)］にチェック
　　　⇒ 続行 ．

　　▶ OK をクリックする．

■出力結果の見方

パターン行列を見る．

パターン行列ᵃ

	因子 1	因子 2	因子 3
D08_別れたことを悔やんだ	.814	.072	-.195
D19_別れたことが，しばらく信じられなかった	.803	-.091	.071
D18_別れたために泣き叫んだり取り乱したりした	.685	-.079	.197
D11_相手とのヨリを戻したいと思った	.555	.146	.141
D05_強く反省した	.418	.134	-.125
D14_相手につぐないたいという気持ちが起こった	.356	.082	.020
D03_相手をなかなか忘れられなかった	.047	.974	-.233
D01_何かにつけて相手のことを思い出すことがあった	-.147	.766	.173
D04_別れた後も相手を愛していた	.170	.532	.042
D02_恋しかった	.158	.484	.050
D07_胸が締め付けられる思いがした	.236	.480	.108
D06_苦しかった	.143	.421	.242
D12_何に対してもやる気をなくした	-.209	.171	.929
D17_食欲がなくなったり，眠れなくなったりした	.178	-.151	.690
D16_夢の中によくその人が現れた	.088	-.016	.493
D15_その人からの手紙や写真を取り出してよく見ていた	.150	-.120	.485
D13_まったく別の人をその人と見間違えることがあった	-.119	.220	.346
D09_相手を忘れようとして他のことに打ち込んだ	.178	.042	.312
D10_相手を忘れるために他の人を好きになろうとした	-.155	.124	.245

因子抽出法: 最尤法
回転法: Kaiser の正規化を伴うプロマックス法
　a. 8 回の反復で回転が収束しました．

- ▶ 因子負荷量 .35 を基準として，結果を見てみよう.
- ▶ D13，D09，D10 については，最も高い負荷量でも .40 を下回っている.
- ▶ そこで，この 3 項目を除外して，再度，因子分析を行ってみよう.

■分析の指定
- ●［分析(A)］ ⇒ ［次元分解］ ⇒ ［因子分析(F)］ を選択.
  - ▶ 分析の指定は先ほどと同じで，D09, D10, D13 の 3 項目を ［変数(V):］ から除外する.
  - ▶ OK をクリックする.

■出力結果の見方
パターン行列を見る.

パターン行列ᵃ

	因子		
	1	2	3
D03_相手をなかなか忘れられなかった	.963	.041	-.263
D01_何かにつけて相手のことを思い出すことがあった	.815	-.174	.122
D04_別れた後も相手を愛していた	.569	.128	.038
D02_悲しかった	.521	.146	.016
D07_胸が締め付けられる思いがした	.510	.236	.069
D06_苦しかった	.458	.148	.193
D19_別れたことが，しばらく信じられなかった	-.083	.790	.109
D08_別れたことを悔やんだ	.086	.743	-.116
D18_別れたために泣き叫んだり取り乱したりした	-.077	.681	.234
D11_相手とのヨリを戻したいと思った	.163	.518	.170
D05_強く反省した	.157	.391	-.107
D14_相手につぐないたいという気持ちが起こった	.093	.322	.044
D12_何に対してもやる気をなくした	.189	-.270	.982
D17_食欲がなくなったり，眠れなくなったりした	-.139	.175	.682
D15_その人からの手紙や写真を取り出してよく見ていた	-.090	.138	.465
D16_夢の中によくその人が現れた	-.002	.113	.447

因子抽出法: 最尤法
回転法: Kaiser の正規化を伴うプロマックス法
a. 6 回の反復で回転が収束しました。

- ●今度は，D14 の負荷量が .35 を下回ってしまった.
- ●そこで，さらに D14 を除外して，再び因子分析を行ってみよう.

■分析の指定

- ［分析(A)］ ⇒ ［次元分解］ ⇒ ［因子分析(F)］ を選択.
  - ▶ 分析の指定は先ほどと同じで, D14 を ［変数(V):］から除外する.
    - ◆ D09, D10, D13, D14 の 4 項目が分析から除外されていることになる.
  - ▶ OK をクリックする.

■出力結果の見方

(1) パターン行列を見る.

パターン行列^a

	因子		
	1	2	3
D03_相手をなかなか忘れられなかった	.967	.026	-.258
D01_何かにつけて相手のことを思い出すことがあった	.815	-.180	.121
D04_別れた後も相手を愛していた	.575	.111	.042
D02_悲しかった	.523	.159	.011
D07_胸が締め付けられる思いがした	.517	.241	.063
D06_苦しかった	.463	.150	.188
D19_別れたことが, しばらく信じられなかった	-.073	.793	.108
D08_別れたことを悔やんだ	.105	.713	-.107
D18_別れたために泣き叫んだり取り乱したりした	-.072	.690	.233
D11_相手とのヨリを戻したいと思った	.173	.509	.172
D05_強く反省した	.169	.357	-.098
D12_何に対してもやる気をなくした	.179	-.272	.994
D17_食欲がなくなったり, 眠れなくなったりした	-.135	.170	.679
D15_その人からの手紙や写真を取り出してよく見ていた	-.088	.139	.462
D16_夢の中によくその人が現れた	-.003	.131	.436

因子抽出法: 最尤法
回転法: Kaiser の正規化を伴うプロマックス法
a. 6 回の反復で回転が収束しました.

- D05 の因子負荷量が .36 とやや低いが, 今回はこの結果を採用しよう.
- 最終的な結果が定まったら, 結果を書くために**説明された分散の合計**と**因子相関行列**を確認しておこう.

(2) 説明された分散の合計の抽出後の負荷量平方和の累積%を見る.

- 因子抽出後の部分を見る.
- 抽出された 3 因子で 15 項目の全分散を説明する割合は 51.07%である.

説明された分散の合計

因子	初期の固有値			抽出後の負荷量平方和			回転後の負荷量平方和[a]
	合計	分散の %	累積 %	合計	分散の %	累積 %	合計
1	5.830	38.864	38.864	4.087	27.250	27.250	4.186
2	1.714	11.424	50.288	2.260	15.069	42.318	3.817
3	1.413	9.421	59.708	1.312	8.749	51.067	3.732
4	.996	6.639	66.347				
5	.870	5.800	72.147				
	.829	5.524	77.671				

(3) 因子相関行列を見る.

▸ 3つの因子は互いに正の相関関係を示している.

因子相関行列

因子	1	2	3
1	1.000	.453	.511
2	.453	1.000	.490
3	.511	.490	1.000

因子抽出法: 最尤法
回転法: Kaiser の正規化を伴うプロマックス法

3-3 因子の命名

各因子に高い負荷量を示した項目の内容から,

第1因子を　悲嘆　因子,

第2因子を　後悔　因子,

第3因子を　落ち込み　因子

と命名する.

3-4 結果の記述1（失恋行動チェックリストの因子分析）

ここまでの結果を論文形式で記述してみよう.

1. 失恋行動チェックリストの因子分析

　失恋行動チェックリスト19項目に対して最尤法による因子分析を行った. 固有値の減衰状況と因子の解釈可能性から3因子解を採用し, 再び最尤法・Promax回転による因子分析を行った. その結果, 因子負荷量が.35に満たない4項目を削除し, 再び最尤法・Promax回転を行った. 最終的な因子分析結果をTable 1に示す.

　第1因子は相手を忘れられないことや悲しみ, 苦しみといった6項目で構成されていることから, 「悲嘆」因子と命名した. 第2因子は別れたことを悔やんだり反省するといった内容の5項目で構成されていることから, 「後悔」因子と命名した. 第3因子はやる気をなくす, 眠れないなどストレス反応を思わせる4項目で構成されていることから, 「落ち込み」因子と命名した.

Table 1　失恋行動チェックリストの因子分析結果
（Promax回転後の因子パターン）

	I	II	III
3. 相手をなかなか忘れられなかった	**.97**	.03	-.26
1. 何かにつけて相手のことを思い出すことがあった	**.82**	-.18	.12
4. 別れた後も相手を愛していた	**.58**	.11	.04
2. 悲しかった	**.52**	.16	.01
7. 胸が締め付けられる思いがした	**.52**	.24	.06
6. 苦しかった	**.46**	.15	.19
19. 別れたことが, しばらく信じられなかった	-.07	**.79**	.11
8. 別れたことを悔やんだ	.11	**.71**	-.11
18. 別れたために泣き叫んだり取り乱したりした	-.07	**.69**	.23
11. 相手とのヨリを戻したいと思った	.17	**.51**	.17
5. 強く反省した	.17	**.36**	-.10
12. 何に対してもやる気をなくした	.18	-.27	**.99**
17. 食欲がなくなったり, 眠れなくなったりした	-.14	.17	**.68**
15. その人からの手紙や写真を取り出してよく見ていた	-.09	.14	**.46**
16. 夢の中によくその人が現れた	.00	.13	**.44**

因子間相関	I	II	III
I	—	.45	.51
II		—	.49
III			—

Section **4** 内的整合性の検討

因子分析結果をふまえて，失恋行動チェックリストの内的整合性を検討する.

▌**4-1** 失恋行動チェックリストの内的整合性

悲嘆下位尺度 ………… D01, D02, D03, D04, D06, D07
後悔下位尺度 ………… D05, D08, D11, D18, D19
落ち込み下位尺度 …… D12, D15, D16, D17

■分析の指定

● ［分析(A)］ ⇒ ［尺度(A)］ ⇒ ［信頼性分析(R)］ を選択（p.47 を参照）.

  ▶ ［項目(I):］にそれぞれの下位尺度に相当する変数を指定する.

  ▶ ［モデル(M):］はアルファとなっていることを確認する.

  ▶ 統計量(S) をクリック.

    ◆ ［記述統計］の［項目を削除したときのスケール(A)］と，［項目間］の［相関(L)］
      にチェックを入れる ⇒ 続行 .

  ▶ OK をクリック.

● 3つの下位尺度についてくり返し行うこと．シンタックスを利用してもよい（p.52 を参照）.

■出力結果の見方

(1) 悲嘆 下位尺度の信頼性統計量を見る.

  ▶ α 係数は .86 と十分な値を示している.

信頼性統計量

Cronbach の アルファ	標準化された 項目に基づい た Cronbach のアルファ	項目の数
.856	.856	6

(2) **後悔**　下位尺度の信頼性統計量を見る.

- ▶ α 係数は .81 と十分な値を示している.

信頼性統計量

Cronbach の アルファ	標準化された項目に基づいた Cronbach のアルファ	項目の数
.810	.807	5

- ▶ なお, **項目合計統計量**を見ると, 因子分析で負荷量の低かった **D05** を除いたときに, α 係数が .83 へ上昇する. たしかに, 悔やむことと反省することはややニュアンスが異なっている.
- ▶ しかし 5 項目で .80 以上の α 係数を示していること, **D05** を削除すればこの下位尺度から「反省」の意味を失ってしまうことになる. そこで今回は, このまま分析を進めよう.

項目合計統計量

	項目が削除された場合の尺度の平均値	項目が削除された場合の尺度の分散	修正済み項目合計相関	重相関の 2 乗	項目が削除された場合の Cronbach のアルファ
D05_強く反省した	8.96	14.331	.368	.195	.834
D08_別れたことを悔やんだ	9.11	12.132	.662	.481	.754
D11_相手とのヨリを戻したいと思った	9.01	12.246	.603	.449	.771
D18_別れたために泣き叫んだり取り乱したりした	9.39	11.516	.675	.518	.748
D19_別れたことが, しばらく信じられなかった	9.36	11.247	.687	.548	.744

(3) **落ち込み**　下位尺度の信頼性統計量を見る.

- ▶ α 係数は .74 であり, まずまずの値だろう.
- ▶ 項目合計統計量を見ると, **D15** を除いたとき少しだけ α 係数が上昇する. しかし, これは許容範囲内だろう.

信頼性統計量

Cronbach の アルファ	標準化された項目に基づいた Cronbach のアルファ	項目の数
.738	.739	4

項目合計統計量

	項目が削除された場合の尺度の平均値	項目が削除された場合の尺度の分散	修正済み項目合計相関	重相関の 2 乗	項目が削除された場合の Cronbach のアルファ
D12_何に対してもやる気をなくした	5.86	5.371	.688	.497	.577
D15_その人からの手紙や写真を取り出してよく見ていた	6.34	7.243	.405	.234	.745
D16_夢の中によくその人が現れた	6.74	7.266	.517	.267	.693
D17_食欲がなくなったり, 眠れなくなったりした	6.26	5.817	.544	.418	.674

次に，失恋行動チェックリストの下位尺度得点を算出する．

ここでは，単純に項目得点の合計を下位尺度得点とするように計算してみよう．

▌ **5−1** 下位尺度得点の算出

■算出の方法

- ［変換(T)］ ⇒ ［変数の計算(C) …］を選択（実際の設定画面は p.54 を参照）．

  ▸ ［目標変数(T)：］に下位尺度名を入力．

  ▸ ［数式(E)：］に項目得点の合計を算出する数式を入力する．

    ◆ もちろん，合計を項目数で割った値を各下位尺度の得点としても構わない．

  ▸ OK をクリックし，変数が新たに付け加わっていることを確認する．

- 悲嘆・後悔・落ち込み，それぞれについて計算を行う．

  悲嘆 = D01 + D02 + D03 + D04 + D06 + D07

  後悔 = D05 + D08 + D11 + D18 + D19

  落ち込み = D12 + D15 + D16 + D17

D19	悲嘆	後悔	落ち込み
4	22.00	19.00	9.00
1	22.00	9.00	7.00
1	15.00	8.00	4.00
1	17.00	13.00	5.00
4	24.00	15.00	10.00

5−2 下位尺度間相関の算出

下位尺度得点を算出したら，下位尺度間の相関係数を算出しよう．

■分析の指定

- ［分析(A)］ ⇒ ［相関(C)］ ⇒ ［2 変量(B)］ を選択．
  - ▸ ［変数(U)：］に悲嘆・後悔・落ち込みを指定する．
  - ▸ ［相関係数］の［Pearson］にチェックが入っていることを確認．
  - ▸ オプション(O) をクリック．
    - ◆ ［統計］の［平均値と標準偏差(M)］にチェック ⇒ 続行 ．
  - ▸ OK をクリック．

■出力結果の見方

記述統計量と相関係数が出力される．

- ▸ 因子間相関と同様に，3 つの下位尺度は互いに有意な正の相関関係を示した．

記述統計

	平均	標準偏差	度数
悲嘆	18.1714	4.54278	70
後悔	11.4571	4.28237	70
落ち込み	8.4000	3.24104	70

相関

		悲嘆	後悔	落ち込み
悲嘆	Pearson の相関係数	1	.520**	.465**
	有意確率 (両側)		.000	.000
	度数	70	70	70
後悔	Pearson の相関係数	.520**	1	.499**
	有意確率 (両側)	.000		.000
	度数	70	70	70
落ち込み	Pearson の相関係数	.465**	.499**	1
	有意確率 (両側)	.000	.000	
	度数	70	70	70

**. 相関係数は 1% 水準で有意 (両側) です.

5-3 結果の記述 2 (下位尺度間の関連)

2. 下位尺度間の関連

　失恋行動チェックリストの因子分析結果において，各因子に高い負荷量を示した項目の合計得点を算出し，それぞれの下位尺度得点とした．Table 2 に各下位尺度得点の平均値と標準偏差を示す．内的整合性を検討するために α 係数を算出したところ，「悲嘆」で $\alpha = .86$，「後悔」で $\alpha = .81$，「落ち込み」で $\alpha = .74$ と十分な値が得られた．

　Table 2 には，失恋行動チェックリストの下位尺度間相関も示されている．3 つの下位尺度は互いに有意な中程度の正の相関を示した.

Table 2　失恋行動チェックリストの下位尺度間相関，平均値，*SD*

	悲嘆	後悔	落ち込み	*M*	*SD*
悲嘆	—	.52 *	.47 *	18.17	4.54
後悔		—	.50 *	11.46	4.28
落ち込み			—	8.40	3.24

* $p < .001$

※この Table では有意水準が 1 種類出てくるだけなので，アスタリスク 1 つ（*）で 0.1 ％水準を記述している.

Section 6 群分け

6-1 恋愛期間の群分け

　恋愛期間の平均値が 11.60 か月であることから，12 か月を基準として恋愛期間長期群と短期群に分類する．

　分類する際には，新たな変数を設定し，その変数に指標を出力する．

■分類の手順

● ［変換(T)］メニュー　⇒　［他の変数への値の再割り当て(R)］　を選択.

　▸ 変数リストから期間を選択し，🔸 をクリック.

　▸ 右側の［変換先変数］の［名前(N):］に期間長短と入力し，| 変更(H) | をクリックする.

　▸ | 今までの値と新しい値(O) | をクリック.

　　◆［今までの値］欄の［範囲：最小値から次の値まで(G):］を選択し，枠内に 12 と入力.

　　◆［新しい値］の［値(L):］に 0 を入力し，| 追加(A) | をクリック.

　　◆［今までの値］欄の［その他の全ての値(O)］を選択する.

　　◆［新しい値］の［値(L):］に 1 を入力し，| 追加(A) | をクリック.

▶ 続行 をクリック.

▶ OK をクリックすると，期間長短という変数が新たにつけ加わる.

	🖉 D19	🍂 悲嘆	🍂 後悔	🍂 落ち込み	🍂 期間長短
3	4	22.00	19.00	9.00	1.00
1	1	22.00	9.00	7.00	.00
1	1	15.00	8.00	4.00	.00
2	1	17.00	13.00	5.00	.00
1	4	24.00	15.00	10.00	1.00

■値ラベル

変数が追加されたら，［データエディタ］の［変数ビュー(V)］で値ラベルをつけておく.

▶ 0 を短期間，1 を長期間としておこう.

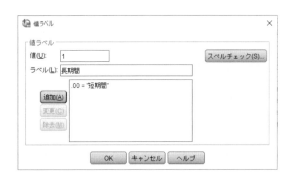

6-2 人数の確認

各群の人数を確認する.

χ^2 検定も行い, 群間の人数に大きな偏りがあるかどうかを確認しておこう.

■分析の指定

- [分析(A)] ⇒ [記述統計(E)] ⇒ [クロス集計表(C)]
    - ▶ [行(O):] に期間長短, [列(C):] に別れタイプを指定する.
    - ▶ 統計量(S) をクリック.
        - ◆ [カイ 2 乗(H)] にチェックを入れて, 続行 .
    - ▶ OK をクリック.

■出力結果の見方

(1) クロス集計表が出力される.

期間長短 と 別れタイプ のクロス表

度数

		別れタイプ		合計
		自分から	相手から	
期間長短	短期間	21	15	36
	長期間	12	22	34
合計		33	37	70

(2) **カイ 2 乗検定**の結果が出力される (正確有意確率 (両側) を見る).

カイ 2 乗検定

	値	自由度	漸近有意確率 (両側)	正確な有意確率 (両側)	正確有意確率 (片側)
Pearson のカイ 2 乗	3.725[a]	1	.054		
連続修正[b]	2.858	1	.091		
尤度比	3.761	1	.052		
Fisher の直接法				.061	.045
線型と線型による連関	3.672	1	.055		
有効なケースの数	70				

a. 0 セル (0.0%) は期待度数が 5 未満です. 最小期待度数は 16.03 です.
b. 2x2 表に対してのみ計算

- ▶ 人数に多少のばらつきはみられるが, 人数の比は有意とはいえなかった.
    - ◆ $\chi^2 = 3.73$, $df = 1$, n.s.

<STEP UP> クロス集計表の効果量

　クロス集計表の効果量（φ［ファイ］およびV［クラメールの連関係数］）を算出したいときは，クロス集計表のウィンドウで，［統計量（S）］→［Phiおよび Cramer V（P）］を選択してから分析を実行する.

　対称性による類似度の出力が表示される．ファイ係数とクラメールの連関係数，および有意確率が表示されるので確認してみよう．

対称性による類似度

		値	近似有意確率
名義と名義	ファイ	.231	.054
	Cramer の V	.231	.054
有効なケースの数		70	

Section 7 　2要因の分散分析

7−1 「悲嘆」の分散分析

　恋愛期間（短期間・長期間）と別れのタイプ（自分から・相手から）を独立変数，失恋行動チェックリストの3つの下位尺度を従属変数とした，2要因の分散分析を行う．

　なお，SPSSオプションのAdvanced Modelがインストールされている場合には，多変量分散分析を行うほうが望ましいが，それは後のSectionで解説する．

　ここでは，3つの下位尺度それぞれについて分散分析を行う手法を解説する．

　なお，2水準×2水準の分散分析であることから，多重比較を行う必要はない．

■分析の指定

- ［分析(A)］ ⇒ ［一般線型モデル(G)］ ⇒ ［1変量(U)］を選択.
  - ▶ ［従属変数(D):］に失恋行動チェックリストのうち悲嘆を指定.
  - ▶ ［固定因子(F):］に期間長短と別れタイプを指定.
  - ▶ オプション(O) をクリック.
    - ◆ ［表示］の中で［記述統計(D)］にチェックを入れて, 続行 .
  - ▶ 作図(T) をクリック.
    - ◆ ［横軸(H):］に期間長短, ［線の定義変数(S):］に別れタイプを指定, 追加(A) をクリック ⇒ 続行 .
  - ▶ OK をクリック.

■出力結果の見方

（1）記述統計量が出力されるので，各群の平均値をチェックしておこう．

記述統計

従属変数: 悲嘆

期間長短	別れタイプ	平均値	標準偏差	度数
短期間	自分から	16.4762	5.68875	21
	相手から	19.4667	3.29213	15
	総和	17.7222	5.00635	36
長期間	自分から	20.4167	2.71221	12
	相手から	17.6818	4.32475	22
	総和	18.6471	4.01423	34
総和	自分から	17.9091	5.14395	33
	相手から	18.4054	3.98929	37
	総和	18.1714	4.54278	70

（2）分散分析の結果，**期間長短**と**別れタイプ**の交互作用が有意であった．

▶ $F(1, 66) = 6.99$, $p < .05$

▶ 出力された表をダブルクリックし，セルの中を選択すると細かい数値がわかる．

◆ 交互作用の有意確率は「0.010212」なので，5％水準で有意である．

被験者間効果の検定

従属変数: 悲嘆

ソース	タイプ III 平方和	自由度	平均平方	F 値	有意確率
修正モデル	151.282[a]	3	50.427	2.615	.058
切片	22553.336	1	22553.336	1169.613	.000
期間長短	19.117	1	19.117	.991	.323
別れタイプ	.269	1	.269	.014	.906
期間長短 * 別れタイプ	134.854	1	134.854	6.993	.010
誤差	1272.661	66	19.283		
総和	24538.000	70			
修正総和	1423.943	69			

a. R2 乗 = .106 (調整済み R2 乗 = .066)

.014	.906
6.993	0.010212

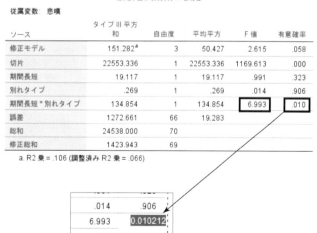

7-2 「悲嘆」の単純主効果の検定

交互作用が有意であったことから単純主効果の検定を行う．グラフも描いてみよう．

■分析の指定

●［分析(A)］ ⇒ ［一般線型モデル(G)］ ⇒ ［1変量(U)］ を選択．

  ▶ ［従属変数(D):］［固定因子(F):］の指定は先ほどと同じ．

  ▶ EM平均(E) をクリック.

  ◆ ［推定周辺平均］の ［因子と交互作用(F)］ の中で，期間長短・別れタイプ・期間長短＊別れタイプを選択し，▣ をクリックして ［平均値の表示(M):］ に投入．

  ◆ ［主効果の比較(O)］をチェック，［信頼区間の調整(N):］で［Bonferroni］を選択して， 続行 ．

  ▶ 作図(T) をクリック.

  ◆ ［横軸(H)］に期間長短，［線の定義変数(S)］に別れタイプを指定し， 追加(A) をクリック ⇒ 続行 ．

  ▶ 貼り付け(P) をクリックすると，［シンタックスエディタ］が表示される．

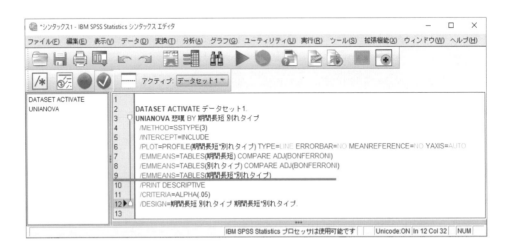

▶図の線部分に，2行追加する．

```
1
2    DATASET ACTIVATE データセット1.
3    UNIANOVA 悲嘆 BY 期間長短 別れタイプ
4      /METHOD=SSTYPE(3)
5      /INTERCEPT=INCLUDE
6      /PLOT=PROFILE(期間長短*別れタイプ) TYPE=LINE ERRORBAR=NO MEANREFERENCE=NO YAXIS=AUTO
7      /EMMEANS=TABLES(期間長短) COMPARE ADJ(BONFERRONI)
8      /EMMEANS=TABLES(別れタイプ) COMPARE ADJ(BONFERRONI)
9      /EMMEANS=TABLES(期間長短*別れタイプ)
10     /EMMEANS=TABLES(期間長短*別れタイプ) COMPARE(期間長短) ADJ(BONFERRONI)
11     /EMMEANS=TABLES(期間長短*別れタイプ) COMPARE(別れタイプ) ADJ(BONFERRONI)
12     /PRINT DESCRIPTIVE
13     /CRITERIA=ALPHA(.05)
14     /DESIGN=期間長短 別れタイプ 期間長短*別れタイプ.
15
```

▶［実行(R)］ ⇒ ［すべて(A)］（もしくは UNIANOVA のシンタックス部分を選択して
［実行(R)］ ⇒ ［選択(S)]）を選択すると，結果が表示される．

> **＜STEP UP＞** 多重比較の調整のオプション（小野寺・山本, 2004 より）
> ● オプションの主効果の比較にチェックを入れると主効果について多重比較が行われる．
> ● 多重比較の調整では，LSD，Bonferroni，Sidak の3つが利用できる．
> ● LSD を選択すると，調整はないに等しい．
> ● Bonferroni は検出力が低い（差に鈍感）ので，検出力の低さが心配なら使用は難しい．
> ● Sidak は Bonferroni の方法において検出力を高めるための改良を行ったものである．もし Bonferroni の検出力の低さが気になるならば，Sidak を使用すればよいだろう．

■出力結果の見方

単純主効果の結果は，**期間長短＊別れタイプ**と書かれた2か所の＝1変量検定の部分に出力される．/EMMEANS で追加した部分は，4番目と5番目の「推定周辺平均」に出力される．

(1) まず，**別れタイプ**ごとの**期間**の単純主効果を見る．
  ▶自分から相手をふった群において，**期間**の単純主効果が有意であった．

1変量検定

従属変数：悲嘆

別れタイプ		平方和	自由度	平均平方	F値	有意確率
自分から	対比	118.573	1	118.573	6.149	.016
	誤差	1272.661	66	19.283		
相手から	対比	28.413	1	28.413	1.473	.229
	誤差	1272.661	66	19.283		

F 値は 期間長短 の多変量効果を検定します．これらの検定は，推定周辺平均中の一時独立対比検定に基づいています．

- ◆ $F(1, 66) = 6.15$, $p < .05$
  - ◆ 先ほどの記述統計の出力と下に示すグラフから，自分から相手をふった場合には，恋愛期間が長い群のほうが短い群よりも**悲嘆**が高くなる傾向にあるといえる．
- ▶ 相手からふられた群では，**期間**の単純主効果は有意ではなかった．
  - ◆ $F(1, 66) = 1.47$, *n.s.*
(2) 期間の長短ごとの**別れタイプ**の単純主効果を見る．
- ▶ つきあった期間が短い群において，別れタイプの単純主効果が有意であった．
  - ◆ $F(1, 66) = 4.06$, $p < .05$
    - ◆ 先ほどの記述統計の出力と下に示すグラフから，恋愛期間が短い群では，相手にふられた者のほうが自分からふった者よりも**悲嘆**が高くなる傾向にあるといえる．
- ▶ つきあった期間が長い群では，**別れタイプ**の単純主効果は有意ではなかった．
  - ◆ $F(1, 66) = 3.01$, *n.s.*
(3) グラフは，交差した形状になっている．

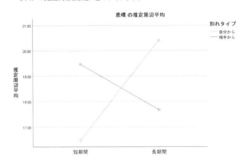

7-3 他の得点の分散分析

悲嘆得点と同様に，**後悔得点・落ち込み得点**についても分散分析を行ってみよう．

■分析の指定

同じ手続きをくり返してもよいが，先ほど単純主効果の分析を行ったシンタックスエディタを利用しよう．

- ［シンタックスエディタ］の悲嘆の部分を**後悔**と書き直して，［**実行(R)**］ ⇒ ［**すべて(A)**］を選択する．
- 同様に**落ち込み**と書き直して，［**実行(R)**］ ⇒ ［**すべて(A)**］ を選択する．

■出力結果の見方

「後悔」得点の分散分析結果

主効果，交互作用ともに有意ではなかった．

- ▶ **期間長短の主効果**：$F(1, 66) = 0.25$, *n.s.*
- ▶ **別れタイプの主効果**：$F(1, 66) = 0.01$, *n.s.*
- ▶ **交互作用**：$F(1, 66) = 0.63$, *n.s.*

被験者間効果の検定

従属変数: 後悔

ソース	タイプ III 平方和	自由度	平均平方	F 値	有意確率
修正モデル	18.306[a]	3	6.102	.323	.809
切片	8779.810	1	8779.810	464.665	.000
期間長短	4.626	1	4.626	.245	.622
別れタイプ	.106	1	.106	.006	.941
期間長短 * 別れタイプ	11.935	1	11.935	.632	.430
誤差	1247.066	66	18.895		
総和	10454.000	70			
修正総和	1265.371	69			

a. R2 乗 = .014 (調整済み R2 乗 = -.030)

「落ち込み」得点の分散分析結果

(1) 落ち込み得点は，**期間長短**と**別れタイプ**の交互作用が有意となった．

- ▶ $F(1, 66) = 11.00$, $p < .01$

記述統計

従属変数: 落ち込み

期間長短	別れタイプ	平均値	標準偏差	度数
短期間	自分から	7.7143	3.40797	21
	相手から	9.7333	2.93906	15
	総和	8.5556	3.33333	36
長期間	自分から	10.1667	3.24271	12
	相手から	7.1818	2.66613	22
	総和	8.2353	3.18195	34
総和	自分から	8.6061	3.50838	33
	相手から	8.2162	3.01971	37
	総和	8.4000	3.24104	70

被験者間効果の検定

従属変数: 落ち込み

ソース	タイプ III 平方和	自由度	平均平方	F 値	有意確率
修正モデル	106.642[a]	3	35.547	3.795	.014
切片	4981.079	1	4981.079	531.824	.000
期間長短	.040	1	.040	.004	.948
別れタイプ	3.837	1	3.837	.410	.524
期間長短 * 別れタイプ	103.010	1	103.010	10.998	.001
誤差	618.158	66	9.366		
総和	5664.000	70			
修正総和	724.800	69			

a. R2 乗 = .147 (調整済み R2 乗 = .108)

(2) 単純主効果の検定結果を見る.

▸ まず，自分からふった群の**期間**の単純主効果が有意であった.

◆ $F(1, 66) = 4.90$, $p < .05$

◆ 先ほどの記述統計と後に示したグラフから，自分からふった場合には恋愛期間が長い者のほうが短い者よりも落ち込む傾向にあるといえる.

▸ 相手からふられた群でも，**期間**の単純主効果が有意であった.

◆ $F(1, 66) = 6.20$, $p < .05$

◆ 相手からふられた場合には，恋愛期間が短い者のほうが長い者よりも落ち込む傾向にあるといえる.

1 変量検定

従属変数: 落ち込み

別れタイプ		平方和	自由度	平均平方	F 値	有意確率
自分から	対比	45.926	1	45.926	4.904	.030
	誤差	618.158	66	9.366		
相手から	対比	58.064	1	58.064	6.199	.015
	誤差	618.158	66	9.366		

F 値は 期間長短 の多変量効果を検定します。これらの検定は、推定周辺平均中の一時独立対比較検定に基づいています。

▸ 短期間群の**別れタイプ**の単純主効果は，有意ではなかった.

◆ $F(1, 66) = 3.81$, $n.s.$

▸ 長期間群の**別れタイプ**の単純主効果が有意であった.

◆ $F(1, 66) = 7.39$, $p < .01$

◆ 先ほどの記述統計と下に示したグラフから,恋愛期間が長い群では,自分からふった者のほうが相手からふられた者よりも落ち込みを経験するといえる.

1 変量検定

従属変数: 落ち込み

期間長短		平方和	自由度	平均平方	F 値	有意確率
短期間	対比	35.670	1	35.670	3.808	.055
	誤差	618.158	66	9.366		
長期間	対比	69.178	1	69.178	7.386	.008
	誤差	618.158	66	9.366		

F 値は別れタイプ の多変量効果を検定します。これらの検定は、推定周辺平均中の一時独立対比較検定に基づいています。

(3) グラフは,悲嘆得点と同様に交差した形状となっている.

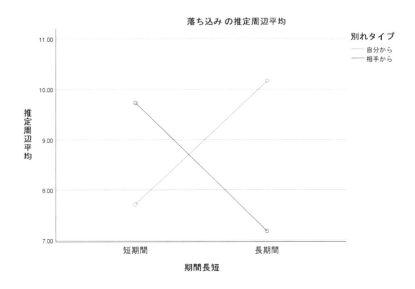

落ち込み の推定周辺平均

Section **8** 多変量分散分析

従属変数が複数の場合，検定をくり返すことは第1種の過誤を増大させることになる.

● 20個の互いに無関連な従属変数があり，t 検定を20回くり返したところ，そのうち1つに5% 水準で有意な結果が得られたとしよう．その変数に有意な平均値の差がみられたと結論づけることができるだろうか.

● 「5%水準で有意」ということは，「本来まったく差がなくても，20回のうち1回はその程度の差がみられる可能性がある」ということを意味する.

● したがって，まったく差がないデータに対して20回検定をくり返せば，1回は有意な差が得られる可能性が生じてしまうのである.

分散分析をくり返す場合にも，同じ問題が生じる可能性がある.

8–1 多変量分散分析の実行

従属変数が複数ある場合に個別に分散分析を行うのではなく，複数の従属変数を同時に分析するのが多変量分散分析（MANOVA）である．ここでは，この分析方法を試してみよう．また，分散分析の効果量である「偏イータ2乗」（partial η^2；η_p^2）も出力してみよう.

■分析の指定（Advanced Models オプションが必要）

● ［分析(A)］ ⇒ ［一般線型モデル(G)］ ⇒ ［多変量(M)］ を選択.

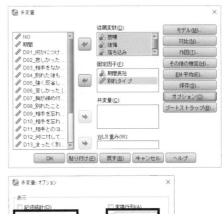

▶ ［従属変数(D):］に悲嘆・後悔・落ち込みを指定.

▶ ［固定因子(F):］に期間長短と別れタイプを指定.

▶ オプション(O) をクリック.

◆ ［表示］の中で ［効果サイズの推定値(E)］と ［等分散性の検定(H)］にチェックを入れて, 続行 .

▶ OK をクリック.

■出力結果の見方

(1) Box の共分散行列の等質性の検定が出力される.

▶ 多変量分散分析を行う場合, 共分散行列の同質性が満たされることが前提条件の１つとなる.

▶ M の値が有意ではない場合に, 「群間の共分散行列が同質でないと考える根拠はない」ということができる.

(2) 多変量検定の結果が出力される.

▶ この部分が, 多変量分散分析の検定結果となる.

▶ 悲嘆・後悔・落ち込みの３つの変数をすべて考慮に入れたときに, 期間長短と別れタイプによって差が生じるかどうかを検定したものである.

▶ それぞれ４つの指標が算出される. それぞれの指標については, 他のテキストを参照してほしい.

▶ この場合, 期間長短と別れタイプの交互作用が, ４つの指標いずれについても有意となっている. また, 効果量である偏イータ２乗は 0.20 と大きな値となっている.

▶ このことを確認した上で, 悲嘆・後悔・落ち込みそれぞれ個別の検定を行う.

Box の共分散行列の等質性の検定[a]

Box の M	23.918
F 値	1.209
自由度 1	18
自由度 2	9380.609
有意確率	.243

従属変数の観測共分散行列がグループ間で等しいという帰無仮説を検定します.

a. 計画: 切片 + 期間長短 + 別れタイプ + 期間長短 * 別れタイプ

多変量検定[a]

効果		値	F 値	仮説自由度	誤差自由度	有意確率	偏イータ 2 乗
切片	Pillai のトレース	.951	410.448[b]	3.000	64.000	.000	.951
	Wilks のラムダ	.049	410.448[b]	3.000	64.000	.000	.951
	Hotelling のトレース	19.240	410.448[b]	3.000	64.000	.000	.951
	Roy の最大根	19.240	410.448[b]	3.000	64.000	.000	.951
期間長短	Pillai のトレース	.036	.792[b]	3.000	64.000	.503	.036
	Wilks のラムダ	.964	.792[b]	3.000	64.000	.503	.036
	Hotelling のトレース	.037	.792[b]	3.000	64.000	.503	.036
	Roy の最大根	.037	.792[b]	3.000	64.000	.503	.036
別れタイプ	Pillai のトレース	.009	.193[b]	3.000	64.000	.901	.009
	Wilks のラムダ	.991	.193[b]	3.000	64.000	.901	.009
	Hotelling のトレース	.009	.193[b]	3.000	64.000	.901	.009
	Roy の最大根	.009	.193[b]	3.000	64.000	.901	.009
期間長短 * 別れタイプ	Pillai のトレース	.195	5.181[b]	3.000	64.000	.003	.195
	Wilks のラムダ	.805	5.181[b]	3.000	64.000	.003	.195
	Hotelling のトレース	.243	5.181[b]	3.000	64.000	.003	.195
	Roy の最大根	.243	5.181[b]	3.000	64.000	.003	.195

a. 計画: 切片 + 期間長短 + 別れタイプ + 期間長短 * 別れタイプ

b. 正確統計量

（3）被験者間効果の検定が出力される.

▸ ここで出力される数値は，先ほど行った 1 変量の分散分析結果と同じである.

▸ 効果量（偏イータ 2 乗）が出力されるので，確認しておこう.

◆ 悲嘆における交互作用の効果：$\eta_\mathrm{p}^2 = 0.10$

◆ 後悔における交互作用の効果：$\eta_\mathrm{p}^2 = 0.01$

◆ 落ち込みにおける交互作用の効果：$\eta_\mathrm{p}^2 = 0.14$

被験者間効果の検定

ソース	従属変数	タイプ III 平方和	自由度	平均平方	F 値	有意確率	偏イータ 2 乗
修正モデル	悲嘆	151.282[a]	3	50.427	2.615	.058	.106
	後悔	18.306[b]	3	6.102	.323	.809	.014
	落ち込み	106.642[c]	3	35.547	3.795	.014	.147
切片	悲嘆	22553.336	1	22553.336	1169.613	.000	.947
	後悔	8779.810	1	8779.810	464.665	.000	.876
	落ち込み	4981.079	1	4981.079	531.824	.000	.890
期間長短	悲嘆	19.117	1	19.117	.991	.323	.015
	後悔	4.626	1	4.626	.245	.622	.004
	落ち込み	.040	1	.040	.004	.948	.000
別れタイプ	悲嘆	.269	1	.269	.014	.906	.000
	後悔	.106	1	.106	.006	.941	.000
	落ち込み	3.837	1	3.837	.410	.524	.006
期間長短 * 別れタイプ	悲嘆	134.854	1	134.854	6.993	.010	.096
	後悔	11.935	1	11.935	.632	.430	.009
	落ち込み	103.010	1	103.010	10.998	.001	.143
誤差	悲嘆	1272.661	66	19.283			
	後悔	1247.066	66	18.895			
	落ち込み	618.158	66	9.366			
総和	悲嘆	24538.000	70				
	後悔	10454.000	70				
	落ち込み	5664.000	70				
修正総和	悲嘆	1423.943	69				
	後悔	1265.371	69				
	落ち込み	724.800	69				

a. R2 乗 = .106 (調整済み R2 乗 = .066)

b. R2 乗 = .014 (調整済み R2 乗 = -.030)

c. R2 乗 = .147 (調整済み R2 乗 = .108)

8-2 個別の検定を行うときには

多変量分散分析を行い，その後でそれぞれの従属変数の検定結果を参照する際には，「有意水準を切り下げる」という方法（Bonferroni の方法と呼ばれる）をとる．

- たとえば今回の場合，従属変数が3つあるので，有意水準を1/3に切り下げる．
  - ▸ つまり，0.05/3 = 0.0167 であることから，有意な結果となる水準を5%ではなく1.67%に下げ，結果を解釈するのである．
- なお今回の結果では，悲嘆と落ち込みの交互作用はともに1.67%水準で有意となっている．

> **＜STEP UP＞　多変量分散分析で単純主効果の検定を行う**
> - 多変量分散分析のメニューで単純主効果の検定を行う際には，シンタックスにおいて1変量の分散分析と同じ指定をしてやればよい．

8-3 結果の記述 3（恋愛期間と別れのタイプによる失恋行動の差）

ここでは，1変量の分散分析をくり返した結果を記述する．

3. 恋愛期間と別れのタイプによる失恋行動の差

　まず，恋愛期間の平均値が11.60か月であることから，12か月を基準として恋愛期間長期群と短期群に分類した．そして，恋愛期間（短期間・長期間）と別れのタイプ（自分から・相手から）を独立変数，恋愛行動チェックリストの下位尺度である「悲嘆」「後悔」「落ち込み」の3得点を従属変数とした2×2の分散分析を行った（Table 3）．なお，短期間・自分群は21名，短期間・相手群は15名，長期間・自分群は12名，長期間・相手群は22名であった．

　分散分析の結果，「悲嘆」と「落ち込み」について有意な交互作用がみられた（それぞれ $F(1,66) = 6.99$, $p < .05$；$F(1, 66) = 11.00$, $p < .01$）．交互作用が有意であったことから，単純主効果の検定を行った．その結果，「悲嘆」については自分群に

おける期間の単純主効果が有意であり（$F(1, 66) = 6.15$, $p < .05$），短期間よりも長期間のほうが悲嘆得点が高かった．また，短期間群における別れのタイプの単純主効果（$F(1, 66) = 4.06$, $p < .05$）が有意であり，自分からよりも相手から別れを切り出されたほうが悲嘆得点が有意に高かった．「落ち込み」については，自分群における期間の単純主効果（$F(1, 66) = 4.90$, $p < .05$）が有意であり，短期間よりも長期間のほうが落ち込み得点が有意に高かった．相手群における期間の単純主効果（$F(1, 66) = 6.20$, $p < .05$）も有意であり，長期間よりも短期間のほうが落ち込み得点が有意に高かった．さらに，長期間群における別れのタイプの単純主効果（$F(1, 66) = 7.39$, $p < .01$）が有意であり，相手からよりも自分から別れを切り出したほうが落ち込み得点が有意に高かった．

　以上の結果から，自分から別れを切り出す場合には，恋愛期間が短い場合よりも長い場合のほうが悲しみや落ち込みを経験しやすいと言える．逆に，相手から別れを切り出される場合には，恋愛期間が長い場合よりも短い場合のほうが落ち込みを経験しやすいといえる．

Table 3　恋愛期間と別れタイプによる各得点と分散分析結果

期間	短期間		長期間		主効果		
別れタイプ	自分から	相手から	自分から	相手から	期間	別れタイプ	交互作用
悲嘆	16.48	19.47	20.42	17.68	0.99	0.01	6.99 *
	(5.69)	(3.29)	(2.71)	(4.32)			
後悔	11.43	12.20	11.75	10.82	0.25	0.01	0.63
	(4.73)	(3.78)	(4.32)	(4.63)			
落ち込み	7.71	9.73	10.17	7.18	0.00	0.41	11.00 **
	(3.41)	(2.94)	(3.24)	(2.67)			

上段：平均値，下段：標準偏差
** $p<.01$　*** $p<.001$

※効果量を算出したときには，結果の中に忘れず記載しよう．

Section **9**　論文・レポートでの記述

1. 失恋行動チェックリストの因子分析

　失恋行動チェックリスト 19 項目に対して最尤法による因子分析を行った．固有値の減衰状況と因子の解釈可能性から 3 因子解を採用し，再度，最尤法・Promax 回転による因子分析を行った．その結果，因子負荷量が .35 に満たない 4 項目を削除し，再び最尤法・Promax 回転を行った．最終的な因子分析結果を Table 1 に示す．

　第 1 因子は相手を忘れられないことや悲しみ，苦しみといった 6 項目で構成されていることから，「悲嘆」因子と命名した．第 2 因子は別れたことを悔やんだり反省するといった内容の 5 項目で構成されていることから，「後悔」因子と命名した．第 3 因子はやる気をなくす，眠れないなどストレス反応を思わせる 4 項目で構成されていることから，「落ち込み」因子と命名した．

Table 1　失恋行動チェックリストの因子分析結果
（Promax 回転後の因子パターン）

	I	II	III
3. 相手をなかなか忘れられなかった	**.97**	.03	-.26
1. 何かにつけて相手のことを思い出すことがあった	**.82**	-.18	.12
4. 別れた後も相手を愛していた	**.58**	.11	.04
2. 悲しかった	**.52**	.16	.01
7. 胸が締め付けられる思いがした	**.52**	.24	.06
6. 苦しかった	**.46**	.15	.19
19. 別れたことが，しばらく信じられなかった	-.07	**.79**	.11
8. 別れたことを悔やんだ	.11	**.71**	-.11
18. 別れたために泣き叫んだり取り乱したりした	-.07	**.69**	.23
11. 相手とのヨリを戻したいと思った	.17	**.51**	.17
5. 強く反省した	.17	**.36**	-.10
12. 何に対してもやる気をなくした	.18	-.27	**.99**
17. 食欲がなくなったり，眠れなくなったりした	-.14	.17	**.68**
15. その人からの手紙や写真を取り出してよく見ていた	-.09	.14	**.46**
16. 夢の中によくその人が現れた	.00	.13	**.44**

因子間相関	I	II	III
I	—	.45	.51
II		—	.49
III			—

2. 下位尺度間の関連

　失恋行動チェックリストの因子分析結果において，各因子に高い負荷量を示した項目の合計得点を算出し，それぞれの下位尺度得点とした．Table 2 に各下位尺度得点の平均値と標準偏差を示す．内的整合性を検討するために α 係数を算出したところ，「悲嘆」で α = .86，「後悔」で α = .81，「落ち込み」で α = .74 と十分な値が得られた．

Table 2　失恋行動チェックリストの下位尺度間相関，平均値，SD

	悲嘆	後悔	落ち込み	M	SD
悲嘆	—	.52 *	.47 *	18.17	4.54
後悔		—	.50 *	11.46	4.28
落ち込み			—	8.40	3.24

* $p < .001$

　Table 2 には，失恋行動チェックリストの下位尺度間相関も示されている．3 つの下位尺度は互いに有意な中程度の正の相関を示した．

3. 恋愛期間と別れのタイプによる失恋行動の差

　まず，恋愛期間の平均値が 11.60 か月であることから，12 か月を基準として恋愛期間長期群と短期群に分類した．そして，恋愛期間（短期間・長期間）と別れのタイプ（自分から・相手から）を独立変数，恋愛行動チェックリストの下位尺度である「悲嘆」「後悔」「落ち込み」の 3 得点を従属変数とした 2×2 の分散分析を行った（Table 3）．なお，短期間・自分群は 21 名，短期間・相手群は 15 名，長期間・自分群は 12 名，長期間・相手群は 22 名であった．

　分散分析の結果，「悲嘆」と「落ち込み」について有意な交互作用がみられた（それぞれ $F_{(1, 66)}$ = 6.99, $p < .05$；$F_{(1, 66)}$ = 11.00, $p < .01$）．交互作用が有意であったことから，単純主効果の検定を行った．その結果，「悲嘆」については自分群における期間の単純主効果が有意であり（$F_{(1, 66)}$ = 6.15, $p < .05$），短期間よりも長期間のほうが悲嘆得点が高かった．また，短期間群における別れのタイプの単純主効果（$F_{(1, 66)}$ = 4.06, $p < .05$）が有意であり，自分からよりも相手から別れを切り出されたほうが悲嘆得点が有意に高かった．「落ち込み」については，自分群における期間の単純主効果（$F_{(1, 66)}$ = 4.90, $p < .05$）が有意であり，短期間よりも長期間のほうが落ち込み得点が有意に高かった．相手群における期間の単純主効果（$F_{(1, 66)}$ = 6.20, $p < .05$）も有意であり，長期間よりも短期間のほうが落ち込み得点が有意に高かった．さらに，長期間群における別れのタイプの単純主効果（$F_{(1, 66)}$ = 7.39, $p < .01$）が有意であり，相手からよりも自分から別れを切り出したほうが落ち込み得点が有意に高かった．

　以上の結果から，自分から別れを切り出す場合には，恋愛期間が短い場合よりも長い場合のほうが悲しみや落ち込みを経験しやすいと言える．逆に，相手から別れを切り出される場合には，恋愛期間が長い場合よりも短い場合のほうが落ち込みを経験しやすいといえる．

Table 3　恋愛期間と別れタイプによる各得点と分散分析結果

| 期間 | 短期間 | | 長期間 | | 主効果 | | |
別れタイプ	自分から	相手から	自分から	相手から	期間	別れタイプ	交互作用
悲嘆	16.48	19.47	20.42	17.68	0.99	0.01	6.99 *
	(5.69)	(3.29)	(2.71)	(4.32)			
後悔	11.43	12.20	11.75	10.82	0.25	0.01	0.63
	(4.73)	(3.78)	(4.32)	(4.63)			
落ち込み	7.71	9.73	10.17	7.18	0.00	0.41	11.00 **
	(3.41)	(2.94)	(3.24)	(2.67)			

上段：平均値，下段：標準偏差
** $p<.01$　*** $p<.001$

第 **4** 章

影響を与える要因を探る
——若い既婚者の夫婦生活満足度に与える要因

◎ここでは，新たな尺度を構成し，その得点で他の連続変量を予測するために**重回帰分析**を行うという一連の手順を練習する．

◎またここでは，いくつの**因子数**を採用するかという問題にも触れる．新たな尺度を作成して因子分析を行う際に，複数の因子数の候補が考えられることはよくある．そのような場合に，単純構造と因子の解釈可能性を考慮して，探索的に因子数を決定する手順を学んでいこう．

◎本分析例では男女2群の重回帰分析結果を比較することを試みる．さらに，Amos を利用してパス解析を行う練習もしてみよう．

Section 1 分析の背景

──若い既婚者の夫婦生活満足度に与える要因──
（鈴木智美，2005 を改変した仮想データ）

1–1　研究の目的

　近年，我が国では離婚率の上昇や晩婚化など，夫婦生活の困難さが注目を集めることが多い．満足した夫婦生活を送るためには，実際にどのような夫婦生活を営む必要があるのだろうか．本研究では，現状の夫婦生活が夫婦生活の満足度にどのような影響を及ぼすのかを明らかにしたい．

　ところで，出産や子育てなど，夫婦生活には妻と夫以外の要素が大きく関与してくることが予想される．そこで本研究では，子どもをまだ産んでいない若い既婚者の夫婦生活に注目し，どのような要因が夫婦生活の満足度に影響を与えているのかを探索的に検討する．

1–2　調査の方法・項目内容

（1）調査対象

　子どもがいない若い既婚者 148 名（男性 68 名，女性 80 名）に対して調査を行った．平均年齢は男性 25.07（SD 1.85）歳，女性 27.21（SD 2.41）歳であった．

（2）調査内容

・夫婦生活調査票

　　夫婦生活の現状を把握するために，夫婦生活に必要と考えられる 38 の項目群で構成される夫婦生活調査票を新たに作成した．

教示文は「あなたの夫婦生活についてお尋ねします．次の 38 の文章それぞれは，現在の夫婦生活にどの程度当てはまりますか」というものである．

回答は

まったく当てはまらない	（1 点）
当てはまらない	（2 点）
やや当てはまらない	（3 点）
やや当てはまる	（4 点）
当てはまる	（5 点）
非常に当てはまる	（6 点）

の 6 段階で回答を求めた．

A01_夫（妻）とはいつも一緒にいる
A02_相手の考えや気持ちをいつもわかってあげる
A03_相手のことならどんなことでも許せる
A04_相手のためなら何でもしてあげる
A05_ずっと恋人同士のような夫婦でいる
A06_結婚しても相手は自分だけをみている
A07_自分が相手を幸せにする
A08_相手に精神的安らぎを与える
A09_相手のことを心から尊敬する
A10_相手のことを心から愛する
A11_相手が悩んでいるときは親身になって一緒に考える
A12_お互いに優しい言葉をかけ合うようにする
A13_お互いのためになる意見を言うようにする
A14_悩みや迷いごとがあるときは相手に相談する
A15_週末は夫婦そろって過ごす
A16_自分から相手に話題を提供して話をする
A17_嬉しいことを相手に報告する
A18_どんなに忙しくて疲れていても相手の話を聞いてあげる
A19_小さなできごとでもその日にあったことを相手に話す
A20_夫（妻）と買い物や旅行に行く

A21_常に相手の気持ちを考えて行動する
A22_二人で未来について一緒に計画を立てて実行していく
A23_結婚記念日や誕生日など特別な日を覚えていて大事にする
A24_夫と妻が家事を同等に行う
A25_結婚生活の重要事項は二人で決める
A26_相手の才能と能力を認め，それを伸ばすための手助けをする
A27_夫婦二人で将来のための貯えをしていく
A28_相手の仕事や活動を理解し，支えていく
A29_妻が外で働く
A30_夫も妻も同等に稼ぐ
A31_夫が家庭に入る
A32_結婚後，妻は夫の姓を名乗らず旧姓で通す
A33_妻は子どもが生まれても仕事を続ける
A34_二人で十分な収入を得ている
A35_毎月ある程度の貯金ができる
A36_子どもを産み，育てることができるだけの十分な金銭がある
A37_欲しい物は我慢しないで買うことができる
A38_一般的な家庭以上の暮らしができる

・夫婦生活の満足度

　「あなたは現在の夫婦生活にどの程度満足していますか」という質問文に対し，「まったく満足していない（1点）」から「非常に満足している（6点）」までの6段階で回答を求めた．

1–3　分析のアウトライン

● 項目分析
  ▸ 夫婦生活調査票38項目の平均値と標準偏差（SD）を求めて得点分布を確認し，得点分布に大きな偏りが見られないかどうかをチェックする．
  ▸ 第3章に続いて，今回も夫婦の価値観を問うような質問項目であるため，ある程度の得点の偏りは致し方ないかもしれない．

● 因子分析
  ▸ 得点分布に大きな偏りが見られなかった項目に対して，因子分析を行う．
  ▸ 事前の因子数は想定されていないので，探索的に因子分析を行う．

● 内的整合性の検討と尺度得点の算出
  ▸ ここでは男女差も検討しておこう．

● 相関関係の検討
  ▸ 夫婦生活調査票のそれぞれの下位尺度が，夫婦生活の満足度とどのような関連をしているのかを検討する．
  ▸ 男女で関連が異なる可能性が考えられるので，その点も検討する．

● 因果関係の検討
  ▸ 夫婦生活の状況が，夫婦生活の満足度にどのような影響を及ぼすのかを検討する．

2-1 データの内容

● データの内容は以下の通りである.

  ▸ 番号, 性別 (1:女性, 2:男性), 年齢, A01〜A38 (夫婦生活調査票の項目), 夫婦生活満足度

●「性別」に値ラベルをつけておく.

  ▸ [変数ビュー(V)] を表示.

  ▸ 性別の「値」の部分をクリック.

    ◆ [値(U):] に1, [ラベル(L):] に女性と入力して, | 追加(A) | をクリック.

    ◆ [値(U):] に2, [ラベル(L):] に男性と入力して, | 追加(A) | をクリック.

  ▸ | OK | をクリック.

番号	性別	年齢	A01	A02	A03	A04	A05	A06	A07	A08	A09	A10	A11	A12	A13	A14	A15	A16	A17	A18	A19	A20	A21	A22	A23	A24	A25	A26	A27	A28	A29	A30	A31	A32	A33	A34	A35	A36	A37	A38	満足度
1	1	29	4	3	2	2	6	1	5	6	4	4	5	4	2	3	6	2	5	3	1	6	4	3	4	3	6	5	4	4	6	3	1	4	3	4	4	4	3	4	5
2	1	28	5	5	4	5	4	5	4	4	4	5	5	4	4	5	4	4	4	6	5	4	6	4	4	3	6	3	3	4	4	4	3	1	2	3	3	3	2	1	6
3	1	28	5	4	2	3	3	4	4	4	4	4	5	5	5	5	4	6	6	4	4	4	3	4	4	3	5	4	4	4	3	4	3	1	3	4	4	4	4	4	4
4	2	23	5	4	1	1	5	2	5	2	4	6	4	5	5	5	6	3	6	2	5	6	2	4	6	6	6	5	6	4	4	4	1	1	3	6	6	6	5	4	5
5	1	25	4	4	3	4	3	3	3	4	4	4	5	5	3	5	5	2	5	4	4	4	4	4	6	3	6	4	6	5	2	3	1	1	2	4	5	5	3	4	5
6	2	25	3	3	4	4	2	3	3	3	4	4	4	4	5	5	4	5	4	4	4	4	4	4	4	5	5	5	5	5	4	4	4	5	4	3	3	3	3	3	4
7	2	25	3	3	3	3	3	3	3	3	3	3	4	4	4	3	4	3	4	4	4	4	4	3	4	4	4	4	4	4	5	4	3	2	4	4	4	4	3	3	4
8	2	30	5	4	3	4	5	3	4	4	5	6	5	5	4	5	5	5	5	5	5	6	6	6	6	3	5	4	5	5	4	3	1	1	2	4	4	3	3	3	5
9	2	24	4	4	2	2	5	3	3	2	2	4	5	5	5	5	4	5	5	3	5	5	3	5	6	5	5	4	4	3	5	5	3	1	4	5	3	5	5	3	4
10	2	25	5	5	3	4	5	5	5	5	4	5	5	5	5	4	5	5	5	3	3	5	3	3	5	5	5	4	5	4	5	5	3	2	5	4	4	4	3	5	5
11	1	27	5	4	3	4	3	3	4	4	3	4	5	4	5	4	4	6	6	5	5	5	4	4	4	3	5	5	5	3	2	2	2	1	2	5	4	4	5	5	4
12	1	30	4	4	2	4	2	3	3	4	4	5	5	4	5	5	4	3	5	6	3	5	4	4	4	6	6	5	6	4	5	5	2	3	5	5	5	4	3	4	5
13	2	20	2	3	2	2	2	2	4	3	2	2	3	2	3	3	3	3	2	3	2	3	2	2	2	3	3	3	4	3	3	4	1	2	4	4	4	4	3	4	3
14	2	23	3	4	3	3	3	3	4	3	4	5	5	5	4	4	3	3	4	5	4	4	5	5	5	6	5	4	5	5	6	5	3	2	5	5	5	4	4	4	4
15	1	25	4	3	4	4	3	3	4	3	5	5	5	4	3	5	4	3	6	5	5	5	6	5	4	4	5	5	6	6	5	5	3	3	4	4	5	5	3	4	5
16	1	26	5	6	4	4	4	2	4	5	6	3	6	3	4	4	3	5	5	4	4	3	6	4	5	4	4	6	6	6	2	2	1	3	2	6	5	6	3	5	6
17	2	24	3	3	4	4	3	3	3	3	4	4	4	4	4	4	3	3	4	3	5	3	3	3	4	3	4	4	4	4	4	3	2	2	5	3	3	3	2	2	3
18	2	25	3	3	4	4	3	3	3	3	4	4	5	4	4	4	3	3	3	3	3	4	4	4	4	3	4	4	3	3	4	4	3	3	4	3	4	4	3	4	4
19	1	25	5	4	2	2	2	3	4	4	4	4	6	5	4	6	6	6	6	6	4	6	5	6	6	3	6	6	6	6	3	4	2	1	4	2	4	3	3	6	4
20	1	30	5	4	3	5	5	3	5	5	5	5	5	5	4	4	5	3	4	5	3	5	5	4	4	3	4	5	5	4	4	4	5	4	4	5	4	3	4	4	5
21	1	22	2	3	3	3	2	3	3	2	4	5	3	4	4	4	3	5	6	4	4	6	3	4	5	5	4	5	5	4	6	6	1	3	4	6	6	6	5	3	5
22	1	30	5	5	6	5	4	3	3	4	5	6	6	4	4	5	4	2	5	5	3	5	5	4	5	4	4	5	5	5	4	6	2	6	2	4	5	3	3	3	5
23	1	26	4	6	3	3	1	4	5	5	4	3	6	5	5	5	5	4	6	3	4	5	5	5	2	2	6	6	6	5	5	1	1	1	1	3	5	4	3	2	4
24	1	24	1	1	1	1	1	1	2	1	5	6	2	5	5	1	4	3	6	6	2	6	2	1	6	2	6	6	3	2	5	4	1	1	4	4	5	4	1	3	5
25	2	25	2	2	2	2	2	1	2	1	2	1	3	3	3	3	2	4	5	2	2	2	2	2	2	4	4	3	5	4	4	3	3	2	5	4	4	3	3	5	2
26	1	30	4	2	4	3	5	1	3	3	4	5	4	4	3	3	4	3	4	4	2	4	3	2	4	5	5	4	5	5	3	3	6	3	3	6	6	6	6	6	6
27	2	25	5	3	2	3	4	3	3	4	4	5	5	5	4	4	3	5	6	5	5	5	5	5	6	4	4	5	5	5	5	4	2	1	4	4	4	4	3	4	4
28	2	25	3	4	3	4	3	3	3	3	4	4	5	5	5	4	3	4	5	3	5	5	3	4	2	3	5	4	5	5	5	5	3	3	5	5	5	5	5	3	3
29	2	28	4	4	1	1	1	2	4	4	5	5	5	4	5	5	3	5	6	5	5	6	6	6	5	3	3	5	5	5	6	6	1	5	6	6	5	5	2	5	5
30	2	28	4	4	4	4	3	2	4	5	5	5	5	5	5	5	4	5	6	5	4	5	5	6	6	3	4	5	5	6	6	6	1	1	6	6	6	6	5	6	5
31	1	26	5	4	4	5	5	2	4	5	5	4	5	4	5	5	4	5	5	5	4	4	5	4	4	5	4	6	5	4	4	5	3	2	4	4	4	3	3	2	4
32	1	27	4	2	2	5	3	3	2	2	2	5	4	4	5	5	3	5	5	4	2	4	2	4	6	3	5	5	3	5	5	6	3	2	6	6	6	4	4	2	4
33	1	27	4	4	3	3	3	3	3	3	4	4	4	3	5	4	3	3	5	5	4	5	3	4	4	6	6	5	4	5	4	4	3	3	4	4	4	4	3	3	4
34	2	25	4	4	4	4	4	2	3	4	5	5	6	6	6	6	3	6	6	5	6	6	4	4	6	3	4	6	6	6	4	4	3	2	5	5	5	4	4	4	5
35	2	28	3	4	1	4	3	3	4	5	5	5	5	4	6	5	4	5	6	6	4	5	4	5	5	6	6	6	6	6	6	6	2	2	5	6	5	5	4	4	5
36	2	25	5	4	5	4	5	4	4	5	4	6	6	5	5	5	5	5	5	5	6	6	5	6	6	5	5	4	6	5	3	3	3	4	3	3	5	6	4	3	4
37	2	25	3	4	3	3	2	2	2	2	2	2	3	4	4	4	3	3	4	3	3	4	4	3	4	4	4	4	3	4	3	4	3	6	5	3	3	2	3	3	1
38	2	27	4	4	2	5	5	5	5	5	6	6	6	5	5	6	6	6	6	5	5	6	5	6	6	4	5	5	5	5	4	3	1	3	3	5	5	5	5	4	5
39	2	27	2	5	4	5	6	4	4	4	4	6	6	5	5	6	4	3	6	6	6	6	4	6	6	4	6	6	6	6	2	2	1	1	2	5	4	5	4	4	5
40	1	25	6	6	6	6	6	6	6	6	6	6	6	6	6	6	2	6	6	6	6	6	6	6	6	3	6	6	6	6	1	1	1	1	1	6	4	6	6	6	6
41	1	28	4	1	1	1	1	1	4	3	5	5	6	6	6	5	3	4	5	2	4	5	4	6	4	3	6	6	6	5	3	3	3	1	1	4	4	6	2	2	5
42	1	20	2	5	1	1	1	1	1	2	2	3	4	3	2	4	4	4	5	2	3	2	1	4	3	1	6	4	4	3	5	1	4	5	1	2	1	3	2	2	3
43	1	30	4	5	2	3	4	4	5	5	4	5	6	6	5	5	6	5	6	6	3	5	5	5	6	5	6	5	6	6	6	6	5	5	6	6	6	6	3	5	5
44	2	25	5	6	4	5	5	6	6	5	6	6	6	6	6	6	6	6	6	6	6	6	5	6	6	6	6	6	6	6	3	4	1	1	2	4	5	4	2	2	6
45	1	27	6	5	3	5	5	3	4	5	4	6	6	5	5	5	6	5	5	4	5	6	4	5	5	4	5	4	5	6	6	6	2	2	2	6	6	6	4	4	5
46	2	26	3	3	1	3	4	3	3	3	3	4	4	4	4	3	4	4	4	4	4	4	4	4	5	4	4	4	4	4	4	4	4	4	4	3	3	3	3	4	3
47	1	25	4	2	4	5	5	5	5	5	5	5	5	5	5	5	5	5	5	4	5	4	5	4	5	5	4	5	4	3	5	4	3	5	4	2	4	2	4	4	4
48	1	30	5	4	4	4	4	4	4	5	4	5	5	4	4	5	5	4	5	5	4	4	5	4	5	4	4	4	4	5	4	4	4	3	4	4	4	4	4	4	5
49	1	27	4	4	2	3	4	2	5	5	4	6	5	4	4	5	3	3	2	3	2	4	3	3	4	4	6	4	6	6	4	6	1	4	4	6	6	5	4	4	5
50	1	28	3	5	4	5	3	3	6	6	4	6	6	5	5	5	5	5	6	4	4	6	4	4	5	5	6	6	6	6	6	5	2	2	4	4	5	5	4	4	4
51	1	30	3	3	2	2	3	2	2	3	3	4	4	4	5	4	4	4	4	4	4	5	3	5	5	5	5	5	5	5	5	5	4	4	4	4	4	4	4	3	4
52	2	25	5	5	6	5	6	6	6	4	6	6	6	3	6	6	6	6	6	6	4	6	4	6	6	6	6	6	5	6	6	6	1	6	6	5	5	5	5	6	1
53	2	25	5	4	4	5	5	5	4	5	4	6	5	4	4	3	5	4	6	3	4	5	3	4	6	3	5	4	6	5	4	3	3	2	2	5	5	4	4	4	5
54	2	24	2	2	2	2	3	3	3	4	3	3	4	3	2	4	4	2	3	4	4	4	4	3	3	3	3	4	5	5	3	1	1	1	3	3	4	4	3	3	4
55	2	25	2	4	1	2	3	2	3	3	3	2	5	5	5	3	2	3	5	2	4	5	2	3	4	5	5	4	5	4	6	5	2	3	5	4	4	3	4	3	2
56	1	23	5	5	2	6	6	4	5	5	6	6	6	6	6	6	4	6	6	6	6	6	5	6	6	6	6	6	6	6	4	3	3	1	3	5	5	5	5	5	6
57	1	29	4	5	3	3	2	1	3	4	3	3	5	3	4	5	4	5	5	2	3	5	4	5	3	5	6	5	4	4	2	2	4	1	2	2	1	1	3	4	4
58	1	28	2	5	3	5	6	3	5	5	5	6	5	6	4	4	6	5	3	6	6	6	5	5	6	6	6	5	6	6	6	6	1	4	6	6	6	6	3	5	5
59	1	27	3	6	3	3	3	3	4	3	4	4	6	6	6	6	6	6	6	6	6	6	6	6	5	6	6	6	6	6	6	6	1	1	6	6	6	6	4	4	5
60	1	25	4	3	2	2	4	5	3	4	5	5	5	3	5	5	6	6	6	4	6	6	4	5	6	2	5	4	4	5	4	3	1	1	1	2	4	1	4	4	5
61	1	27	2	3	2	2	1	2	2	2	2	2	2	2	5	2	2	2	2	1	2	2	2	2	2	5	5	4	5	5	4	3	2	3	3	4	4	3	4	3	3
62	1	27	6	6	3	6	6	3	6	6	6	6	6	6	6	6	6	6	6	6	6	6	6	6	6	6	6	6	6	6	6	6	6	1	6	6	6	6	4	4	6
63	1	23	4	4	3	4	5	3	5	4	4	6	6	5	5	5	6	6	6	5	5	6	5	6	6	5	5	4	6	5	4	4	3	4	3	5	5	4	3	3	4
64	1	26	3	3	5	3	1	1	4	3	4	4	4	3	5	4	2	3	4	3	3	5	3	5	4	3	5	4	5	5	6	6	1	5	6	5	3	5	3	3	6
65	1	25	2	5	4	4	1	1	6	6	5	5	6	5	6	6	2	5	6	6	4	5	4	5	3	5	6	6	6	6	4	5	2	5	6	6	6	5	6	5	6
66	2	22	6	6	2	5	6	4	5	6	5	6	6	5	6	6	6	5	6	5	4	6	5	6	6	1	6	6	6	6	4	3	1	1	2	5	6	4	3	4	5
67	2	24	3	4	4	3	3	2	4	4	5	5	6	5	5	6	4	5	6	4	6	6	4	5	6	3	5	6	6	6	4	5	1	3	1	5	5	5	4	4	5
68	1	30	5	4	5	5	5	4	5	5	5	5	5	5	5	5	5	6	6	6	5	6	6	6	6	6	6	6	6	6	6	6	1	1	6	6	6	6	5	5	5
69	2	27	3	6	4	4	4	4	3	3	4	4	5	5	5	5	3	5	5	4	3	4	4	5	4	3	5	5	5	5	4	2	1	1	5	4	4	4	4	4	5
70	1	25	6	4	3	3	4	5	3	2	2	3	3	4	5	4	5	5	3	3	4	4	4	3	5	4	4	3	2	2	2	3	3	2	5	2	3	3	4	5	1
71	1	25	5	4	3	4	2	2	3	3	3	3	4	5	5	5	4	4	6	4	4	6	4	4	4	3	6	4	4	5	4	4	2	2	3	3	3	3	3	3	4
72	1	30	3	3	3	3	3	3	3	3	3	3	3	4	4	4	4	3	4	3	4	4	3	3	4	2	6	3	4	4	4	4	3	3	4	3	3	3	3	3	5
73	1	30	5	4	3	3	4	2	4	3	5	4	4	4	4	4	6	4	5	5	2	5	5	5	5	5	5	5	5	5	5	5	1	2	4	5	5	5	3	3	2
74	1	28	5	5	2	4	4	4	5	6	4	4	4	5	5	6	6	4	6	4	5	6	4	3	6	4	5	4	6	4	2	2	4	1	2	4	4	5	4	5	5
75	1	29	3	4	3	4	2	2	4	4	3	4	5	5	5	5	4	5	6	5	5	5	5	5	5	4	5	5	4	4	4	3	4	3	4	3	3	4	3	3	5
76	1	25	4	6	3	3	2	4	3	3	1	5	5	5	6	5	3	4	6	2	5	3	3	4	6	2	5	3	6	4	4	1	1	1	3	6	6	6	5	4	4
77	2	25	4	3	2	3	6	2	4	4	3	5	5	5	3	4	5	2	5	3	2	5	3	5	6	4	5	5	5	3	3	2	3	2	4	3	4	5	3	4	4
78	2	25	3	3	3	3	4	2	2	4	3	4	4	4	3	4	3	4	3	4	3	3	4	3	4	3	4	3	4	4	3	4	2	2	2	3	4	3	3	3	2
79	1	27	6	5	4	5	6	4	6	5	6	6	5	4	5	6	5	6	5	4	4	6	6	5	5	3	5	5	5	5	4	3	1	1	4	5	5	5	4	4	6
80	1	26	4	4	3	4	4	3	4	4	4	4	4	4	4	4	4	4	4	4	4	4	3	4	4	4	4	3	4	4	4	3	4	3	4	4	4	4	3	3	4
81	1	28	5	2	3	5	4	4	5	5	4	5	5	5	5	5	6	4	5	4	5	5	5	2	4	3	5	5	5	5	2	2	3	1	3	5	5	5	1	1	5
82	1	30	5	5	2	3	1	4	5	5	5	5	6	4	6	6	4	4	5	5	3	5	5	4	4	3	6	6	5	5	3	3	3	3	2	5	5	5	2	4	5

番号 性別 年齢 A01 A02 A03 A04 A05 A06 A07 A08 A09 A10 A11 A12 A13 A14 A15 A16 A17 A18 A19 A20 A21 A22 A23 A24 A25 A26 A27 A28 A29 A30 A31 A32 A33 A34 A35 A36 A37 A38 満足度

番号	性別	年齢	A01	A02	A03	A04	A05	A06	A07	A08	A09	A10	A11	A12	A13	A14	A15	A16	A17	A18	A19	A20	A21	A22	A23	A24	A25	A26	A27	A28	A29	A30	A31	A32	A33	A34	A35	A36	A37	A38	満足度
83	1	30	1	3	2	4	1	1	1	1	1	2	2	1	3	1	2	4	1	2	3	4	3	4	3	5	5	6	6	2	5	6	6	4	5	5	5	5	2		2
84	1	29	2	4	3	2	1	2	3	5	3	3	3	5	3	5	5	3	3	5	4	4	5	3	2	4	5	3	5	5	6	6	2	5	6	6	5	5	3	4	4
85	1	26	5	4	2	4	5	3	3	5	4	6	3	4	5	5	4	5	4	3	6	4	5	4	3	6	4	5	4	6	4	6	4	5	4	3	3	3	3	3	5
86	1	25	4	5	4	4	4	5	4	4	4	6	6	5	5	5	5	5	5	5	5	4	6	5	5	5	6	5	2	2	5	5	5	4	3	3	3		3		4
87	1	30	5	5	2	4	2	4	5	5	5	5	6	5	5	6	5	5	5	5	5	5	5	5	4	3	5	4	5	5	3	3	5	3	3	4	3	3	3		4
88	1	29	2	5	5	5	1	5	3	5	3	5	5	4	5	5	5	4	5	3	5	2	5	2	2	5	6	3	5	3	4	5	4	5	4	5	4	4	4		4
89	1	25	4	5	4	5	3	4	4	4	3	5	6	5	6	5	5	5	4	3	3	2	5	4	4	4	4	6	3	5	5	5	4	3	4	5	4	4	4		4
90	2	29	4	3	2	3	3	2	3	3	2	3	5	3	3	5	4	4	6	2	5	3	5	5	5	4	5	5	6	4	1	6	4	3	2	3	5		5		5
91	2	26	4	5	3	3	4	4	5	4	5	6	6	5	5	5	4	4	6	2	5	5	3	3	5	5	3	5	3	5	3	5	3	1	4	4	5	5	4		6
92	2	24	4	6	6	6	6	6	6	6	6	6	6	6	6	6	6	6	6	6	4	6	6	6	6	4	6	6	6	6	6	6	6	1	6	6	6	6	6		6
93	2	29	4	4	4	6	4	2	4	4	5	6	6	6	6	6	4	5	4	6	6	6	4	5	5	6	5	5	4	4	4	1	1	5	5	5	5	3	4		6
94	2	25	2	3	2	1	1	2	3	5	3	2	4	3	6	4	3	5	4	4	3	3	3	4	6	3	4	4	4	6	3	5	4	4	4	4	4	4	3		6
95	2	23	6	5	6	5	4	3	5	6	5	6	6	6	5	5	6	5	5	4	5	6	3	3	3	1	3	6	6	6	6	6	6	6	6	6	6	6	6		6
96	2	25	2	5	4	3	2	3	3	3	4	4	4	4	4	3	3	3	3	3	4	4	2	3	2	5	3	4	4	4	3	3	3	4	4	4	3	3	4		5
97	2	27	3	3	3	3	3	2	2	4	4	4	4	3	3	3	3	4	3	3	3	3	4	4	4	4	2	3	3	4	4	4	4	3	4	4	4	4	4		4
98	2	25	3	3	3	2	3	1	4	3	3	4	4	4	3	3	2	4	4	4	3	5	4	5	4	3	5	4	5	4	4	3	3	4	4	3	4	4	4		5
99	2	25	4	3	3	3	4	3	4	3	5	5	5	5	4	5	6	5	6	2	2	6	3	5	6	3	5	4	5	5	5	2	2	5	4	5	4	4	4		5
100	1	30	5	4	2	4	4	4	4	5	5	5	4	3	4	4	3	4	4	6	4	4	4	4	4	5	5	5	4	4	2	3	4	5	3	5	5	5	4		6
101	2	23	6	5	3	4	5	5	5	5	3	6	6	5	5	6	6	4	6	6	6	6	4	6	6	3	6	5	6	6	4	3	1	1	3	5	5	5	4		6
102	2	23	6	6	2	2	3	3	3	4	4	4	6	6	5	5	4	6	4	6	6	6	4	6	6	2	6	6	6	2	2	1	1	5	5	6	6	6	5		6
103	2	20	2	2	2	2	2	2	2	2	2	2	2	2	3	3	4	3	4	4	2	3	3	3	3	3	2	4	3	5	1	1	1	1	5	5	6	6	6		5
104	1	30	5	5	5	5	5	4	4	4	6	6	4	4	6	4	6	6	4	6	4	4	6	6	5	6	3	5	4	4	4	1	5	5	5	6	4	4	4		5
105	2	25	3	5	3	5	5	2	5	5	3	3	4	3	3	4	5	6	4	5	5	4	5	6	1	4	4	5	4	2	1	1	3	4	5	4	4	4	5		5
106	2	23	3	4	2	3	2	2	6	6	6	3	4	4	4	4	6	4	4	3	5	5	4	4	5	2	2	2	2	4	4	5	3	5	5	5	5	5	5		6
107	2	25	1	1	1	1	1	1	1	1	1	1	1	3	1	5	1	1	1	1	1	1	1	1	3	2	6	3	6	6	1	3	5	3	1	1	1	1	2		2
108	2	25	6	5	4	6	4	1	3	5	6	6	6	6	2	5	5	5	6	6	4	6	2	5	5	4	5	3	2	2	1	2	2	2	4	3	3	3	4		4
109	1	35	6	6	2	6	1	1	1	6	6	6	6	6	6	1	6	6	6	1	1	6	6	6	6	5	6	6	6	6	6	1	1	6	6	6	6	1	1		4
110	1	30	3	2	3	3	2	2	3	3	4	2	3	4	2	2	3	2	3	2	3	3	2	3	2	5	3	4	4	3	2	3	3	4	4	3	4	4	3		2
111	2	28	3	3	2	3	3	3	4	4	3	3	3	5	3	5	4	2	3	3	3	3	4	3	3	5	3	6	5	3	4	4	4	1	2	3	4	4	3	2	4
112	2	25	5	5	3	4	4	2	2	4	6	5	4	4	4	5	3	5	6	6	6	4	4	5	4	4	4	3	4	1	2	3	4	4	3	3	2	4		4
113	1	25	3	4	1	4	3	3	3	4	5	5	4	3	4	4	3	4	5	4	4	4	5	5	5	5	4	5	4	3	1	3	5	5	5	4	4	5		5
114	1	25	5	4	4	4	2	4	5	5	5	5	6	4	3	5	5	5	6	4	5	4	5	4	4	5	2	1	4	3	2	1	2	4	3	4	5	4	5		5
115	1	30	4	5	4	5	4	4	5	5	4	5	5	5	5	5	5	5	5	4	5	5	4	5	5	4	3	2	1	1	4	5	5	5	3	4	4	4	4		4
116	2	25	4	4	3	4	4	3	4	4	5	5	4	4	4	5	4	4	4	5	5	4	4	4	5	4	1	1	4	5	5	5	3	5					5		5
117	2	24	6	3	3	4	6	5	3	3	3	4	5	5	3	6	5	6	6	5	6	6	4	6	3	4	5	3	5	5	6	1	3	6	1	2	3	3	1		5
118	1	28	4	5	4	4	4	5	4	4	5	5	4	4	4	5	4	4	4	4	6	4	5	4	6	4	6	4	4	4	3	1	3	5	4	4	5	4	3		5
119	2	28	2	3	2	2	5	3	2	3	5	5	5	5	5	5	3	5	6	3	4	4	3	3	3	4	5	4	4	3	3	4	4	3	5	4	5	4	3		5
120	2	25	5	4	4	4	5	5	5	5	6	6	5	4	4	5	5	6	4	4	5	5	5	5	5	4	5	4	4	1	1	4	4	4	4	4	5		5		5
121	1	26	4	5	2	3	4	3	5	4	4	4	4	6	5	5	5	5	4	5	4	3	4	2	6	6	4	6	6	5	6	4	5	4	4	4	4	4	4		5
122	1	30	4	2	2	3	2	3	3	4	3	4	4	4	4	6	5	5	5	5	4	5	4	3	4	3	3	2	3	2	3	4	4	4	4	3			4		4
123	2	25	3	3	2	2	3	3	4	5	5	6	6	6	6	6	6	5	5	3	4	6	5	5	6	6	6	6	6	5	6	3	3	5	5	6	6	6	5		5
124	1	25	5	5	2	4	3	6	6	4	6	6	5	6	6	6	6	3	4	6	4	6	6	3	5	6	6	6	6	6	5	5	6	3	3	5	5	6	3		6
125	1	25	5	5	2	4	6	3	6	4	6	5	6	6	6	6	3	4	6	6	6	6	3	5	6	6	6	6	6	6	5	5	6	3	5	5	5	6	2	2	6
126	1	25	2	3	5	3	4	5	4	5	5	6	4	5	6	4	5	4	5	6	5	6	6	4	6	6	6	6	5	6	3	2	6	3	5	3	3				6
127	1	26	2	2	5	5	2	5	4	5	5	5	5	5	5	3	4	5	6	2	5	5	2	5	5	5	5	4	2	5	5	5	3	3	1	2	3	4	4	2	5
128	1	26	5	5	4	4	4	5	4	4	5	5	6	6	6	5	6	6	5	6	6	5	4	6	5	3	5	5	3	3	1	2	3	4	4	4	2	3	5		5
129	1	26	4	4	4	4	5	4	4	4	4	4	3	4	3	3	4	3	4	4	2	3	2	5	5	5	4	4	2	2	2	2	4	3	4	3	1	3			6
130	1	28	2	2	4	4	2	2	2	5	5	5	6	4	4	4	4	5	4	4	2	3	2	6	5	5	4	2	2	2	4	2	4	2	4	3	1	3			5
131	1	28	5	5	3	4	4	5	5	4	5	5	5	4	4	4	4	4	5	4	4	4	3	3	5	5	3	2	3	5	4	5	3	5	5	5	5	5	5		6
132	1	30	4	4	4	4	5	6	4	4	6	4	5	3	4	4	4	4	5	4	4	3	4	4	5	4	3	2	3	5	5	5	5	5	3	5	5		4		5
133	2	26	5	5	4	5	5	5	5	6	6	5	5	5	4	5	6	6	6	5	6	5	7	5	2	1	3	5	5	4	4	3			4		4				4
134	2	23	5	6	4	4	5	5	5	6	6	4	5	6	5	6	6	5	6	6	5	6	5	6	5	2	1	3	5	5	4	4	3			4			4		5
135	2	23	6	5	4	5	5	5	5	6	6	5	6	5	5	6	5	6	6	5	6	6	6	3	2	1	1	1	4	4	4	5	4	4				4			5
136	2	27	1	1	1	1	1	1	1	1	1	1	1	1	1	1	1	1	1	1	1	3	2	4	2	4	6	3	3	6	6	1	1	6	6	4	6	5	5		3
137	2	26	5	4	1	1	4	3	3	4	2	3	5	3	6	6	6	6	4	4	6	5	5	5	4	6	4	6	3	1	4	5	5	5	4				5		5
138	2	25	4	4	4	4	4	3	5	4	3	6	6	6	5	4	6	5	5	5	4	5	5	2	5	4	6	3	1	4	5	5	5	4				5			5
139	2	26	2	2	1	2	3	2	3	4	5	5	3	4	3	2	3	2	5	5	4	4	3	2	2	5	5	5	3	1	5	3	3	4	4	4	4	4			5
140	2	25	3	2	3	3	3	4	3	4	4	4	5	4	5	3	4	4	5	5	3	2	2	5	5	5	3	1	5	3	3	4	4	5	5	3		5			5
141	2	24	2	3	2	2	2	3	2	2	3	5	5	5	5	4	6	3	5	4	3	4	2	6	6	5	2	1	6	4	5	4	5	2	3	5		5			5
142	2	24	4	5	3	4	4	2	4	5	6	5	5	5	4	6	3	3	3	6	6	6	6	5	2	1	6	4	5	4	5	5							5		5
143	1	27	2	5	4	3	5	4	5	5	5	5	1	5	5	5	5	5	1	1	4	3	4	3	2	3	5	5	5	4									5		5
144	1	27	3	4	4	4	3	3	4	4	4	5	5	5	5	5	4	5	5	5	3	5	3	3	1	2	3	2	5	5	4	4							5		5
145	1	28	5	6	4	5	6	6	6	6	6	6	6	6	6	6	6	6	6	6	6	3	2	2	2	2	5	6	4	4									5		5
146	2	23	6	6	3	5	6	6	6	6	6	6	6	6	6	6	6	6	6	6	6	6	3	6	2	2	3	4	4	4	3	5									4
147	2	25	5	3	4	4	4	3	5	3	3	3	4	5	4	4	3	4	6	3	4	3	5	5	5	6	3	5	6	5	4	4	4	2	3	4	4	3	5		4
148	1	25	5	3	4	4	4	6	3	6	5	5	4	4	5	4	5	3	4	4	4	4	6	6	3	4	3	5	3	6	6	6	5	5	4	4	6	4	6		4

2-2 項目分析 （平均値・標準偏差の算出と得点分布の確認）

夫婦生活調査票 38 項目の平均値と標準偏差を算出する．

■分析の指定

● ［分析(A)］ ⇒ ［記述統計(E)］ ⇒ ［記述統計(D)］

　▶ ［変数(V)：］欄に **A01** から **A38** までを指定し，　OK 　．

■出力結果の見方

（1）記述統計量が出力される．Excel にコピーしたものが次の表である．

記述統計量

	度数	最小値	最大値	平均値	標準偏差
A01_夫（妻）とはいつも一緒にいる	148	1	6	3.95	1.30
A02_相手の考えや気持ちをいつもわかってあげる	148	1	6	4.03	1.20
A03_相手のことならどんなことでも許せる	148	1	6	3.00	1.17
A04_相手のためなら何でもしてあげる	148	1	6	3.63	1.22
A05_ずっと恋人同士のような夫婦でいる	148	1	6	3.55	1.52
A06_結婚しても相手は自分だけをみている	148	1	6	3.19	1.29
A07_自分が相手を幸せにする	148	1	6	3.89	1.26
A08_相手に精神的安らぎを与える	148	1	6	4.01	1.22
A09_相手のことを心から尊敬する	148	1	6	4.11	1.21
A10_相手のことを心から愛する	148	1	6	4.57	1.26
A11_相手が悩んでいるときは親身になって一緒に考える	148	1	6	4.84	1.03
A12_お互いに優しい言葉をかけ合うようにする	148	1	6	4.49	1.07
A13_お互いのためになる意見を言うようにする	148	1	6	4.67	1.03
A14_悩みや迷いごとがある時は相手に相談する	148	1	6	4.60	1.12
A15_週末は夫婦そろって過ごす	148	1	6	4.09	1.26
A16_自分から相手に話題を提供して話をする	148	1	6	4.29	1.21
A17_嬉しいことを相手に報告する	148	1	6	5.01	1.14
A18_どんなに忙しくて疲れていても相手の話を聞いてあげる	148	1	6	4.14	1.29
A19_小さな出来事でもその日にあったことを相手に話す	148	1	6	4.07	1.30
A20_夫（妻）と買い物や旅行に行く	148	1	6	4.79	1.17
A21_常に相手の気持ちを考えて行動する	148	1	6	4.11	1.20
A22_二人で未来について一緒に計画を立てて実行していく	148	1	6	4.39	1.20
A23_結婚記念日や誕生日など特別な日を覚えていて大事にする	148	1	6	4.76	1.23
A24_夫と妻が家事を同等に行う	148	1	6	3.93	1.28
A25_結婚生活の重要事項は二人で決める	148	3	6	5.10	0.82
A26_相手の才能と能力を認め，それを伸ばすための手助けをする	148	2	6	4.68	0.96
A27_夫婦二人で将来のための貯えをしていく	148	2	6	5.02	0.87
A28_相手の仕事や活動を理解し，支えていく	148	2	6	4.85	0.94
A29_妻が外で働く	148	1	6	4.20	1.28
A30_夫も妻も同等に稼ぐ	148	1	6	3.90	1.39
A31_夫が家庭に入る	148	1	6	2.28	1.27
A32_結婚後，妻は夫の姓を名乗らず旧姓で通す	148	1	6	2.45	1.43
A33_妻は子どもが生まれても仕事を続ける	148	1	6	3.72	1.47
A34_二人で十分な収入を得ている	148	1	6	4.40	1.14
A35_毎月ある程度の貯金ができる	148	1	6	4.47	1.05
A36_子どもを産み，育てることができるだけの十分な金銭がある	148	1	6	4.40	1.13
A37_欲しい物は我慢しないで買うことができる	148	1	6	3.61	1.07
A38_一般的な家庭以上の暮らしができる	148	1	6	3.82	1.12

- 得点範囲は1点から6点なので，最小値が2点や3点になっている質問項目は「まったく当てはまらない」「当てはまらない」という回答が得られていないことを意味する．
- また，平均値が5点を超えるようであれば，得点分布が高いほうへ偏っていることを示唆する．
- このあたりのことを確認するために，得点分布を確認してみよう．

■分析の指定

- ［分析(A)］ ⇒ ［記述統計(E)］ ⇒ ［探索的(E)］ を選択．
    ▶ ［従属変数(D)：］欄に A01 から A38 までを指定する．
    ▶ 作図(T) ⇒ ［記述統計］の［ヒストグラム(D)］をチェック ⇒ 続行 ．
    ▶ OK をクリック．

■出力結果の見方

記述統計量なども出力されるが，ここではヒストグラムをチェックしよう．

- たとえば，A01 と A02 のヒストグラムは次のようになる．完全に左右対称ではないものの，中央付近に回答が集まる得点分布を示している．

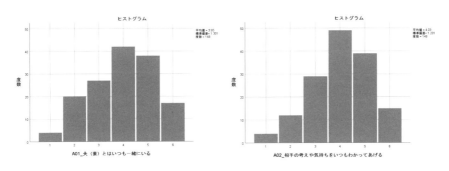

- 平均値が5を超えていた，A17 と A25 の得点分布は次のようになる．
    ▶ 多くの回答が5と6の選択肢に集中している．

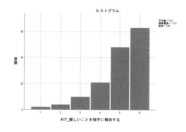

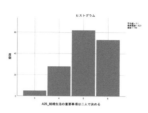

● また，最低点が 2 以上であった他の 3 項目（A26, A27, A28）については次のような得点分布になる．

▸ A17 のように，一番端の得点に多くの回答が集まっているわけではないが，1，2，3 の選択肢への回答が非常に少ないことがわかる．

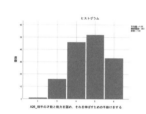

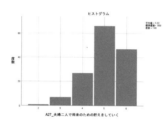

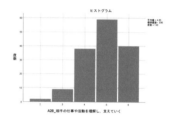

● 逆に，低い得点へ集中する質問項目もある（A31 と A32）．

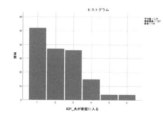

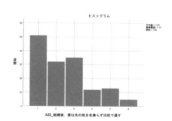

● 厳密に考えればこれらの項目を分析から除外したいところかもしれないが，いずれの質問項目も，夫婦生活を把握する上で欠かせないように思える．このまま分析を進めてみよう．

Section 3 因子分析の実行

3-1 1回目の因子分析 （因子数の検討）

■分析の指定

● ［分析（A）］ ⇒ ［次元分解］ ⇒ ［因子分析（F）］ を選択．

  ▶ ［変数（V）:］欄に，全38項目を指定する．

  ▶ 因子抽出（E） ⇒ ［方法（M）:］は主因子法（他の手法については，各自で試してみること），［表示］の［スクリープロット（S）］にチェックを入れて， 続行 ．

  ▶ OK をクリック．

■出力結果の見方

（1）説明された分散の合計の初期の固有値を見る．

説明された分散の合計

因子	初期の固有値			抽出後の負荷量平方和		
	合計	分散の %	累積 %	合計	分散の %	累積 %
1	12.666	33.333	33.333	12.290	32.343	32.343
2	3.604	9.485	42.818	3.243	8.533	40.876
3	2.537	6.678	49.495	2.163	5.693	46.569
4	1.961	5.160	54.655	1.519	3.997	50.566
5	1.686	4.436	59.091	1.312	3.452	54.018
6	1.217	3.202	62.293	.834	2.194	56.212
7	1.179	3.103	65.396	.677	1.782	57.994
8	1.026	2.699	68.095	.633	1.665	59.659
9	.958	2.522	70.618			

  ▶ 固有値の変化を見ていくと，第3因子までの**累積%**が49.50%と，ほぼ50%となっていることがわかる．

▸ 第3因子と第4因子の差は .576，第4因子と第5因子の差は .275，第5因子と第6因子の差は .469，第6因子と第7因子の差は .038 となっており，第5因子と第6因子の間の差がやや大きくなっている．

(2) スクリープロットを見る．

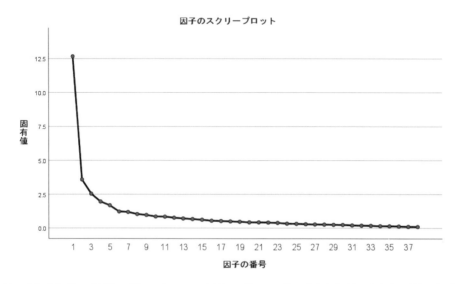

▸ 第3因子と第4因子の間のグラフの傾きに比べ，第4因子と第5因子の間の傾きがやや小さくなっている．

▸ 第5因子と第6因子の間のグラフの傾きが前後に比べてやや大きくなっていることがわかる．

▸ 以上のことから，3因子構造または5因子構造が考えられる．

▸ 今後の因子分析で重要なことは……

　◆ 単純構造を示すこと．つまり因子負荷量の高い・低いが明確でメリハリのある負荷量行列となっていることである．

　◆ 因子の解釈可能性を考慮すること．つまり，得られた因子をうまく解釈することができるかどうかを考えることである．

3−2　2回目の因子分析 (Promax 回転)

先の結果をふまえ，3因子構造と5因子構造の因子分析を比較してみよう．

■分析の指定
(1) まずは3因子を仮定した因子分析を行う．
- ［分析(A)］ ⇒ ［次元分解］ ⇒ ［因子分析(F)］ を選択．
  - ▸ 因子抽出(E) ウィンドウの指定は……
    - ◆ ［方法(M):］は先ほどと同じ主因子法．
    - ◆ ［抽出の基準］の［因子の固定数(N)］をクリックし，枠に3と入力する ⇒ 続行 ．
  - ▸ 回転(T) ウィンドウは，［プロマックス(P)］を指定する ⇒ 続行 ．
  - ▸ オプション(O) ⇒ ［係数の表示書式］で［サイズによる並び替え(S)］にチェックを入れる ⇒ 続行 ．
  - ▸ OK をクリックする．
(2) 次に，5因子を仮定した因子分析を行う．
- ［分析(A)］ ⇒ ［次元分解］ ⇒ ［因子分析(F)］ を選択．
  - ▸ 分析の指定方法は同じ．
  - ▸ ［抽出の基準］の［因子の固定数(N)］を5とする．

■出力結果の見方
(1) 3因子を指定した因子分析結果からパターン行列を見る．
  - ▸ パターン行列と因子間相関行列を Excel で整理したものが次ページの表である．
  - ▸ 因子負荷量が .35 以上の数値を太字で，いずれの因子に対しても .35 以上の負荷量を示さなかった項目をグレーで示してある．
    - ◆ A25 と A31 がいずれの因子に対しても高い負荷量を示していない．
    - ◆ 複数の因子に高い負荷量を示す項目は見当たらない．

	I	II	III
A10_相手のことを心から愛する	**.79**	-.02	.04
A21_常に相手の気持ちを考えて行動する	**.79**	-.16	.04
A11_相手が悩んでいるときは親身になって一緒に考える	**.78**	-.02	-.01
A09_相手のことを心から尊敬する	**.76**	-.02	.12
A12_お互いに優しい言葉をかけ合うようにする	**.76**	-.05	.06
A14_悩みや迷いごとがある時は相手に相談する	**.72**	.02	-.01
A17_嬉しいことを相手に報告する	**.71**	.00	.04
A18_どんなに忙しくて疲れていても相手の話を聞いてあげる	**.71**	-.08	.20
A04_相手のためなら何でもしてあげる	**.69**	-.13	.01
A20_夫（妻）と買い物や旅行に行く	**.68**	.08	-.04
A08_相手に精神的安らぎを与える	**.68**	.10	-.05
A01_夫（妻）とはいつも一緒にいる	**.68**	-.08	-.19
A16_自分から相手に話題を提供して話をする	**.67**	-.06	.07
A22_二人で未来について一緒に計画を立てて実行していく	**.67**	.12	-.06
A19_小さな出来事でもその日にあったことを相手に話す	**.66**	-.02	-.12
A07_自分が相手を幸せにする	**.65**	.14	-.11
A23_結婚記念日や誕生日など特別な日を覚えていて大事にする	**.64**	.07	-.04
A06_結婚しても相手は自分だけをみている	**.62**	-.11	-.15
A02_相手の考えや気持ちをいつもわかってあげる	**.62**	.09	-.12
A26_相手の才能と能力を認め，それを伸ばすための手助けをする	**.61**	.11	.14
A05_ずっと恋人同士のような夫婦でいる	**.60**	-.02	-.15
A13_お互いのためになる意見を言うようにする	**.56**	.04	.11
A15_週末は夫婦そろって過ごす	**.54**	.01	-.12
A03_相手のことならどんなことでも許せる	**.46**	-.10	-.02
A28_相手の仕事や活動を理解し，支えていく	**.45**	.31	.11
A25_結婚生活の重要事項は二人で決める	.30	.22	.04
A34_二人で十分な収入を得ている	-.13	**.85**	.16
A36_子どもを産み，育てることができるだけの十分な金銭がある	-.02	**.82**	-.07
A35_毎月ある程度の貯金ができる	.02	**.80**	.08
A38_一般的な家庭以上の暮らしができる	-.10	**.64**	-.21
A37_欲しい物は我慢しないで買うことができる	-.09	**.60**	-.21
A27_夫婦二人で将来のための貯えをしていく	.15	**.52**	.03
A30_夫も妻も同等に稼ぐ	-.05	.00	**.85**
A33_妻は子どもが生まれても仕事を続ける	.00	-.12	**.78**
A29_妻が外で働く	-.07	.00	**.77**
A24_夫と妻が家事を同等に行う	.14	.19	**.40**
A32_結婚後，妻は夫の姓を名乗らず旧姓で通す	-.15	-.14	**.39**
A31_夫が家庭に入る	.01	-.20	.22

因子間相関	I	II	III
I	—	.44	.04
II		—	.27
III			—

(2) 5因子を指定した因子分析結果から**パターン行列**を見る.

▸ **パターン行列**と**因子間相関行列**を Excel で整理したものが次ページの表である.

▸ 因子負荷量が .35 以上の数値を太字で，いずれの因子に対しても .35 以上の負荷量を示さなかった項目を薄いグレー，2つ以上の因子に .35 以上の負荷量を示した項目を濃いグレーで示してある.

▶ この因子分析結果から次の問題点が明らかになる.

    ◆ いずれの因子に対しても高い負荷量を示していない項目が3つある.

    ◆ 複数因子に高い負荷量を示した項目が8つある.

	I	II	III	IV	V
A15_週末は夫婦そろって過ごす	**.82**	-.23	.10	-.05	.04
A20_夫(妻)と買い物や旅行に行く	**.76**	.17	.05	-.18	.03
A23_結婚記念日や誕生日など特別な日を覚えていて大事にする	**.70**	.04	.09	-.03	.06
A19_小さな出来事でもその日にあったことを相手に話す	**.68**	.06	.00	-.05	-.04
A05_ずっと恋人同士のような夫婦でいる	**.67**	-.25	.12	.24	.02
A17_嬉しいことを相手に報告する	**.65**	**.39**	-.10	-.26	.03
A16_自分から相手に話題を提供して話をする	**.64**	.20	-.08	-.12	.10
A01_夫(妻)とはいつも一緒にいる	**.63**	.00	-.02	.10	-.10
A06_結婚しても相手は自分だけをみている	**.50**	-.17	.04	**.36**	-.03
A14_悩みや迷いごとがある時に相手に相談する	**.44**	**.39**	-.03	.01	-.03
A22_二人で未来について一緒に計画を立てて実行していく	**.43**	**.37**	.06	.00	-.07
A12_お互いに優しい言葉をかけ合うようにする	**.42**	**.41**	-.10	-.04	.02
A10_相手のことを心から愛する	**.39**	.35	-.03	.20	.04
A07_自分が相手を幸せにする	.32	.19	.17	.31	-.06
A02_相手の考えや気持ちをいつもわかってあげる	.30	.27	.08	.19	-.11
A26_相手の才能と能力を認め、それを伸ばすための手助けをする	.06	**.73**	-.05	.02	.01
A28_相手の仕事や活動を理解し、支えていく	-.21	**.72**	.17	.22	-.02
A11_相手が悩んでいるときは親身になって一緒に考える	.21	**.65**	-.13	.10	-.12
A27_夫婦二人で将来のための貯えをしていく	-.14	**.63**	.32	-.12	-.07
A09_相手のことを心から尊敬する	.08	**.58**	-.08	.31	.04
A13_お互いのためになる意見を言うようにする	.22	**.52**	-.07	-.05	.11
A25_結婚生活の重要事項は二人で決める	.14	**.44**	.08	.00	.10
A21_常に相手の気持ちを考えて行動する	.13	**.44**	-.16	**.39**	-.03
A18_どんなに忙しくて疲れていても相手の話を聞いてあげる	.15	**.42**	-.09	.31	.14
A37_欲しい物は我慢しないで買うことができる	.24	-**.36**	**.72**	.14	-.04
A34_二人で十分な収入を得ている	-.17	.32	**.71**	.00	.17
A38_一般的な家庭以上の暮らしができる	.14	-.15	**.66**	.06	-.09
A35_毎月ある程度の貯金ができる	-.01	.32	**.66**	-.02	.10
A36_子どもを産み、育てることができるだけの十分な金銭がある	-.06	**.40**	**.63**	-.10	-.08
A03_相手のことならどんなことでも許せる	-.10	-.04	.06	**.78**	.03
A04_相手のためなら何でもしてあげる	.02	.13	-.01	**.76**	.03
A08_相手に精神的安らぎを与える	.20	.33	.10	**.36**	-.05
A30_夫も妻も同等に稼ぐ	-.02	.03	.02	-.02	**.85**
A33_妻は子どもが生まれても仕事を続ける	-.04	-.04	-.05	.10	**.79**
A29_妻が外で働く	.06	.04	-.01	-.16	**.77**
A32_結婚後、妻は夫の姓を名乗らず旧姓で通す	-.18	-.27	-.01	.28	**.45**
A24_夫と妻が家事を同等に行う	.21	.08	.18	-.06	**.44**
A31_夫が家庭に入る	.12	-.30	-.07	.14	.30

注)A10の第2因子の負荷量は.345である.

因子間相関	I	II	III	IV	V
I	—	.60	.16	.57	-.10
II		—	.28	.41	.14
III			—	.06	.15
IV				—	-.09
V					—

3-3　3因子と5因子の結果を比較する

3因子と5因子，いずれの因子分析を採用すればよいのだろうか？
ここでは，単純構造と因子の解釈可能性という2点から考察してみよう．

■単純構造の観点から……

- できれば，複数因子に高い負荷量を示す項目の存在は避けたい．
- 5因子構造の第1因子と第2・第4因子が，3因子構造では1つの因子を構成している．
  - ▶ 5因子構造の第1因子と第2因子の類似性は，$r = .60$という高い因子間相関に表れている．
  - ▶ 5因子構造の第1因子と第5因子の因子間相関も，$r = .57$と高い値を示している．
  - ▶ 複数の因子に高い負荷量を示す項目が存在するのは，単一の因子を無理に複数に分けようとしているからだ，とも考えられる．

■因子の解釈可能性の観点から……

- 3因子構造の結果は，第1因子が相手への信頼やコミュニケーション，愛情に関する内容，第2因子が収入に関する内容，第3因子が夫婦の平等意識に関する内容と，各因子が明確に異なる内容を表現しているようだ．
- 一方で5因子構造の結果では，相手への信頼やコミュニケーション，愛情に関する内容が第1，第2，第4因子に分散しており，やや解釈がしづらいかもしれない．
  以上のことから，今回の分析では<u>3因子構造を採用</u>してみよう．

- ただし，必ずしも3因子構造が決定的なものであるわけではない．
- あくまでも，今回用いた項目で今回の調査対象群から得られたデータから考えると，3因子構造が望ましいのではないかということにすぎない．
- 調査対象群が異なったり今回の調査項目以外の項目を含めれば，当然，因子構造は変わってくる．
- 今回のデータで5因子解を採用した場合に，このまま分析を進めたらどうなるか，ぜひ各自で確かめてみよう．

3-4 3回目の因子分析

　因子数を 3 とし，先ほどの因子分析でいずれの因子に対しても高い負荷量を示さなかった A25 と A31 を分析から除外して再度，因子分析を行う．

■分析の指定

● ［分析(A)］ ⇒ ［次元分解］ ⇒ ［因子分析(F)］ を選択．

> ▸ ［変数(V):］に今回除外する A25，A31 を除いた 36 項目を指定する．
>
> ▸ 因子抽出(E) ウィンドウの指定は……
>
> > ◆［方法(M):］は先ほどと同じ主因子法．
> >
> > ◆［抽出の基準］の［因子の固定数(N)］をクリックし，枠に 3 と入力する ⇒ 続行 ．
>
> ▸ 回転(T) ウィンドウは，［プロマックス(P)］を指定する ⇒ 続行 ．
>
> ▸ オプション(O) ⇒ ［係数の表示書式］で［サイズによる並び替え(S)］にチェックを入れる ⇒ 続行 ．
>
> ▸ OK をクリックする．

■出力結果の見方

(1) パターン行列と因子相関行列をまとめると次ページの表のようになる．

> ▸ ここに示されているすべての項目が，ある因子に .35 以上の負荷量を示し，それ以外の因子には高い負荷量を示していない．

　因子負荷量が単純構造に近いかたちとなっているので，今回はこの結果を採用しよう．

	I	II	III
21. 常に相手の気持ちを考えて行動する	**.79**	-.16	.04
10. 相手のことを心から愛する	**.79**	-.03	.04
11. 相手が悩んでいるときは親身になって一緒に考える	**.79**	-.05	.00
9. 相手のことを心から尊敬する	**.77**	-.04	.14
12. お互いに優しい言葉をかけ合うようにする	**.76**	-.06	.06
14. 悩みや迷いごとがある時は相手に相談する	**.72**	.02	-.01
17. 嬉しいことを相手に報告する	**.72**	-.02	.05
18. どんなに忙しくて疲れていても相手の話を聞いてあげる	**.71**	-.08	.20
20. 夫（妻）と買い物や旅行に行く	**.69**	.07	-.04
22. 二人で未来について一緒に計画を立てて実行していく	**.68**	.10	-.05
4. 相手のためなら何でもしてあげる	**.68**	-.11	-.02
8. 相手に精神的安らぎを与える	**.68**	.11	-.06
1. 夫（妻）とはいつも一緒にいる	**.67**	-.06	-.21
16. 自分から相手に話題を提供して話をする	**.67**	-.06	.07
19. 小さな出来事でもその日にあったことを相手に話す	**.66**	-.01	-.13
7. 自分が相手を幸せにする	**.65**	.15	-.11
23. 結婚記念日や誕生日など特別な日を覚えていて大事にする	**.64**	.07	-.04
26. 相手の才能と能力を認め、それを伸ばすための手助けをする	**.63**	.07	.16
2. 相手の考えや気持ちをいつもわかってあげる	**.62**	.09	-.12
6. 結婚しても相手は自分だけをみている	**.61**	-.08	-.18
5. ずっと恋人同士のような夫婦でいる	**.59**	-.01	-.17
13. お互いのためになる意見を言うようにする	**.57**	.02	.20
15. 週末は夫婦そろって過ごす	**.53**	.03	-.15
28. 相手の仕事や活動を理解し、支えていく	**.47**	.27	.14
3. 相手のことならどんなことでも許せる	**.45**	-.06	-.04
34. 二人で十分な収入を得ている	-.11	**.84**	.19
35. 毎月ある程度の貯金ができる	.04	**.79**	.11
36. 子どもを産み、育てることができるだけの十分な金銭がある	.01	**.78**	-.03
38. 一般的な家庭以上の暮らしができる	-.10	**.67**	-.22
37. 欲しい物は我慢しないで買うことができる	-.10	**.65**	-.23
27. 夫婦二人で将来のための貯えをしていく	.17	**.47**	.07
30. 夫も妻も同等に稼ぐ	-.05	-.01	**.85**
29. 妻が外で働く	-.07	-.02	**.77**
33. 妻は子どもが生まれても仕事を続ける	-.01	-.11	**.76**
24. 夫と妻が家事を同等に行う	.14	.20	**.39**
32. 結婚後、妻は夫の姓を名乗らず旧姓で通す	-.17	-.10	**.35**

因子間相関	I	II	III
I	—	.43	.05
II		—	.26
III			—

(2) そこで今度は，説明された分散の合計の抽出後の負荷量平方和の累積％を見る．

説明された分散の合計

因子	初期の固有値			抽出後の負荷量平方和			回転後の負荷量平方和[a]
	合計	分散の %	累積 %	合計	分散の %	累積 %	合計
1	12.476	34.655	34.655	11.966	33.239	33.239	11.803
2	3.578	9.938	44.593	3.147	8.742	41.981	5.406
3	2.471	6.863	51.455	1.991	5.531	47.513	2.828
4	1.814	5.038	56.493				
5	1.678	4.662	61.155				

▶ 回転前（抽出後）の3因子で，36項目の全分散の47.51％を説明している．

3-5 結果の記述1（夫婦生活調査票の分析）

注）得点分布の偏りにもとづいて項目を削除した場合は，そのことを明示する（後述）.

1. 夫婦生活調査票の分析

　まず，夫婦生活調査票38項目の平均値，標準偏差を算出し，得点分布を確認した．いくつかの項目で得点の偏りが見られたが，いずれの項目も，夫婦の生活状況を把握する上で重要な内容が含まれていると判断し，すべての項目を以降の分析の対象とした．

　次に，夫婦生活調査票38項目に対して主因子法による因子分析を行った．固有値の変化（12.67, 3.60, 2.54, 1.96, 1.69, 1.22, …）と因子の解釈可能性を考慮すると，3因子構造が妥当であると考えられた．そこで再度3因子を仮定して主因子法・Promax回転による因子分析を行った．その結果，十分な因子負荷量を示さなかった2項目を分析から除外し，残りの36項目に対して再度主因子法・Promax回転による因子分析を行った．Promax回転後の最終的な因子パターンと因子間相関をTable 1に示す．なお，回転前の3因子で36項目の全分散を説明する割合は47.51％であった．

　第1因子は25項目で構成されており，相手の気持ちを考えることや相手に対する愛情，相手に対する尊敬などを表す項目が高い負荷量を示していた．そこで「愛情」因子と命名した．第2因子は6項目で構成されており，家庭収入や貯金を表す内容の項目が高い負荷量を示していた．そこで「収入」因子と命名した．第3因子は5項目で構成されており，「夫も妻も同等に稼ぐ」など夫婦の平等意識に関する内容の項目が高い負荷量を示していた．そこで「夫婦平等」因子と命名した．

　因子間の相関関係について検討すると，第1因子「愛情」と第2因子「収入」との間に中程度の正の相関，第2因子「収入」と第3因子「夫婦平等」との間に低い正の相関が見られた．「愛情」と「夫婦平等」の因子間の相関係数は0に近い値であった．

Table 1 夫婦生活調査票の因子分析結果（Promax 回転後の因子パターン）

	I	II	III
21. 常に相手の気持ちを考えて行動する	**.79**	-.16	.04
10. 相手のことを心から愛する	**.79**	-.03	.04
11. 相手が悩んでいるときは親身になって一緒に考える	**.79**	-.05	.00
9. 相手のことを心から尊敬する	**.77**	-.04	.14
12. お互いに優しい言葉をかけ合うようにする	**.76**	-.06	.06
14. 悩みや迷いごとがある時は相手に相談する	**.72**	.02	-.01
17. 嬉しいことを相手に報告する	**.72**	-.02	.05
18. どんなに忙しくて疲れていても相手の話を聞いてあげる	**.71**	-.08	.20
20. 夫（妻）と買い物や旅行に行く	**.69**	.07	-.04
22. 二人で未来について一緒に計画を立てて実行していく	**.68**	.10	-.05
4. 相手のためなら何でもしてあげる	**.68**	-.11	-.02
8. 相手に精神的安らぎを与える	**.68**	.11	-.06
1. 夫（妻）とはいつも一緒にいる	**.67**	-.06	-.21
16. 自分から相手に話題を提供して話をする	**.67**	-.06	.07
19. 小さな出来事でもその日にあったことを相手に話す	**.66**	-.01	-.13
7. 自分が相手を幸せにする	**.65**	.15	-.11
23. 結婚記念日や誕生日など特別な日を覚えていて大事にする	**.64**	.07	-.04
26. 相手の才能と能力を認め，それを伸ばすための手助けをする	**.63**	.07	.16
2. 相手の考えや気持ちをいつもわかってあげる	**.62**	.09	-.12
6. 結婚しても相手は自分だけをみている	**.61**	-.08	-.18
5. ずっと恋人同士のような夫婦でいる	**.59**	.01	-.17
13. お互いのためになる意見を言うようにする	**.57**	.02	.20
15. 週末は夫婦そろって過ごす	**.53**	.03	-.15
28. 相手の仕事や活動を理解し，支えていく	**.47**	.27	.14
3. 相手のことならどんなことでも許せる	**.45**	-.06	-.04
34. 二人で十分な収入を得ている	-.11	**.84**	.19
35. 毎月ある程度の貯金ができる	.04	**.79**	.11
36. 子どもを産み，育てることができるだけの十分な金銭がある	.01	**.78**	-.03
38. 一般的な家庭以上の暮らしができる	-.10	**.67**	-.22
37. 欲しい物は我慢しないで買うことができる	-.10	**.65**	-.23
27. 夫婦二人で将来のための貯えをしていく	.17	**.47**	.07
30. 夫も妻も同等に稼ぐ	-.05	-.01	**.85**
29. 妻が外で働く	-.07	-.02	**.77**
33. 妻は子どもが生まれても仕事を続ける	-.01	-.11	**.76**
24. 夫と妻が家事を同等に行う	.14	.20	**.39**
32. 結婚後，妻は夫の姓を名乗らず旧姓で通す	-.17	-.10	**.35**

因子間相関	I	II	III
I	—	.43	.05
II		—	.26
III			—

<**得点分布の偏りに基づいて項目を削除した場合には……**>

冒頭部分を，次のように変更するとよいだろう．

> まず，夫婦生活調査票38項目の平均値，標準偏差を算出し，得点分布を確認した．
> ○項目で天井効果やフロア効果と考えられる得点分布の偏りが見られた．そこでこ
> れらの項目を以降の分析から除外した．

因子分析に投入する項目が異なれば，最終的な結論も変わってくるかもしれない．

最初から分析に用いる項目を削除してしまうのではなく，いくつかの可能性をふまえて何度
も分析をくり返してみるのがよいだろう．

では次に，ここで得られた3因子から下位尺度を設定していこう．

Section 4 内的整合性の検討

3因子構造の因子分析結果をふまえて，夫婦生活調査票の内的整合性を検討する．

4-1 夫婦生活調査票の内的整合性

愛情下位尺度 ………… A01, A02, A03, A04, A05, A06, A07, A08, A09, A10, A11, A12, A13, A14, A15, A16, A17, A18, A19, A20, A21, A22, A23, A26, A28 の25項目．

収入下位尺度 ………… A27, A34, A35, A36, A37, A38 の6項目．

夫婦平等下位尺度 …… A24, A29, A30, A32, A33　の5項目．

■分析の指定

- ［分析(A)］ ⇒ ［尺度(A)］ ⇒ ［信頼性分析(R)］ を選択．
  - ▶ ［項目(I)：］にそれぞれの下位尺度に相当する変数を指定．［モデル(M)：］はアルファ．
  - ▶ 統計量(S) をクリック．
    - ◆ ［記述統計］の［スケール(S)］［項目を削除したときのスケール(A)］と，［項目間］の［相関(L)］にチェックを入れて， 続行 ．
  - ▶ OK をクリック．
- この分析をそれぞれの下位尺度についてくり返す（シンタックスを利用[p.52 参照]）．

■出力結果の見方

(1) 愛情下位尺度の信頼性統計量を見る．
  - ▶ α係数は .95 と十分に高い値を示している．

(2) 収入下位尺度の信頼性統計量を見る．
  - ▶ α係数は .84 であり，十分な値であるといえるだろう．
  - ▶ なお，項目合計統計量を見ると A27 を除いたときにα係数がほんの少しだけ上昇する．しかしこれは許容範囲内だろう．

信頼性統計量

Cronbach の アルファ	標準化された 項目に基づい た Cronbach のアルファ	項目の数
.951	.952	25

信頼性統計量

Cronbach の アルファ	標準化された 項目に基づい た Cronbach のアルファ	項目の数
.840	.837	6

項目合計統計量

	項目が削除された場合の尺度の平均値	項目が削除された場合の尺度の分散	修正済み項目合計相関	重相関の2乗	項目が削除された場合のCronbachのアルファ
A27_夫婦二人で将来のための貯えをしていく	20.70	18.550	.456	.274	.841
A34_二人で十分な収入を得ている	21.32	14.901	.745	.650	.786
A35_毎月ある程度の貯金ができる	21.26	15.457	.744	.632	.788
A36_子どもを産み、育てることができるだけの十分な金銭がある	21.32	15.241	.703	.556	.795
A37_欲しい物は我慢しないで買うことができる	22.11	17.009	.516	.415	.833
A38_一般的な家庭以上の暮らしができる	21.90	16.541	.543	.419	.829

(3) 夫婦平等下位尺度の**信頼性統計量**を見る.

- ▶ α係数は.78であり，まずまずのレベルだといえる.
- ▶ 項目間の相関行列を見ると，**A32**と他の項目との間の相関がやや低めになっている.

信頼性統計量

Cronbachのアルファ	標準化された項目に基づいたCronbachのアルファ	項目の数
.776	.776	5

項目間の相関行列

	A24_夫と妻が家事を同等に行う	A29_妻が外で働く	A30_夫も妻も同等に稼ぐ	A32_結婚後、妻は夫の姓を名乗らず旧姓で通す	A33_妻は子どもが生まれても仕事を続ける
A24_夫と妻が家事を同等に行う	1.000	.278	.400	.141	.376
A29_妻が外で働く	.278	1.000	.738	.259	.634
A30_夫も妻も同等に稼ぐ	.400	.738	1.000	.345	.621
A32_結婚後、妻は夫の姓を名乗らず旧姓で通す	.141	.259	.345	1.000	.304
A33_妻は子どもが生まれても仕事を続ける	.376	.634	.621	.304	1.000

- ▶ 項目合計統計量を見ると，**A32**を除いたときのα係数が.81となっている.

項目合計統計量

	項目が削除された場合の尺度の平均値	項目が削除された場合の尺度の分散	修正済み項目合計相関	重相関の2乗	項目が削除された場合のCronbachのアルファ
A24_夫と妻が家事を同等に行う	14.27	18.892	.383	.194	.785
A29_妻が外で働く	14.00	16.299	.664	.599	.698
A30_夫も妻も同等に稼ぐ	14.30	14.931	.741	.622	.665
A32_結婚後、妻は夫の姓を名乗らず旧姓で通す	15.74	18.655	.333	.134	.807
A33_妻は子どもが生まれても仕事を続ける	14.47	15.067	.668	.484	.691

- ◆ この項目については外すかどうか，微妙なところだろう.
- ◆ 下位尺度の内容として含むべきだと考えれば残せばよい.
- ◆ **A32**を除いても下位尺度の内容の広がりが維持されると考え，α係数の上昇を重視すれば，この項目を外すと判断する.
- ◆ 今回はとりあえずこの項目を含めたまま，分析を続けていこう.

　相互相関を算出する前に，夫婦関係調査票の下位尺度得点を算出する．

　下位尺度に含まれる項目数が大きく異なっているため，項目平均値（項目合計得点を項目数で割る）を下位尺度得点とするように計算していこう．

5-1 下位尺度得点の算出

■算出の方法

- ［変換(T)］　⇒　［変数の計算(C)…］を選択.
  - ▶［目標変数(T):］に下位尺度名を入力.
  - ▶［数式(E):］に下位尺度得点（項目平均値）を算出する数式を入力する.
    - ◆項目得点を合計し，項目数で割る.
  - ▶ OK をクリックし，変数が新たにつけ加わっていることを確認する.
- 愛情・収入・夫婦平等，それぞれについて計算を行う.
  - ▶ 愛情　＝　(A01 ＋ A02 ＋ A03 ＋ A04 ＋ A05 ＋ A06 ＋ A07 ＋ A08 ＋ A09 ＋ A10 ＋ A11 ＋ A12 ＋ A13 ＋ A14＋ A15 ＋ A16 ＋ A17 ＋ A18 ＋ A19 ＋ A20 ＋ A21 ＋ A22 ＋ A23 ＋ A26 ＋ A28) / 25
  - ▶ 収入　＝　(A27 ＋ A34 ＋ A35 ＋ A36 ＋ A37 ＋ A38) / 6
  - ▶ 夫婦平等　＝　(A24 ＋ A29 ＋ A30 ＋ A32 ＋ A33) / 5

A37	A38	満足度	愛情	収入	夫婦平等
3	4	5	3.76	3.83	3.80
2	1	6	4.44	2.50	2.80
4	4	4	4.16	4.00	2.80
3	4	5	4.04	4.50	2.20
5	5	4	4.24	4.67	2.00
3	4	5	4.04	4.50	4.80

5-2 t検定

下位尺度得点を算出したら，t 検定で男女差を検討しよう.

ここでは，夫婦生活の満足度得点についても男女差を検討する.

■分析の指定

● ［分析(A)］ ⇒ ［平均の比較(M)］ ⇒ ［独立したサンプルの t 検定(T)］ を選択.

▶ ［検定変数(T):］に満足度・愛情・収入・夫婦平
等の 4 変数を指定する.

▶ ［グループ化変数(G):］に性別を指定.

◆ グループの定義(D) をクリック.

◆ ［グループ 1］に 1，［グループ 2］に 2 を入
力 ⇒ 続行 .

▶ OK をクリック.

■出力結果の見方

(1) グループ統計量を見ると，男女であまり大きな得点差
は見られない.

(2) 独立サンプルの検定の有意確率（両側）を見ると，い
ずれの得点についても有意な男女差は見られなかった.

グループ統計量

	性別	度数	平均値	標準偏差	平均値の標準誤差
満足度	女性	80	4.65	.956	.107
	男性	68	4.37	1.208	.147
愛情	女性	80	4.2865	.69353	.07754
	男性	68	4.1606	.92963	.11273
収入	女性	80	4.2979	.78429	.08769
	男性	68	4.2745	.81179	.09844
夫婦平等	女性	80	3.6825	1.02757	.11489
	男性	68	3.5882	.96313	.11680

独立サンプルの検定

		等分散性のための Levene の検定		2 つの母平均の差の検定					差の 95% 信頼区間	
		F 値	有意確率	t 値	自由度	有意確率（両側)	平均値の差	差の標準誤差	下限	上限
満足度	等分散を仮定する	4.192	.042	1.586	146	.115	.282	.178	-.069	.634
	等分散を仮定しない			1.557	126.822	.122	.282	.181	-.077	.641
愛情	等分散を仮定する	5.838	.017	.942	146	.348	.12591	.13368	-.13829	.39011
	等分散を仮定しない			.920	122.194	.359	.12591	.13683	-.14495	.39677
収入	等分散を仮定する	.000	.999	.178	146	.859	.02341	.13146	-.23641	.28322
	等分散を仮定しない			.178	140.488	.859	.02341	.13183	-.23723	.28404
夫婦平等	等分散を仮定する	1.590	.209	.572	146	.568	.09426	.16470	-.23123	.41976
	等分散を仮定しない			.575	144.582	.566	.09426	.16383	-.22955	.41808

▶ なお，結果を記述する際には，満足度と愛情の等分散性の検定が有意となっているので，
この 2 得点については等分散を仮定しないの部分を参照すること.

▶ それぞれの得点について効果量 d も算出してみよう. 効果量については p.62 を参照.

5-3 男女込みの相関

次に，夫婦関係調査票の3下位尺度得点と**満足度**得点の男女込みの平均値，標準偏差，相互相関を検討しよう.

■分析の指定

- ［分析(A)］ ⇒ ［相関(C)］ ⇒ ［2変量(B)］ を選択.
  - ▶ ［変数(U):］に満足度・愛情・収入・夫婦平等の4変数を指定.
  - ▶ ［相関係数］の［Pearson］にチェックが入っていることを確認.
  - ▶ ［有意な相関係数に星印を付ける(F)］のチェックがあることも確認.

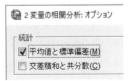

  - ▶ オプション(O) をクリック.
    - ◆ ［統計］の［平均値と標準偏差(M)］にチェックを入れる ⇒ 続行 .
  - ▶ OK をクリック.

■出力結果の見方

平均値，標準偏差および相互相関が出力される.

- ▶ 夫婦生活調査票の3つの下位尺度が，夫婦生活の満足度にどのように関連しているのかを見てみよう.
  - ◆ 満足度と**愛情**との間には，正の有意な相関：$r = .56$, $p < .001$
  - ◆ 満足度と**収入**との間には，正の有意な相関：$r = .37$, $p < .001$
  - ◆ 満足度と**夫婦平等**との間の相関係数は有意ではなかった：$r = -.16$, $n.s.$

記述統計

	平均	標準偏差	度数
満足度	4.52	1.085	148
愛情	4.2286	.81015	148
収入	4.2872	.79440	148
夫婦平等	3.6392	.99623	148

相関

		満足度	愛情	収入	夫婦平等
満足度	Pearson の相関係数	1	.562**	.349**	-.155
	有意確率 (両側)		.000	.000	.060
	度数	148	148	148	148
愛情	Pearson の相関係数	.562**	1	.367**	-.020
	有意確率 (両側)	.000		.000	.806
	度数	148	148	148	148
収入	Pearson の相関係数	.349**	.367**	1	.153
	有意確率 (両側)	.000	.000		.064
	度数	148	148	148	148
夫婦平等	Pearson の相関係数	-.155	-.020	.153	1
	有意確率 (両側)	.060	.806	.064	
	度数	148	148	148	148

**. 相関係数は 1% 水準で有意 (両側) です.

5-4 男女別の相関

男女別の相関を検討しよう.

性別の指標を用いてファイルを分割する.

■分析の指定

● [データ(D)] ⇒ [ファイルの分割(F)] を選択.

  ▸ [グループごとの分析(O)] を選択し, 性別を [グループ化変数(G):] に入れる.

  ▸ [グループ変数によるファイルの並び替え(S)] を選択しておく.

  ▸ OK をクリック.

  ▸ データエディタの右下に「分割 性別」と出ればOK.

● ファイルを分割した状態で, 先ほどと同じように相関係数を算出する.

  ▸ オプション(O) をクリック.

    ◆ [統計] の [平均値と標準偏差(M)] のチェックは外しておいてもよい.

■出力結果の見方

男女で相関係数を比較してみよう.

  ▸ 夫婦生活の満足度と夫婦生活調査票の3つの下位尺度との相関係数を比較すると……

    ◆ **女性**では**満足度**と**夫婦平等**との間がほぼ無相関なのに対し, **男性**では有意な負の相関となっている.

  ▸ 夫婦生活調査票の下位尺度間の関連では……

    ◆ **女性**では**夫婦平等**と**収入**との間に有意な正の相関が見られるのに対し, **男性**では無相関である.

相関[a]

		満足度	愛情	収入	夫婦平等
満足度	Pearson の相関係数	1	.511**	.304**	-.009
	有意確率 (両側)		.000	.006	.938
	度数	80	80	80	80
愛情	Pearson の相関係数	.511**	1	.389**	.030
	有意確率 (両側)	.000		.000	.793
	度数	80	80	80	80
収入	Pearson の相関係数	.304**	.389**	1	.281*
	有意確率 (両側)	.006	.000		.012
	度数	80	80	80	80
夫婦平等	Pearson の相関係数	-.009	.030	.281*	1
	有意確率 (両側)	.938	.793	.012	
	度数	80	80	80	80

**. 相関係数は 1% 水準で有意 (両側) です.

*. 相関係数は 5% 水準で有意 (両側) です.

a. 性別 = 女性

相関[a]

		満足度	愛情	収入	夫婦平等
満足度	Pearson の相関係数	1	.592**	.395**	-.319**
	有意確率 (両側)		.000	.001	.008
	度数	68	68	68	68
愛情	Pearson の相関係数	.592**	1	.354**	-.075
	有意確率 (両側)	.000		.003	.541
	度数	68	68	68	68
収入	Pearson の相関係数	.395**	.354**	1	-.003
	有意確率 (両側)	.001	.003		.978
	度数	68	68	68	68
夫婦平等	Pearson の相関係数	-.319**	-.075	-.003	1
	有意確率 (両側)	.008	.541	.978	
	度数	68	68	68	68

**. 相関係数は 1% 水準で有意 (両側) です.

a. 性別 = 男性

5−5 結果の記述 2 (相関関係)

2. 相関関係

先ほどの夫婦生活調査票の因子分析において, 各因子に高い負荷量を示した項目の平均値を算出することにより, 愛情得点 (平均 4.23, *SD* 0.81), 収入得点 (平均 4.29, *SD* 0.79), 夫婦平等得点 (平均 3.64, *SD* 1.00) とした. 内的整合性を検討するために α 係数を算出したところ, 愛情で α=.95, 収入で α=.84, 夫婦平等で α=.78 と十分な値が得られた. 男女の得点差を *t* 検定により検討したところ, いずれの得点についても有意な差はみられなかった.

また, 夫婦生活の満足度得点 (以下,「満足度」とする) の平均値は 4.52, *SD* は 1.09 であった. *t* 検定により男女差の検討を行ったところ, 有意な差はみられなかった.

夫婦生活調査票と満足度の男女込みの相互相関を Table 2 に, 男女別の相互相関を Table 3 に示す. 男女込みでは愛情と収入の間に正の有意な相関, 愛情と満足度, 収入と満足度の間に正の有意な相関がみられた. その一方で男女別の相関をみると, 男女でやや相関のパターンが異なっており, 男性では夫婦平等と収入との間がほぼ無相関なのに対して, 女性では正の有意な相関がみられた. また, 女性では夫婦平等と満足度との間がほぼ無相関なのに対し, 男性では負の有意な相関がみられた.

Table 2　夫婦生活調査票と満足度の相互相関（男女込み）

	満足度	愛情	収入	夫婦平等
満足度	—	.56 ***	.35 ***	-.16
愛情		—	.37 ***	-.02
収入			—	.15
夫婦平等				—

*** p < .001

Table 3　夫婦生活調査票と満足度の相互相関（男女別）

	満足度	愛情	収入	夫婦平等
女性 (n = 80)				
満足度	—	.51 ***	.30 **	-.01
愛情		—	.39 ***	.03
収入			—	.28 *
夫婦平等				—
男性 (n = 68)				
満足度	—	.59 ***	.40 ***	-.32 **
愛情		—	.35 **	-.08
収入			—	.00
夫婦平等				—

* p < .05, ** p < .01, *** p < .001

※ Table 3 の男女別の相関の示し方は，第 1 章とは異なる形にしてある．見やすい Table になるように，各自で工夫してほしい．

6-1 男女込みの重回帰分析

男女込みの分析を行う前に，ファイルの分割を解除しておこう．

- [データ(D)] ⇒ [ファイルの分割(F)] を選択.
  - ▶ [グループごとの分析(O)] が選択されているときには，[全てのケースを分析(A)] を選択しておく.
    - ▶ OK をクリック.
- データエディタの右下にあった「分割　性別」が消えていれば OK.

ファイルの分割が解除されていることを確認したら，重回帰分析を行う.

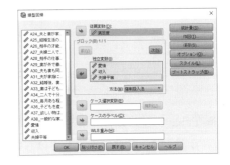

■分析の指定

- [分析(A)] ⇒ [回帰(R)] ⇒ [線型(L)] を選択.
  - ▶ [従属変数(D):] に満足度を指定する.
  - ▶ [独立変数(I):] に愛情・収入・夫婦平等を指定する.
  - ▶ [方法(M):] は強制投入法を指定する.
  - ▶ [統計量(S):] をクリック.
    - ◆ [信頼区間(N)]にチェックを入れる. [レベル(%):]は「95」でよい.
    - ◆ [続行(C)] をクリック.
  - ▶ OK をクリック.

■出力結果の見方

(1) モデル要約と分散分析の表を見る.

  ▶ R^2 は .37 であり, 0.1 % 水準で有意となっていることがわかる（分散分析の有意確率を参照).

モデルの要約

モデル	R	R2 乗	調整済み R2 乗	推定値の標準誤差
1	.608ᵃ	.370	.356	.870

a. 予測値: (定数), 夫婦平等, 愛情, 収入。

分散分析ᵃ

モデル		平方和	自由度	平均平方	F 値	有意確率
1	回帰	63.911	3	21.304	28.137	.000ᵇ
	残差	109.028	144	.757		
	合計	172.939	147			

a. 従属変数 満足度
b. 予測値: (定数), 夫婦平等, 愛情, 収入。

(2) 係数の標準化係数と有意確率を見る.

  ▶ 夫婦生活の満足度に対して 3 つの下位尺度すべてが有意な影響を与えていることがわかる.

    ◆ 愛情と収入が有意な正の影響, 夫婦平等が有意な負の影響を示している.

    ◆ 各変数の非標準化係数(B), 標準誤差, 標準化係数(β), 有意確率, B の 95% 信頼区間の値を確認しておこう.

係数ᵃ

モデル		非標準化係数 B	標準誤差	標準化係数 ベータ	t 値	有意確率	B の 95.0% 信頼区間 下限	上限
1	(定数)	1.305	.519		2.516	.013	.280	2.331
	愛情	.651	.096	.486	6.813	.000	.462	.840
	収入	.270	.099	.198	2.736	.007	.075	.465
	夫婦平等	-.191	.073	-.175	-2.609	.010	-.335	-.046

a. 従属変数 満足度

6-2 男女別の重回帰分析

先ほど行った相関関係の検討では, 男女で関連の差が見られていたので, 男女別で重回帰分析を行ってみよう.

■分析の指定

● ［データ(D)］ ⇒ ［ファイルの分割(F)］ を選択（設定画面などは, p.66 を参照).

▶ ［グループごとの分析(O)］を選択し，性別を ［グループ化変数(G):］ に入れる.

▶ OK をクリック.

● 重回帰分析の手順は先ほどと同じである.

■出力結果の見方

(1) まず，**女性**の結果をみてみよう.

▶ **モデル要約**と**分散分析**の表から，R^2 は .28 であり，0.1％水準で有意となっていることがわかる.

▶ **係数**の表を見ると，夫婦生活の満足度に有意な影響を及ぼしているのは**愛情**だけであることがわかる （$\beta = .46$, $p < .001$）.

◆ **収入**や**夫婦平等**は有意な影響を示さなかった.

モデルの要約[a]

モデル	R	R2 乗	調整済み R2乗	推定値の標準誤差
1	.527[b]	.278	.250	.828

a. 性別 = 女性
b. 予測値: (定数)、夫婦平等、愛情、収入。

分散分析[a,b]

モデル		平方和	自由度	平均平方	F 値	有意確率
1	回帰	20.077	3	6.692	9.758	.000[c]
	残差	52.123	76	.686		
	合計	72.200	79			

a. 性別 = 女性
b. 従属変数 満足度
c. 予測値: (定数)、夫婦平等、愛情、収入。

係数[a,b]

モデル		非標準化係数 B	標準誤差	標準化係数 ベータ	t 値	有意確率	B の 95.0% 信頼区間 下限	上限
1	(定数)	1.410	.702		2.009	.048	.012	2.809
	愛情	.630	.146	.457	4.305	.000	.339	.922
	収入	.175	.135	.144	1.300	.198	-.093	.444
	夫婦平等	-.058	.095	-.063	-.617	.539	-.247	.130

a. 性別 = 女性
b. 従属変数 満足度

(2) 次に**男性**の結果を見てみよう.

▶ **モデル要約**と**分散分析**の表から，R^2 は .47 であり，0.1％水準で有意となっていることがわかる.

▶ **係数**の表を見ると，夫婦生活の満足度に対して，夫婦生活調査票の３つの下位尺度すべてが有意な影響を及ぼしていることがわかる.

◆ **愛情**と**収入**が正の影響，**夫婦平等**が負の影響を示している.

モデルの要約[a]

モデル	R	R2 乗	調整済み R2乗	推定値の標準誤差
1	.685[b]	.469	.444	.901

a. 性別 = 男性
b. 予測値: (定数)、夫婦平等、収入、愛情。

分散分析[a,b]

モデル		平方和	自由度	平均平方	F 値	有意確率
1	回帰	45.834	3	15.278	18.813	.000[c]
	残差	51.975	64	.812		
	合計	97.809	67			

a. 性別 = 男性
b. 従属変数 満足度
c. 予測値: (定数)、夫婦平等、収入、愛情。

係数[a,b]

モデル		非標準化係数 B	標準誤差	標準化係数 ベータ	t 値	有意確率	B の 95.0% 信頼区間 下限	上限
1	(定数)	1.570	.797		1.971	.053	-.021	3.161
	愛情	.641	.127	.493	5.044	.000	.387	.894
	収入	.327	.145	.220	2.257	.027	.038	.617
	夫婦平等	-.353	.115	-.281	-3.079	.003	-.582	-.124

a. 性別 = 男性
b. 従属変数 満足度

＜**STEP UP**＞　疑似相関・抑制変数・多重共線性

● 重回帰分析の結果を示すときには，相関係数の情報もあわせて示すほうがよい.

● 相関係数と標準偏回帰係数の値を比較したときに，以下の情報を得ることができるからである.

　　▶ 相関係数が有意であるにもかかわらず，標準偏回帰係数が 0 に近く有意ではない場合……**疑似相関の可能性**

　　　　◆ 相関はあるが，従属変数に対して直接的に影響を及ぼしていないことが見えてくる.

　　▶ 相関係数が 0 に近く有意でないにもかかわらず，標準偏回帰係数が有意になる場合……**抑制変数の可能性**

　　　　◆ 相関関係だけではわからない因果関係が見えてくる.

　　▶ 相関係数と標準偏回帰係数が異符号で，それぞれが有意になる決定係数は大きな値なのに t 値が低く β が有意にならないなどの場合

　　　　　　　　　　　　　　　　　　……**多重共線性の可能性**

　　　　◆ 多重共線性が発生すると，回帰係数が完全に推定できなかったり，結果が求まっても信頼性が低いものになったりする.

● とくに，独立変数間の相関が非常に高い場合には，多重共線性の問題が発生する可能性がある.

　　▶ SPSS の重回帰分析において 統計量(S) → ［共線性の診断(L)］ にチェックを入れると，VIF（Variance Inflation Factor）という指標を算出することができる.

　　▶ 一般に，VIF＞10 であると，多重共線性が発生しているとされる. 10 を超えないような場合でも，この数値が高い場合には要注意である.

● 今回のデータで，相関係数と標準偏回帰係数の値を見比べてみてほしい. 疑似相関や抑制変数は存在しているだろうか？

● また，重回帰分析で VIF を算出してみてほしい.

<**STEP UP**> VIF の算出

以下の分析はファイル分割を解除し，男女込みで分析した場合．

- [分析(A)] ⇒ [回帰(R)] ⇒ [線型(L)] を選択．
  - ▶ [従属変数(D):] に満足度を指定する．
  - ▶ [独立変数(I):] に愛情・収入・夫婦平等を指定する．
  - ▶ [方法(M):] は強制投入法を指定する．

    - ▶ 統計量(S) をクリック．
      - ◆ [信頼区間(N)] にチェックを入れる．
      - ◆ [共線性の診断(L)] にチェックを入れる．
      - ◆ 続行 をクリック．
    - ▶ OK をクリック．
- 係数の出力表の一番右に，共線性の統計量として VIF が出力される．
  - ▶ いずれの VIF も 1 点台であり，多重共線性の問題はないと考えられる．

係数^a

モデル		非標準化係数 B	非標準化係数 標準誤差	標準化係数 ベータ	t 値	有意確率	B の 95.0% 信頼区間 下限	B の 95.0% 信頼区間 上限	共線性の統計量 許容度	共線性の統計量 VIF
1	(定数)	1.305	.519		2.516	.013	.280	2.331		
	愛情	.651	.096	.486	6.813	.000	.462	.840	.859	1.163
	収入	.270	.099	.198	2.736	.007	.075	.465	.840	1.191
	夫婦平等	-.191	.073	-.175	-2.609	.010	-.335	-.046	.970	1.031

a. 従属変数 満足度

ここまでの結果のみでも十分なものといえるのだが……

さらに，男女の影響力の違いを Amos による共分散構造分析で検討してみよう．

7−1 パス図を描く

- Amos を起動する（Windows のスタートメニュー ⇒ IBM SPSS Statistics ⇒ IBM SPSS Amos 26 Graphics とフォルダをたどっていき，IBM SPSS Amos 26 を起動）.

    ▸ [**観測される変数を描く**] アイコン（▢）をクリックし，描画領域の左側に縦に3つ，右側に1つ観測変数を描く（同じ大きさの四角形を描くのは難しいので，コピーするとよい）.

    ▸ 3つの観測変数から右側の変数にパス（一方向矢印）を描く.

    ▸ 左側の3つの観測変数間に共分散（双方向矢印）を描く.

    ▸ [**既存の変数に固有の変数を追加**] アイコン（♟）で，右側の観測変数に誤差変数を加える.

    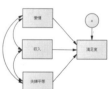

    ◆ 誤差変数をダブルクリックし，[**テキスト**] タブの [**変数名(N):**] に e と入力する.

    ▸ [**ファイル(F)**] ⇒ [**データファイル(D)**] を選択し，sav ファイルを指定する.

    ▸ [**データセット内の変数を一覧**] アイコン（▤）をクリックして，変数を図形の中に指定する.

    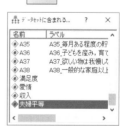

    ◆ パス図左の3つの観測変数に**愛情・収入・夫婦平等**を，右側の観測変数に**満足度**を指定する.

- ここまでの作業を行うと，右上の図のようになる.

マウスを押したまま，観測変数の四角のワクの中に移動して離す.

7-2　男女込みの分析

まずは，男女込みの分析を行ってみよう．

■分析の指定
- まずは分析のプロパティの設定から.
  - ▶ ［分析のプロパティ］アイコン（▦）をクリックする.
    - ◆ ［出力］タブをクリックし，［標準化推定値(T)］［重相関係数の平方(Q)］にチェックを入れる. ⇒ ウインドウを閉じる.
    - ◆ ［推定値を計算］アイコン（▦）をクリックすると，分析が行われる.
  - ▶ なお，分析の際には，ファイルを保存する必要がある.
  - ▶ ウインドウ中央部の枠内に「最小値に達しました」と表示され，カイ2乗値が表示されれば，分析は成功である.

■出力結果の見方（Amos の操作やアイコンの位置などは7章 Section 2（p.281 以降）を参照）

(1) ［出力パス図の表示］アイコン（▲）をクリックすると，パス係数が図に表示される.
  - ▶ ウインドウ中央の［標準化推定値］をクリックして，標準化されたパス係数を表示させる.
  - ▶ 愛情・収入・夫婦平等から満足度へのパス係数は，先ほど SPSS で行なった重回帰分析の結果とほぼ同じであることがわかるだろう.

(2) ［テキスト出力の表示］アイコン（▦）をクリックすると，パス係数が図に表示される.
  - ▶ 左側のメニューから［推定値］を選択する.
  - ▶ 愛情・収入・夫婦平等から満足度へのパス係数がいずれも有意な値となっていることがわかる.

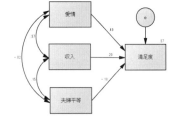

▶また，愛情と収入の間の共分散
（相関）も有意となっているこ
とがわかる．

最尤(ML)推定値

係数：(グループ番号 1 - モデル番号 1)

			推定値	標準誤差	検定統計量	確率ラベル
満足度	<---	愛情	.651	.095	6.884	***
満足度	<---	収入	.270	.098	2.764	.006
満足度	<---	夫婦平等	-.191	.072	-2.636	.008

標準化係数：(グループ番号 1 - モデル番号 1)

			推定値
満足度	<---	愛情	.486
満足度	<---	収入	.198
満足度	<---	夫婦平等	-.175

共分散：(グループ番号 1 - モデル番号 1)

			推定値	標準誤差	検定統計量	確率ラベル
収入	<-->	夫婦平等	.120	.066	1.830	.067
愛情	<-->	収入	.234	.056	4.175	***
愛情	<-->	夫婦平等	-.016	.066	-.247	.805

相関係数：(グループ番号 1 - モデル番号 1)

			推定値
収入	<-->	夫婦平等	.153
愛情	<-->	収入	.367
愛情	<-->	夫婦平等	-.020

グループ番号 1

7–3　多母集団の同時分析

次に，男女差を多母集団の同時分析で検討してみよう．

■分析の指定

グループの指定

男性
女性

- ［分析(A)］ ⇒ ［グループ管理(G)］ を選択．
  - ◆［グループ名(G)］を男性に書き換える．
  - ▶ 新規作成(N) をクリック．
    - ◆［グループ名(G)］を女性に書き換える．
  - ▶ 閉じる(C) をクリック．
- ▶中央上から2段目の枠内（グループ）に，男性，女性という文字が表示される．

パスの命名

パスに名前をつけてみよう.

● 複数のグループのパスに異なる名前をつけたり,異なるパス図を描くのを許可する.

　▶ ［表示(V)］ ⇒ ［インターフェイスのプロパティ(I)］を選択.

　　◆ ［その他］のタブをクリックし,［異なるグループに異なるパス図を設定(F)］に
　　　チェックを入れる.

　　◆ 警告が出るので, ［はい(Y)］ をクリック.ウイン
　　　ドウを閉じる.

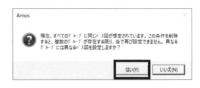

● 中央上から2段目の枠内（グループ）で,**男性**が選択さ
れた状態にしておく.

　▶ 愛情から満足度へのパスをダブルクリック.

　　◆ ［パラメータ］タブの［係数(R)］欄に mp1（男性パス1）と入力.

　　◆ 同様に,収入から満足度へのパスに mp2,夫婦
　　　平等から満足度へのパスに mp3 と名前を入力.

　▶ 双方向のパスにも名前をつける.

　　◆ 愛情と収入の間の双方向のパスに mc1,収入と
　　　夫婦平等の間のパスに mc2,愛情と夫婦平等の
　　　間のパスに mc3 と入力.

● 次に,中央上から2段目の枠内で**女性**を選択すると,パスの名前が消えるのがわかる.

　▶ 男性の場合と同じ場所に,fp1,fp2,fp3,fc1,fc2,fc3 と入力する.

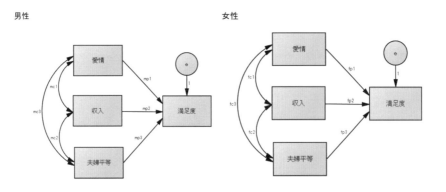

データの指定

　分析するデータを指定する.

- ●［データファイルを選択］アイコン（▥）をクリック（あるいは［ファイル(F)］メニュー ⇒ ［データファイル(D)］を選択）.

  - ▶［グループ名］の**男性**を選択した状態で, グループ化変数(G) をクリック.
    - ◆変数の一覧が表示されるので, **性別**をクリックして, OK .
  - ▶ グループ値(V) をクリック.
    - ◆男性なので2を選択して OK をクリック.
  - ▶ 女性についても同様に行う.
  - ▶ 男性と女性の変数と数値を指定できたら OK をクリック.

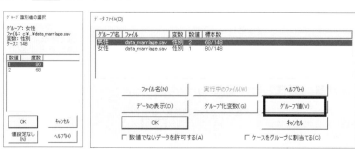

分析の実行

　推定値を計算する.

- ●なお, 分析を行う前に, 先ほどとは異なる名前で保存しておいたほうがよいだろう.
- ●［分析のプロパティ］で［出力］タブをクリックし,［標準化推定値(T)］［重相関係数の平方(Q)］［差に対する検定統計量(D)］にチェックを入れる.
- ●分析を実行する.

■出力結果の見方

　男女別の標準化推定値のパス図は右のとおり.

　p.189 の最後の行の説明にある「男性」「女性」をクリックすることで, それぞれに対応する数値が示される.

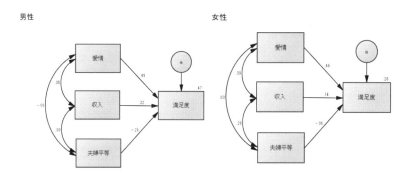

［テキスト出力］の［推定値］を見る.

- ［テキスト出力］ウインドウの左下部分で**男性**と**女性**の文字をクリックすると，それぞれの
  グループのパラメータ推定値を見ることができる.

係数: (男性 - モデル番号 1)

		推定値	標準誤差	検定統計量	確率	ラベル
満足度 <---	愛情	.641	.124	5.164	***	mp1
満足度 <---	収入	.327	.142	2.311	.021	mp2
満足度 <---	夫婦平等	-.353	.112	-3.153	.002	mp3

標準化係数: (男性 - モデル番号 1)

		推定値
満足度 <---	愛情	.493
満足度 <---	収入	.220
満足度 <---	夫婦平等	-.281

共分散: (男性 - モデル番号 1)

		推定値	標準誤差	検定統計量	確率	ラベル
収入 <-->	夫婦平等	-.003	.094	-.028	.977	mc2
愛情 <-->	収入	.263	.096	2.730	.006	mc1
愛情 <-->	夫婦平等	-.067	.108	-.616	.538	mc3

相関係数: (男性 - モデル番号 1)

		推定値
収入 <-->	夫婦平等	.003
愛情 <-->	収入	.354
愛情 <-->	夫婦平等	-.075

係数: (女性 - モデル番号 1)

		推定値	標準誤差	検定統計量	確率	ラベル
満足度 <---	愛情	.630	.144	4.386	***	fp1
満足度 <---	収入	.175	.132	1.324	.185	fp2
満足度 <---	夫婦平等	-.058	.093	-.628	.530	fp3

標準化係数: (女性 - モデル番号 1)

		推定値
満足度 <---	愛情	.457
満足度 <---	収入	.144
満足度 <---	夫婦平等	-.063

共分散: (女性 - モデル番号 1)

		推定値	標準誤差	検定統計量	確率	ラベル
収入 <-->	夫婦平等	.223	.093	2.400	.016	fc2
愛情 <-->	収入	.209	.065	3.221	.001	fc1
愛情 <-->	夫婦平等	.021	.079	.265	.791	fc3

相関係数: (女性 - モデル番号 1)

		推定値
収入 <-->	夫婦平等	.281
愛情 <-->	収入	.389
愛情 <-->	夫婦平等	.030

- 収入から満足度へのパスが，**男性**（mp2）では有意だが**女性**（fp2）では有意ではない.
- 夫婦平等から満足度へのパスが，**男性**（mp3）では有意だが**女性**（fp3）では有意ではない.
- 収入と夫婦平等の共分散が，**女性**（fc2）では有意だが**男性**（mc2）では有意ではない.

- [テキスト出力] の [パラメータの一対比較] をクリックする.
  - ▶男女で同じ部分のパスに注目する（図の囲み部分）.
    - ◆この数値が絶対値で 1.96 以上であれば，パス係数の差が 5％水準で有意となる.
    - ◆mp3 と fp3 のパス係数の差（2.023）が 5％水準で有意となっていることがわかる.
    - ◆夫婦平等から満足度へのパス係数に，男女で有意な差が見られたことになる.

パラメータ間の差に対する検定統計量 (モデル番号 1)

	mp1	mp2	mp3	mc1	mc2	mc3	fp1	fp2	
mp1	.000								
mp2	-1.431	.000							
mp3	-6.195	-3.723	.000						
mc1	-2.405	-.377	4.170	.000					
mc2	-4.132	-1.941	2.396	-1.905	.000				
mc3	-4.299	-2.212	1.841	-2.245	-.553	.000			
fp1	-.054	1.501	5.398	2.124	3.685	3.877	.000		
fp2	-2.566	-.785	3.048	-.536	1.096	1.416	-1.972	.000	
fp3	-4.508	-2.276	2.023	-2.399	-.422	.057	-4.199	-1.279	.0
fc1	-3.083	-.760	4.342	-.464	1.852	2.187	-2.672	.229	2.3
fc2	-2.691	-.614	3.959	-.295	1.708	2.034	-2.377	.297	2.1
fc3	-4.209	-1.888	2.726	-1.940	.192	.653	-3.713	-1.000	.6

<STEP UP>　パス係数の差の検定

　［分析のプロパティ］で［差に対する検定統計量(D)］にチェックを入れると，テキスト出力に［パラメータの一対比較］という出力（表の形式になっている）が加わる．ここで出力される数値は，2 つのパス係数の差異を標準正規分布に変換したときの値である．

　この出力で，比較したい 2 つのパスが交わる部分の数値が，絶対値で「1.96」以上であればパス係数の差が 5％水準で有意，絶対値で「2.33」以上であれば 1％水準で有意，絶対値で「2.58」以上であれば 0.1％水準で有意と判断される．

7-4 等値制約による比較

ここまでは，すべての観測変数間にパスを引いたモデルを説明した.

ここでは，等値の制約をおいたパス係数の比較を説明する.

▶ なおここで説明するのは，潜在変数を仮定しない分析である.

<**STEP UP**>　等値制約によるパス係数の比較の手順（狩野・三浦，2002 参照）

1. 各母集団で同じパス図によるモデルで分析を行い，各母集団とも適合度がよいことを確認する.
2. 配置不変モデルの確認：同じパス図によるモデルで多母集団解析を行い，適合度がよいことを確認する.
3. 等値制約によるパス係数の比較を行う.

ここでは，1. と 2. が確認されたという前提でパス係数の比較を行う.

■分析の指定

モデルの設定

● 次に，ここでは1つの例として，次のようなモデルを設定しよう.

▶ **モデル1**：先ほどの結果で男女いずれも有意ではなかった**愛情**と**夫婦平等**の双方向のパスを0とおき（fc3 = mc3 = 0），その他すべてのパス係数が男女で異なるモデル

▶ **モデル2**：愛情と夫婦平等の双方向のパスを0とおき（fc3 = mc3 = 0），fp1 = mp1（愛情から満足度へのパスが男女で等価），fc1 = mc1（収入と愛情の共分散が男女で等価）という等値の制約を入れたモデル

▶ **モデル3**：愛情と夫婦平等の双方向のパスを0とおき（fc3 = mc3 = 0），その他すべてのパス係数が男女で等価であると仮定するモデル.

モデルの管理

● [分析(A)] ⇒ [モデルを管理(A)] を選択 ⇒ [モデルを管理]ウインドウが表示される.

▶ [モデル名(M)] にモデル1と入力.

◆ ［パラメータ制約(P)］の欄内に，「fc3 ＝ mc3 ＝ 0」と入力.

◆ 次のモデルを作成するために 新規作成(N) をクリック.

▶ ［モデル名(M)］にモデル2と入力.

◆ ［パラメータ制約(P)］の欄内に，「fc3 ＝ mc3 ＝ 0」「fp1 ＝ mp1」「fc1 ＝ mc1」という等値の制約を入れる.

◆ 左側の係数や共分散の一覧をダブルクリックすると，右側に入力される. 各数式の間には改行を入れる.

◆ 新規作成(N) をクリック.

▶ ［モデル名(M)］にモデル3と入力.

◆ ［パラメータ制約(P)］の欄内に，「fc3 ＝ mc3 ＝ 0」「fp1 ＝ mp1」「fp2 ＝ mp2」「fp3 ＝ mp3」「fc1 ＝ mc1」「fc2 ＝ mc2」という等値の制約を入れる.

◆ 閉じる(C) をクリック.

分析の実行

推定値を計算する.

● なお分析を行う前に，先ほどとは異なる名前で保存しておいたほうがよいだろう.

● ［分析のプロパティ］で［出力］タブをクリックし，［標準化推定値(T)］［重相関係数の平方(Q)］［差に対する検定統計量(D)］にチェックを入れる.

● 分析を実行する.

■出力結果の見方

［テキスト出力］の［モデル適合］を見る. ［適合度の各指標については，p.268を参照］

▶ モデル1：CMIN ＝ 0.453, *df* ＝ 2, *p* ＝ .797；GFI ＝ .998；AGFI ＝ .985；RMSEA ＝ .000；AIC ＝ 36.453

▶ モデル2：CMIN＝0.731，*df*＝4，*p*＝.947；GFI＝.997；AGFI＝.987；RMSEA＝.000；AIC ＝32.731

▶ モデル3：CMIN＝7.811，*df*＝7，*p*＝.350；GFI＝.974；AGFI＝.926；RMSEA＝.028；AIC ＝33.811

   ◆ CMIN はカイ2乗値である．

   ◆ モデル2の AGFI が最も高く，AIC が最も低いことから，この3つのモデルの中では， モデル2が最もデータにうまく適合していると判断できる．

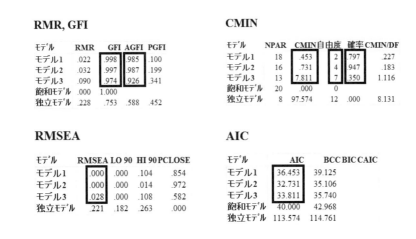

RMR, GFI

モデル	RMR	GFI	AGFI	PGFI
モデル1	.022	.998	.985	.100
モデル2	.032	.997	.987	.199
モデル3	.090	.974	.926	.341
飽和モデル	.000	1.000		
独立モデル	.228	.753	.588	.452

CMIN

モデル	NPAR	CMIN	自由度	確率	CMIN/DF
モデル1	18	.453	2	.797	.227
モデル2	16	.731	4	.947	.183
モデル3	13	7.811	7	.350	1.116
飽和モデル	20	.000	0		
独立モデル	8	97.574	12	.000	8.131

RMSEA

モデル	RMSEA	LO 90	HI 90	PCLOSE
モデル1	.000	.000	.104	.854
モデル2	.000	.000	.014	.972
モデル3	.028	.000	.108	.582
独立モデル	.221	.182	.263	.000

AIC

モデル	AIC	BCC	BIC	CAIC
モデル1	36.453	39.125		
モデル2	32.731	35.106		
モデル3	33.811	35.740		
飽和モデル	40.000	42.968		
独立モデル	113.574	114.761		

※ CFI や RMSEA の90％信頼区間（LO 90 と HI 90）を論文に記載することもあるのでチェックしておこう．

● では，モデル2のパス係数の出力を見てみよう．

   ▶ ［出力パス図の表示］アイコン（　）をクリック．

   ▶ ウインドウ中央の［非標準化推定値］と［標準化推定値］，［男性］［女性］をクリックしながら，パス係数を比較してみよう．

      ◆ 非標準化推定値では，等値の制約を入れた部分が同じ値になっていることがわかる．

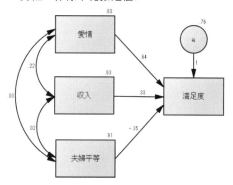

＜男性：非標準化推定値＞

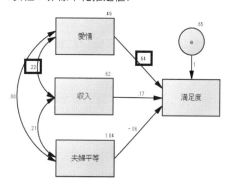

＜女性：非標準化推定値＞

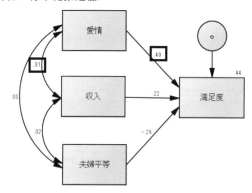

＜男性：標準化推定値＞

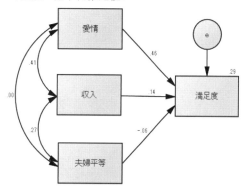

＜女性：標準化推定値＞

● さらに……

‣ もっとよい適合度を出すにはどうしたらよいだろうか.

‣ 各自で等値の制約を入れながら, いろいろなモデルを試してほしい.

7-5　結果の記述 3（因果関係の検討）

ここではまず，重回帰分析に基づいた結果を記述する．

3. 因果関係の検討

　夫婦生活調査票の3つの下位尺度得点が夫婦生活の満足度に与える影響を検討するために，男女別に重回帰分析を行った．結果を Table 4 に示す．
　女性では，愛情から満足度に対する標準偏回帰係数(β) が有意である一方で，収入と夫婦平等から満足度に対する標準偏回帰係数は有意ではなかった．男性では，愛情と収入から満足度への正の標準偏回帰係数，そして夫婦平等から満足度に対する負の標準偏回帰係数が有意であった．

Table 4　男女別の重回帰分析結果

	女性				男性		
	B	$SE\ B$	β		B	$SE\ B$	β
説明変数							
愛情	0.63	0.15	.46 ***		0.64	0.13	.49 ***
収入	0.18	0.14	.14		0.33	0.15	.22 *
夫婦平等	-0.06	0.10	-.06		-0.35	0.12	-.28 **
R^2	.28 ***				.47 ***		

基準変数：満足度
* $p < .05$, ** $p < .01$, *** $p < .001$

※ Table 1 では，重回帰分析の結果のうち B（偏回帰係数），$SE\ B$（偏回帰係数の標準誤差 [standard error；SE]），標準偏回帰係数(β)，R^2（決定係数）を記載している．B と $SE\ B$ を記載しない場合も B の 95%信頼区間を表記する場合もあるが，標準誤差もしくは信頼区間のいずれかを示すのが望ましい．

　別のバリエーションとして，Amos による多母集団の同時分析（パラメータの差の検定）で結果を書いてみよう．なお，このモデルは飽和モデル（自由度0）なので，適合度は検討できない．

3. 因果関係の検討

　夫婦生活調査票の3つの下位尺度得点が夫婦生活の満足度に与える影響を検討するために，Amos 20.0 を用いて多母集団の同時分析を行った．結果から，男女とも愛情から満足度へのパスが有意であった．収入から満足度については，男性では有意なパスが見られたが，女性のパス係数は有意ではなかった．夫婦平等から満足度に対しては，男性では有意な負のパスが見られたものの，女性では見られなかった．なお，パラメータ間の差の検定を行ったところ，夫婦平等から満足度へのパスについて男女のパス係数が有意に異なっていた（$p < .05$）．

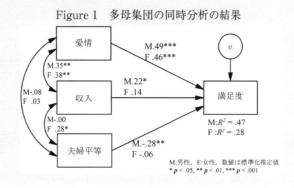

Figure 1　多母集団の同時分析の結果

※ Figure 1 は，Amos から図だけを別の描画ソフトにとり込み，加工したものである．

　もうひとつの結果のバリエーションとして，多母集団の同時分析でモデルを比較する結果についても書いてみよう．

3. 因果関係の検討

　夫婦生活調査票の3つの下位尺度得点が夫婦生活の満足度に与える影響を検討するために，Amos 20.0 を用いて多母集団の同時分析を行った．まず，男女それぞれで Figure 1 に示すモデルが成り立つかどうかを確認した．その際，愛情と夫婦平

等の間には有意な関連が認められなかったため，以降の分析ではこのパスに0の制約をおいた．

次に，以下の3つのモデルを設定した．まず，愛情と夫婦平等間を除き，すべてのパスが男女で異なるモデルである（モデル1）．次に，愛情から満足度への影響と，収入と愛情間の関連が男女で等しいモデルである（モデル2）．そして，すべてのパスが男女で等しいモデルである（モデル3）．これら3つのモデルの適合度を比較したところ，モデル2の適合度がもっとも良かった（Table 5）．Figure 1に，モデル2の分析結果を示す．モデル2において最も良い適合度が得られたということは，収入から満足度，夫婦平等から満足度への影響が男女で異なっていることを示唆している．

Table 5　3つのモデルにおける適合度指標

	CMIN	df	p	GFI	AGFI	RMSEA	AIC
モデル1	0.453	2	.797	0.998	0.985	.000	36.453
モデル2	0.731	4	.997	0.997	0.987	.000	32.731
モデル3	7.811	7	.350	0.974	0.926	.028	33.811

Figure 1　多母集団の同時分析の結果（モデル2）

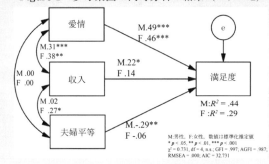

※なお，ここでは先ほど分析した内容で結果を記述しているが，さらに制約を加えたほうが適合度が上昇する部分がある．各自で分析して，結果を書き直してほしい．

※結果ではGFIとAGFIを示しているが，それらの代わりにCFIを示しても良い．また，RMSEAの90%信頼区間を記載することもある．

Section 8 論文・レポートでの記述

1. 夫婦生活調査票の分析

　まず，夫婦生活調査票38項目の平均値，標準偏差を算出し，得点分布を確認した．いくつかの項目で得点の偏りが見られたが，いずれの項目も，夫婦の生活状況を把握する上で重要な内容が含まれていると判断し，すべての項目を以降の分析の対象とした．

　次に，夫婦生活調査票38項目に対して主因子法による因子分析を行った．固有値の変化（12.67, 3.60, 2.54, 1.96, 1.69, 1.22, …）と因子の解釈可能性を考慮すると，3因子構造が妥当であると考えられた．そこで再度3因子を仮定して主因子法・Promax回転による因子分析を行った．その結果，十分な因子負荷量を示さなかった2項目を分析から除外し，残りの36項目に対して再度主因子法・Promax回転による因子分析を行った．Promax回転後の最終的な因子パターンと因子間相関を Table 1 に示す．なお，回転前の3因子で36項目の全分散を説明する割合は47.51%であった．

Table 1　夫婦生活調査票の因子分析結果
（Promax 回転後の因子パターン）

	I	II	III
21. 常に相手の気持ちを考えて行動する	.79	-.16	.04
10. 相手のことを心から愛する	.79	-.03	.04
11. 相手が悩んでいるときは親身になって一緒に考える	.79	-.05	.00
9. 相手のことを心から尊敬する	.77	-.04	.14
12. お互いに優しい言葉をかけ合うようにする	.76	-.06	.06
14. 悩みや迷いごとがある時は相手に相談する	.72	.02	-.01
17. 嬉しいことを相手に報告する	.72	-.02	.05
18. どんなに忙しくて疲れていても相手の話を聞いてあげる	.71	-.08	.20
20. 夫（妻）と買い物や旅行に行く	.69	.07	-.04
2. 二人で未来について一緒に計画を立てて実行していく	.68	.10	-.05
4. 相手のためなら何でもしてあげる	.68	-.11	-.02
8. 相手に精神的安らぎを与える	.68	.11	-.06
1. 夫（妻）とはいつも一緒にいる	.67	-.06	-.21
3. 自分から相手に話題を提供して話をする	.67	-.06	.07
19. 小さな出来事でもその日にあったことを相手に話す	.66	-.01	-.13
7. 自分が相手を幸せにする	.65	.15	-.11
23. 結婚記念日や誕生日など特別な日を覚えていて大事にする	.64	.07	-.04
26. 相手の才能と能力を認め，それを伸ばすための手助けをする	.63	.07	.16
22. 相手の考えや気持ちをいつもわかってあげる	.62	.09	-.12
6. 結婚しても相手は自分だけをみている	.61	-.08	-.18
5. ずっと恋人同士のような夫婦でいる	.59	.01	-.17
13. お互いのためになる意見を言うようにする	.57	.02	.20
15. 週末は夫婦そろって過ごす	.53	.03	-.15
28. 相手の仕事や活動を理解し，支えていく	.47	.27	.14
31. 相手のことならどんなことでも許せる	.45	-.06	-.04
34. 二人で十分な収入を得ている	-.11	.84	.19
35. 毎月ある程度の貯金ができる	.04	.79	.11
36. 子どもを産み，育てることができるだけの十分な金銭がある	.01	.78	-.03
37. 一般的な家庭以上の暮らしができる	-.10	.67	-.22
38. 欲しい物は我慢しないで買うことができる	-.10	.65	-.23
27. 夫婦二人で将来のための貯えをしていく	.17	.47	.07
30. 夫も妻も同等に稼ぐ	-.05	-.01	.85
29. 妻が外で働く	-.07	-.02	.77
33. 妻は子どもが生まれても仕事を続ける	-.01	-.11	.76
24. 夫と妻が家事を同等に行う	.14	.20	.39
32. 結婚後，妻は夫の姓を名乗らず旧姓で通す	-.17	-.10	.35

因子間相関	I	II	III
I	—	.43	.05
II		—	.26
III			—

第1因子は25項目で構成されており，相手の気持ちを考えることや相手に対する愛情，相手に対する尊敬などを表す項目が高い負荷量を示していた．そこで「愛情」因子と命名した．

第2因子は6項目で構成されており，家庭収入や貯金を表す内容の項目が高い負荷量を示していた．そこで「収入」因子と命名した．

第3因子は5項目で構成されており，「夫も妻も同等に稼ぐ」など夫婦の平等意識に関する内容の項目が高い負荷量を示していた．そこで「夫婦平等」因子と命名した．

因子間の相関関係について検討すると，第1因子「愛情」と第2因子「収入」との間に中程度の正の相関，第2因子「収入」と第3因子「夫婦平等」との間に低い正の相関が見られた．「愛情」と「夫婦平等」の因子間の相関係数は0に近い値であった．

2. 相関関係

先ほどの夫婦生活調査票の因子分析において，各因子に高い負荷量を示した項目の平均値を算出することにより，愛情得点（平均 4.23，*SD* 0.81），収入得点（平均 4.29，*SD* 0.79），夫婦平等得点（平均 3.64，*SD* 1.00）とした．内的整合性を検討するために α 係数を算出したところ，愛情で α=.95，収入で α=.84，夫婦平等で α=.78 と十分な値が得られた．男女の得点差を *t* 検定により検討したところ，いずれの得点についても有意な差はみられなかった．

Table 2　夫婦生活調査票と満足度の相互相関（男女込み）

	満足度	愛情	収入	夫婦平等
満足度	—	.56 ***	.35 ***	-.16
愛情		—	.37 ***	-.02
収入			—	.15
夫婦平等				—

*** *p* < .001

Table 3　夫婦生活調査票と満足度の相互相関（男女別）

	満足度	愛情	収入	夫婦平等
女性 (*n* = 80)				
満足度	—	.51 ***	.30 **	-.01
愛情		—	.39 ***	.03
収入			—	.28 *
夫婦平等				—
男性 (*n* = 68)				
満足度	—	.59 ***	.40 ***	-.32 **
愛情		—	.35 **	-.08
収入			—	.00
夫婦平等				—

* *p* < .05, ** *p* < .01, *** *p* < .001

また，夫婦生活の満足度得点（以下，「満足度」とする）の平均値は 4.52，*SD* は 1.09 であった．*t* 検定により男女差の検討を行ったところ，有意な差はみられなかった．

　夫婦生活調査票と満足度の男女込みの相互相関を Table 2 に，男女別の相互相関を Table 3 に示す．男女込みでは愛情と収入の間に正の有意な相関，愛情と満足度，収入と満足度の間に正の有意な相関がみられた．その一方で男女別の相関をみると，男女でやや相関のパターンが異なっており，男性では夫婦平等と収入との間がほぼ無相関なのに対して，女性では正の有意な相関がみられた．また，女性では夫婦平等と満足度との間がほぼ無相関なのに対し，男性では負の有意な相関がみられた．

3. 因果関係の検討

　夫婦生活調査票の 3 つの下位尺度得点が夫婦生活の満足度に与える影響を検討するために，男女別に重回帰分析を行った．結果を Table 4 に示す．

　女性では，愛情から満足度に対する標準偏回帰係数（β）が有意である一方で，収入と夫婦平等から満足度に対する標準偏回帰係数は有意ではなかった．男性では，愛情と収入から満足度への正の標準偏回帰係数，そして夫婦平等から満足度に対する負の標準偏回帰係数が有意であった．

Table 4　男女別の重回帰分析結果

説明変数	女性			男性		
	B	$SE\ B$	β	B	$SE\ B$	β
愛情	0.63	0.15	.46 ***	0.64	0.13	.49 ***
収入	0.18	0.14	.14	0.33	0.15	.22 *
夫婦平等	-0.06	0.10	-.06	-0.35	0.12	-.28 **
R^2	.28 ***			.47 ***		

基準変数：満足度
* $p < .05$, ** $p < .01$, *** $p < .001$

第 **5** 章

潜在変数間の因果関係を検討する
── 5 因子性格が自己愛傾向に与える影響

◎これまでの章では主に探索的因子分析を扱ってきた．本分析例
では探索的因子分析とともに，確認的因子分析の練習を行う．
探索的因子分析は SPSS 上で，確認的因子分析は Amos 上で行う．
近年，調査的な手法を用いた心理学の研究では，探索的因子分
析のみならず確認的因子分析を行う機会も増えている．ここで
は両者の相違点に注意しながら練習を行ってみよう．

◎またここでは，潜在変数間の因果関係を仮定したパス解析の練
習も行う．

Section 1 分析の背景

──5因子性格が自己愛傾向に与える影響──　（未発表データの一部を改変）

1−1　研究の目的

　人間の性格の表現に関して近年注目を集めている理論に，5因子性格モデル（Big Five Personality Model）がある．これはさまざまな性格検査や評定形式の違いにもかかわらず，共通の安定した性格特性として5つの因子が見いだされるというものである．5つの因子とは，

神経症傾向（neuroticism）　外向性（extroversion）　開放性（openness to experience）
調和性（agreeableness）　勤勉性（conscientiousness）

である．本研究では，自己愛的な性格傾向が5因子性格によってどのように記述されるのかを探るために，5因子性格が自己愛傾向に及ぼす影響を検討する．

1−2　調査の方法・項目内容

（1）調査対象

　大学生250名に対して調査を行った．平均年齢は19.43（SD1.19）歳であった．

（2）調査内容

・Big Five 項目

　　柏木（1999）で使用された Big Five 項目のうち，5つの因子を表現する3項目ずつを使用し，

全く当てはまらない	（1点）
当てはまらない	（2点）
やや当てはまらない	（3点）
やや当てはまる	（4点）
当てはまる	（5点）
とてもよく当てはまる	（6点）

神経症傾向（N）

P01_ 不安になりやすい
P02_ 悩みがち
P03_ 心配性

外向性（E）

P04_ 積極的な
P05R_ 内気な
P06_ 外向的

開放性（O）

P07_ 呑み込みの速い
P08_ 能率のよい
P09_ 頭の回転の速い

調和性（A）

P10_ 温和な
P11_ 人のよい
P12_ やさしい

勤勉性（C）

P13R_ いい加減な
P14R_ 怠惰な
P15R_ ルーズな

までの6件法で測定した.

　なお, 変数名に「R」がついている項目は逆転項目であり, 今回のデータ（次ページ）では, すでに逆転の処理を施してある. また, 得点分布に大きな問題がないことも確認してある.

・自己愛人格目録短縮版（NPI-S）

　「優越感・有能感」「注目・賞賛欲求」「自己主張性」の3下位尺度, 各10項目からなる（小塩, 1998, 1999）.

　「全く当てはまらない」から「とてもよく当てはまる」までの5件法で測定した.

　なお今回のデータでは, すでに下位尺度得点が算出してある. 下位尺度得点は各下位尺度に含まれる10項目の平均値を算出したものである. -

1-3　分析のアウトライン

● 探索的因子分析

▸ まず, Big Five 項目が事前に想定された5つの因子に分かれるかどうか, 探索的に検討してみよう.

● Amos による確認的因子分析

▸ 確認的因子分析で Big Five 項目が5つの因子に分かれることを確認しよう.

● Amos によるパス解析

▸ 5つの因子が自己愛的性格傾向に及ぼす影響を, 共分散構造分析（構造方程式モデリング）で分析しよう.

2−1　データの内容

データの内容は以下の通りである．

- ▸ 番号，年齢，P01〜P15（Big Five 項目），優越感，注目賞賛，自己主張

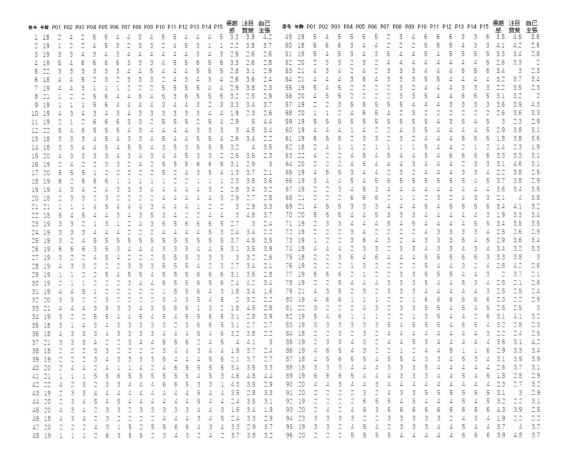

番号	年齢	P01	P02	P03	P04	P05	P06	P07	P08	P09	P10	P11	P12	P13	P14	P15	優越感	注目賞賛	自己主張
97	18	1	3	2	1	3	3	3	3	3	3	3	2	2	2	4	3	3.7	3.4
98	20	4	4	4	2	3	2	2	2	2	5	5	5	5	5	5	2.3	3.1	2.1
99	19	4	4	4	2	2	2	3	3	4	5	5	5	5	5	5	2.7	2.8	2.4
100	18	1	1	2	4	3	4	4	3	3	4	3	4	5	4	3	3.5	4	3.8
101	19	2	3	3	4	4	4	5	3	4	4	4	4	2	2	2	3.5	4.6	3.2
102	19	3	2	3	5	4	4	4	4	4	4	4	4	4	4	4	2.9	4	3
103	19	4	3	6	5	6	5	1	1	3	2	3	2	1	1	1	2.4	5	4.4
104	20	5	5	4	1	1	1	4	3	4	5	4	4	5	5	5	1.7	3.2	1.7
105	19	2	2	2	2	5	1	6	6	1	3	4	4	5	6	6	3.3	4	4.5
106	19	3	3	3	6	6	6	4	4	5	4	4	4	4	5	4	3	2.5	4.4
107	18	5	4	4	2	2	2	2	2	1	4	4	5	5	5	5	2.1	3.9	1.7
108	18	4	3	3	3	6	4	3	3	3	1	4	4	3	4	3	3.2	3.4	3.3
109	19	5	6	5	6	6	6	5	6	5	3	4	3	5	5	6	3.1	4.5	3.3
110	21	4	1	4	5	5	5	5	2	4	5	5	6	6	4	5	3.2	3	4.1
111	22	5	5	4	2	3	1	4	2	4	6	5	4	6	1	2	3.2	3.1	2.2
112	19	2	1	1	6	6	6	5	6	4	6	6	5	5	4	5	3.7	4.4	4.7
113	18	4	5	5	2	2	2	3	2	2	4	2	4	3	2	3	1.6	3.2	1.9
114	20	2	1	3	4	3	4	5	4	4	5	5	5	4	5	4	2.9	3.6	2.6
115	20	2	2	2	4	5	5	3	4	4	4	4	4	4	5	5	2.8	3.2	3.2
116	18	5	4	2	2	6	3	4	2	3	4	5	4	5	4	3	3.2	2.3	3.4
117	19	4	1	4	2	4	4	1	4	3	4	4	1	4	3	4	2	3.8	3.9
118	18	3	3	3	2	3	2	2	2	3	4	4	4	4	4	4	2.1	2.9	2.4
119	20	4	6	6	2	2	2	3	5	5	5	5	5	5	5	2	2.2	3.2	2.8
120	18	5	5	4	3	5	3	4	4	4	2	2	2	3	3	3	2.4	5	2.3
121	18	3	4	3	4	3	3	4	4	3	4	4	4	4	4	5	2.4	3	3.2
122	18	3	4	4	4	3	5	5	4	4	5	5	5	4	3	3	3.2	4.4	2.8
123	19	4	4	3	2	3	2	3	2	3	3	3	4	4	4	4	2	2.4	1.6
124	19	4	4	4	4	5	4	3	3	2	3	3	4	2	3	2	2	4.2	3.5
125	19	4	5	4	6	6	6	4	4	4	3	3	2	3	2	4	3	4.6	3.3
126	19	4	4	4	2	2	2	2	2	2	4	5	4	3	3	3	2	2	2.4
127	18	5	4	5	4	5	4	5	4	3	6	4	4	4	5	5	3.1	4.6	4
128	19	4	3	3	5	6	5	4	3	3	5	5	5	4	4	4	3.5	3.5	2.5
129	19	3	5	3	4	4	4	4	4	4	6	5	6	4	3	3	2.7	2.7	2.6
130	18	3	3	3	3	3	3	3	4	3	4	4	4	4	4	4	2.9	3.7	2.8
131	20	3	3	3	3	3	2	3	2	3	3	3	3	4	4	4	2.9	3.4	3.4
132	19	2	3	3	3	4	2	3	3	3	4	4	4	5	5	5	3	2.6	2.7
133	18	3	5	2	5	5	5	4	4	4	5	5	5	3	4	5	1.9	3.7	2.2
134	19	4	5	5	4	5	3	4	5	4	5	5	4	5	5	3	2.9	3.8	2.6
135	18	6	6	6	4	4	4	3	5	5	5	6	6	5	5	5	3.3	3.2	2.4
136	19	2	3	2	2	4	3	3	3	3	4	4	4	4	3	3	3	2.9	2
137	18	3	3	3	5	5	5	3	3	3	3	3	3	2	5	2	3.6	4.7	3.5
138	18	4	4	4	3	3	4	4	2	4	4	3	4	2	3	3	2.9	3.6	2.4
139	18	2	4	2	4	5	4	4	3	5	4	5	4	2	2	2	3.6	3.5	3.8
140	19	1	2	5	4	6	2	1	1	1	5	5	3	4	5	6	2	2.9	3.4
141	20	1	1	2	4	5	3	6	5	5	5	4	4	4	5	5	3.6	3.8	3.8
142	22	2	2	3	3	3	2	3	2	3	4	4	3	3	3	3	2	2.5	2.2
143	19	2	2	3	4	5	5	4	3	3	5	4	4	3	4	3	3	3.3	3.4
144	21	5	6	5	5	3	5	3	4	4	5	5	5	5	4	4	3.6	3.8	3
145	19	1	1	1	6	6	5	2	1	4	2	2	1	3	3	3	1.7	4.2	3.8
146	20	4	4	4	5	4	5	4	4	4	3	4	4	4	4	4	3.2	3.8	3.2
147	19	2	1	6	4	6	3	3	2	3	5	5	5	2	4	2	2.4	2.7	4
148	19	3	3	3	4	5	4	3	2	3	5	5	5	5	5	5	3.4	3.6	3.1
149	20	3	3	3	3	3	4	4	4	4	4	5	4	5	5	4	2.9	2.9	3.3
150	19	3	3	3	3	3	3	4	4	4	4	4	3	3	3	3	2.5	3.2	3.3
151	19	4	4	4	5	5	5	3	3	3	3	3	3	3	3	3	2.3	3.2	3.6
152	19	2	3	4	4	4	4	4	4	3	5	3	4	5	4	5	2.7	4	2.6
153	18	2	3	1	4	5	5	5	5	6	4	4	3	5	3	4	2.4	4.9	4.1
154	19	3	3	2	4	4	4	3	3	3	4	4	4	4	3	4	2.4	3.4	3.4
155	18	4	3	4	3	3	3	4	5	4	3	3	3	1	2	2	2.4	4.1	2.7
156	18	4	3	4	3	2	3	4	4	4	5	5	6	6	5	2	2.8	3.4	2.9
157	20	6	5	5	4	5	4	3	3	3	4	4	5	5	4	4	2.7	2.7	3.3
158	21	1	1	1	5	5	6	4	4	5	5	5	5	2	4	2	2.3	4.4	3
159	20	1	1	2	4	4	3	3	2	2	4	4	5	1	1	2	1.6	4	1.9
160	19	3	3	4	3	3	3	2	2	2	3	2	3	2	2	2	1.3	2.1	1.9
161	20	3	2	3	6	5	5	6	6	6	6	5	5	4	4	4	4	3.6	3.5
162	21	2	2	2	5	6	5	5	6	5	3	3	3	4	4	5	3.2	3.5	3.4
163	23	2	1	1	6	6	6	6	5	6	2	4	4	4	3	4	3.8	4.1	4.6
164	19	4	4	4	4	4	4	4	4	4	3	3	4	5	5	5	2.9	2.5	2.7
165	19	3	3	2	4	5	5	5	4	3	5	4	5	5	4	5	2.3	3.3	2.7
166	20	3	3	4	4	4	4	5	5	4	5	5	5	5	4	4	3.3	4.8	2.6
167	19	1	2	1	5	6	4	5	5	4	3	4	3	5	6	6	3	3.4	1.9
168	19	5	5	5	4	5	4	2	3	3	2	3	4	4	4	4	2.5	3	3.4
169	23	4	4	5	4	3	3	3	3	4	3	3	3	5	5	4	2.8	3.3	3.2
170	20	3	4	4	3	3	2	2	4	4	4	4	4	4	4	3	3.2	3.7	2.8
171	20	4	5	5	5	4	5	3	4	4	4	4	5	4	3	4	3.4	4.7	3.6
172	19	2	2	3	6	6	6	6	5	4	5	6	4	4	4	5	2.9	3.9	3
173	22	3	2	4	2	2	1	3	3	3	3	3	2	4	4	3	2.3	2.3	3
174	21	5	5	5	3	3	3	3	3	3	4	5	5	4	4	4	2.9	3.9	3.3
175	19	6	6	4	4	5	5	4	2	2	6	6	5	6	6	6	3.4	4.6	1.4
176	19	2	2	6	5	4	6	2	4	3	5	6	6	3	4	5	2.7	2.7	2.9
177	18	4	5	4	2	3	3	3	3	2	5	5	5	3	4	4	2.7	2.8	2.4
178	18	4	4	3	1	6	4	2	2	3	5	4	4	5	6	5	3	3.3	3.1
179	18	4	5	3	3	4	3	3	3	4	5	5	4	5	4	5	2.7	4.2	3
180	20	3	2	3	3	5	3	4	4	4	4	4	4	3	4	3	2.1	3.8	2.3
181	21	2	4	4	4	6	2	4	2	1	5	6	6	4	3	2	2.5	4.6	4
182	18	2	2	2	4	5	4	4	4	4	4	4	4	4	4	4	2.4	4.5	3.4
183	19	6	6	6	4	3	4	4	5	4	1	1	4	5	5	5	2.7	4.2	3.3
184	18	2	3	3	3	4	3	5	4	4	4	5	4	3	2	4	2.8	3.9	2.3
185	19	2	6	1	4	6	4	1	1	1	1	1	2	1	4	1	1.3	4	3.6
186	20	2	2	4	3	4	4	3	4	3	4	4	4	4	4	4	3	2.9	2.4
187	20	4	4	4	4	6	3	4	4	2	5	5	5	6	6	6	4	4.2	3.3
188	21	3	3	4	3	4	3	4	4	4	4	3	4	4	4	5	2.8	3.1	2.4
189	20	4	6	6	2	5	2	2	2	3	5	5	5	6	6	6	2.6	3.7	3.4
190	20	4	5	5	3	3	3	2	3	2	5	5	5	5	5	5	2.4	2.8	2.6
191	20	2	2	3	1	5	2	5	5	5	3	4	4	5	5	6	2.9	2.9	3.6
192	22	4	4	4	2	4	3	3	4	4	4	3	4	4	4	3	3	2.9	2.4
193	21	2	1	2	4	6	4	2	3	3	4	4	4	5	5	5	3.1	3.7	2.6
194	20	4	4	4	3	3	3	4	3	4	4	4	5	4	4	4	2.8	2.8	3.1
195	20	3	4	5	3	3	3	3	4	2	4	4	4	4	4	4	2.2	3.5	2.6
196	19	2	2	3	4	2	4	5	4	5	6	5	5	5	4	5	2.8	3.2	2.5
197	19	6	6	6	3	2	5	4	4	4	6	5	5	6	4	5	3.7	3.7	2.5
198	21	3	3	4	3	3	4	4	4	3	5	5	5	4	3	4	2.8	3.6	3.8
199	21	2	3	6	3	6	3	5	5	4	2	6	6	6	6	6	3.5	4.6	3.1
200	18	4	3	3	3	3	3	3	3	3	4	4	4	4	4	4	2.9	3.5	3
201	20	2	2	1	5	6	5	6	6	6	5	3	2	6	6	6	3.8	3.1	4.7
202	18	4	4	4	1	3	2	3	3	3	5	4	5	5	4	5	2.7	3.5	2.8
203	21	3	2	3	2	3	2	4	4	4	5	4	4	5	5	5	2.3	2.8	2.7
204	20	4	3	4	3	3	3	3	3	3	5	5	5	4	4	3	3.6	3.9	2.7
205	19	5	6	6	3	3	2	6	4	4	5	5	5	6	6	6	2	2.3	2.7
206	21	4	5	5	3	3	3	4	4	4	5	4	4	6	6	6	2.9	2.7	2.6
207	19	2	3	3	6	6	5	2	2	2	6	5	2	3	5	4	2.5	3.8	4.1
208	22	2	2	2	6	6	6	6	6	5	2	4	2	4	4	4	3.6	4.2	4.8
209	18	3	3	4	2	2	3	4	4	4	4	4	5	5	5	5	3.4	3.4	3.5
210	19	1	1	3	6	6	6	5	5	5	6	6	5	6	5	6	3.6	3.7	3.6
211	18	1	1	1	5	6	5	3	4	4	2	4	5	4	5	5	1.3	4.9	3.2
212	21	2	2	2	4	5	4	2	4	3	2	2	2	4	4	3	2.5	2.9	3.4
213	20	3	4	4	1	6	5	4	4	4	5	3	2	1	1	2	2.1	3.6	2.8
214	21	1	1	1	2	4	4	4	6	6	4	4	3	1	1	1	3.3	3.6	3.5
215	19	1	1	1	2	6	4	6	3	3	6	6	6	3	2	2	4.2	4.9	2.9
216	18	6	6	6	1	1	2	3	3	2	2	1	2	5	4	1	1.9	4.2	2.3
217	18	2	3	2	2	5	4	1	2	2	5	4	3	4	4	4	3	3.8	3.4
218	19	4	4	5	5	5	5	3	3	3	4	4	4	4	5	5	3.7	3.7	4.2
219	18	3	4	4	4	4	4	4	4	3	3	3	3	2	3	2	2.8	4	2.5
220	19	2	1	4	3	5	3	4	5	3	4	4	4	3	3	5	2.7	2.3	2.8
221	19	2	3	2	4	3	4	5	4	4	4	4	4	3	3	4	2.3	4.3	3
222	22	3	3	2	4	3	4	3	1	2	5	4	4	3	3	3	2.4	4.3	2.4
223	20	1	2	2	2	2	1	5	5	5	5	5	4	5	5	5	2.8	4.1	2.3
224	22	4	4	4	4	4	5	3	3	2	5	5	5	4	5	3	2.8	2.4	2.3
225	21	2	2	2	2	5	5	3	3	3	6	4	5	3	3	2	2.9	3.8	2.8
226	18	2	5	2	3	3	4	1	1	1	6	3	4	3	2	3	2	2.8	3.1
227	21	1	6	1	1	1	6	6	6	6	1	1	1	1	1	1	4.4	1.8	4.6
228	19	4	4	4	4	4	4	5	5	5	4	5	5	3	3	3	3.7	4.1	3.8
229	19	4	5	4	3	3	3	2	3	3	4	4	4	4	4	4	2.9	3.4	2.5
230	20	1	2	1	3	4	2	5	5	4	5	5	4	2	3	3	3.1	3.5	3.5
231	22	3	4	3	4	6	5	3	3	3	4	5	4	5	5	5	2.7	3	3.1
232	22	4	4	5	6	6	6	2	6	2	5	6	5	1	2	6	2.7	4	4.2
233	22	2	2	2	5	5	5	4	4	4	4	4	4	3	4	3	3.1	3.2	4
234	18	3	4	3	3	3	3	4	4	4	5	4	4	5	4	5	3.1	3.9	2.5
235	19	2	2	3	5	6	6	3	4	3	4	5	5	5	4	5	3.5	3.8	4
236	19	3	3	3	5	4	5	5	4	4	5	5	5	3	4	4	3.5	3.8	3.8
237	18	4	4	4	3	4	4	3	3	3	3	4	3	4	3	3	2.7	3.6	2.4
238	19	3	2	2	1	3	1	3	2	3	4	4	4	4	4	4	3.3	4.5	2.6
239	21	4	5	3	3	5	5	2	4	4	4	5	3	4	4	4	1.9	3.3	2.9
240	19	3	2	2	4	5	3	4	3	4	4	5	4	6	6	6	3.2	2.6	3.1
241	18	4	4	5	2	3	2	2	3	2	3	3	3	4	3	4	2	1.7	1.7
242	20	6	6	6	5	4	5	3	3	3	3	3	4	4	4	5	2.9	3.7	3.5
243	20	2	3	2	5	5	6	5	5	5	5	5	5	5	5	4	3.3	3.7	4.2
244	20	4	4	4	2	3	3	2	2	2	3	2	4	3	5	4	1.9	3.7	2.3
245	21	2	2	4	5	6	5	5	5	5	6	6	4	3	4	4	3.9	4.6	3.8
246	19	4	4	3	4	5	4	3	3	2	5	4	3	3	3	3	2.8	3.9	2.5
247	21	3	3	4	3	3	4	4	3	3	5	5	5	2	2	2	3.7	4.5	3.1
248	18	3	3	2	3	3	2	2	3	3	5	4	5	1	2	2	2.6	3.8	2.8
249	19	1	2	1	4	5	3	2	3	1	1	4	6	4	5	5	2.6	3.2	3.2
250	19	2	3	2	1	2	1	3	3	3	5	5	4	5	5	5	2.7	2.6	1.7

2-2 探索的因子分析

　まず，Big Five 項目が事前の想定どおり 5 因子構造となるのかどうかを，探索的因子分析で検討してみる．

■分析の指定

● [分析(A)] ⇒ [次元分解] ⇒ [因子分析(F)] を選択．
  ▶ [変数(V):] 欄に P01 から P15 までを指定して， 因子抽出(E) をクリック．
    ◆ [方法(M):] を最尤法に指定しよう．
    ◆ [抽出の基準] の [因子の固定数(N)] を 5 とする ⇒ 続行 ．
  ▶ 回転(T) をクリック．
    ◆ [方法(M):] の中で [プロマックス(P)] を指定する ⇒ 続行 ．
  ▶ オプション(O) ⇒ [係数の表示書式] で [サイズによる並び替え(S)] にチェックを入れる ⇒ 続行 ．
  ▶ OK をクリック．

■出力結果の見方

(1) 共通性を見る．
  ▶ 因子抽出後の値を見ると，すべて .50 を越えており，十分な値を示しているといえる．

共通性

	初期	因子抽出後
P01_不安になりやすい	.686	.857
P02_悩みがち	.575	.629
P03_心配性	.596	.649
P04_積極的な	.627	.754
P05R_内気な	.540	.595
P06_外向的	.637	.707
P07_呑み込みの速い	.607	.701
P08_能率の良い	.595	.649
P09_頭の回転の速い	.600	.728
P10_温和な	.481	.522
P11_人の良い	.595	.793
P12_やさしい	.519	.590
P13R_いい加減な	.619	.716
P14R_怠惰な	.587	.744
P15R_ルーズな	.509	.568

因子抽出法：最尤法

(2) 説明された分散の合計を見る.

- ▶ 初期の固有値は第5因子までが 1.00 を越えており，5因子構造として適切であるといえるだろう.

説明された分散の合計

因子	初期の固有値			抽出後の負荷量平方和			回転後の負荷量平方和[a]
	合計	分散の %	累積 %	合計	分散の %	累積 %	合計
1	3.726	24.843	24.843	3.325	22.168	22.168	2.435
2	3.155	21.032	45.876	2.848	18.985	41.153	2.665
3	1.941	12.939	58.815	1.714	11.425	52.579	2.473
4	1.535	10.236	69.051	1.227	8.183	60.761	2.402
5	1.411	9.404	78.455	1.088	7.253	68.014	2.239
6	.506	3.373	81.828				
7	.440	2.936	84.764				

(3) 因子抽出の方法で**最尤法**を選択すると，**適合度検定**が出力される.

- ▶ カイ2乗の値が有意でない場合，因子分析結果がデータに適合していると判断されるが，データ数が多いと有意になりやすい.
- ▶ ここは参考程度にとどめておこう.

適合度検定

カイ2乗	自由度	有意確率
74.801	40	.001

(4) パターン行列を見る.

- ▶ 5つの因子に該当する項目がそれぞれ高い負荷量を示している.
- ▶ 第1因子が，**神経症傾向**，
  第2因子が，**開放性**，
  第3因子が，**外向性**，
  第4因子が，**勤勉性**，
  第5因子が，**調和性**である.

パターン行列[a]

	因子				
	1	2	3	4	5
P01_不安になりやすい	.922	-.024	.017	.017	-.019
P03_心配性	.804	-.046	.057	.016	.039
P02_悩みがち	.780	.029	-.072	-.018	-.029
P09_頭の回転の速い	.022	.875	-.015	-.034	-.035
P07_呑み込みの速い	-.060	.808	.021	-.005	.035
P08_能率の良い	-.011	.778	.020	.069	.001
P04_積極的な	.077	.019	.877	-.001	.027
P06_外向的	.082	.130	.800	-.070	-.008
P05R_内気な	-.174	-.121	.752	.085	-.044
P14R_怠惰な	-.045	-.035	.041	.891	-.052
P13R_いい加減な	.067	.088	-.102	.801	.020
P15R_ルーズな	.005	.016	.061	.737	.050
P11_人の良い	-.031	-.006	.066	-.029	.899
P12_やさしい	.047	-.043	-.013	.060	.747
P10_温和な	-.021	.043	-.076	-.017	.718

因子抽出法: 最尤法
回転法: Kaiser の正規化を伴うプロマックス法
a. 6回の反復で回転が収束しました.

(5) 因子間相関が出力される.

- ▶ 開放性　と　外向性，
  勤勉性　と　調和性　との間に弱い正の相関がみられる.

因子相関行列

因子	1	2	3	4	5
1	1.000	-.218	-.249	.112	.012
2	-.218	1.000	.381	.218	.174
3	-.249	.381	1.000	-.018	.000
4	.112	.218	-.018	1.000	.367
5	.012	.174	.000	.367	1.000

因子抽出法: 最尤法
回転法: Kaiser の正規化を伴うプロマックス法

2-3 因子分析をパス図に表す

ここまでの探索的因子分析をパス図で表現すると，次の図のようになる.

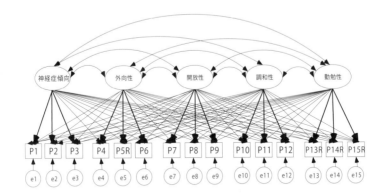

(1) P1，P2，P3 の部分だけをとり出してみよう.

- SPSS で因子分析を行うことは，**探索的因子分析**とよばれる.
- 探索的因子分析では，すべての因子によって観測された変数（この場合は P1，P2，P3）を説明するモデルを立てる.
  - ▶ したがって，パス図で表現する場合には，すべての潜在変数（因子）から片方向の矢印を引く.

- ▸ すべての潜在変数がすべての観測変数に影響を及ぼすので，因子分析における潜在変数は**共通因子**と呼ばれる（一般的には，単に**因子**とよばれる）．
- ● たとえば P1 は，5 つの潜在変数（因子）すべてから影響を受けている．
  - ▸ 5 つの潜在変数（因子）から P1 に向かってくる 5 つの矢印すべての影響の大きさが，因子分析の出力のうちの**共通性**になる．
    - ◆ 先ほどの結果を見ると，P1 の因子抽出後の共通性は .857 である．
  - ▸ P1 には誤差である e1 も影響を与えている．
    - ◆ 因子分析では，誤差ではなく，**独自因子**とよばれる．
    - ◆ e1 から P1 への矢印の影響の大きさを**独自性**と呼ぶ．
    - ◆ 標準化された値であれば，すべての因子から影響を受ける大きさ（共通性）と，誤差（独自性）を足すと「1」になる．
    - ◆ したがって，P1 の独自性は，1.000 − .857 = .143 となる．
- ● 5 つの潜在変数（因子）から P1 に向かう矢印 1 つひとつの大きさが，**因子負荷量**となる．
  - ▸ 先ほどの因子分析結果をみると，P1 は第 1 因子に大きな因子負荷量を示した．
  - ▸ したがって，5 つの因子の中で第 1 因子からもっとも強く影響を受けているということになる．
- ● 因子分析で求められる「因子」とは，直接的に観測されない潜在的な変数である．
  - ▸ 因子分析結果の解釈（**因子の命名**）とは，潜在変数（因子）から観測変数への矢印の影響の大きさをみて，目に見えない潜在的な変数を推測することだと言い換えることができるだろう．

<STEP UP> 「信頼性の検討」と「妥当性の検討」

- ● 心理学で直接的に得られるデータは，「何らかの心理的な要因に基づいて表出したもの」であると考えられる．
- ● たとえば，「優しさ」というものを考えてみよう．「優しさ」というもの自体は直接的に目に見えるものではない．どこかに存在するわけではない，一種の構成概念である．

- しかし人々は,「あの人は優しい性格だ」という表現を使用する. では, 何を根拠にしてその人を「優しい人だ」と判断しているのだろうか. おそらく, 自分や他者の言動を観察するなどして,「優しい」とされる行動を多く行っていると認識すれば, その人に対して「優しい」というラベルをはるのであろう. そしていったん「優しい」とされた人物は, 次にもそのような優しい行動をとることを期待・予想される.

- しかしそこには必ず「誤差」が伴う. 優しい行動をとっているのは特定の人物に対してだけ, ということもあり得るし, たまたま気分がよかったから優しい行動をとっただけ, ということもある. また優しい人なのだからこういう行動をとるだろう, と予想してもそのとおりになるとは限らない.

- 優しさを測定する尺度を作成したとしよう. 1つひとつの項目は, 優しさを反映した行動や態度などで表現される. ここで, それぞれの質問項目を**観測変数**, 優しさを**潜在変数**とする. そして, 上記のような因子分析のパス図を描いた場合,「優しさという目に見えない『**潜在的な要因**』と『**誤差**』が, 1つひとつの行動・態度に影響を与える」という考え方を反映しているのである.

- さらに, 用意した質問項目が全体としてまとまって優しさを測定しているかどうかを検討することが「**信頼性の検討**」であり, 優しさという潜在変数から項目に対して十分な影響力がある (誤差からの影響力が小さい) かどうかということが, 信頼性の1つの指標にもなる. また, 用意した質問項目がほんとうに優しさを測定しているかどうかを検討することが「**妥当性の検討**」となる.

(2) 次に，潜在変数の間に引かれた双方向の矢印である．

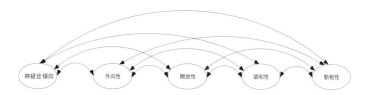

- ▶ これは「**因子の回転**」を表現する．
- ▶ 先ほどの因子分析では，斜交回転の1つである**プロマックス回転**を行った．
- ▶ 斜交回転では，因子の間に相関関係があることを仮定する．
- ▶ したがって，因子を表現する潜在変数の間すべてに双方向の矢印が描かれているのである．

(3) 以上が探索的な因子分析の説明である．

　パス図を見てもわかるように，探索的因子分析では非常に多くのパスが引かれており，すべての因子がすべての観測変数に影響を与えていることを仮定している．

- ▶ しかし今回のデータの場合，測定された15項目が明確に5つの因子に分かれることを仮定している．そこで，事前の仮説どおりにパスを引いて，実際にそのようになるのかどうかを検討したい．具体的には下の図のようになる．それぞれの項目が該当する潜在変数（因子）だけから影響を受けることを仮定したパス図である．

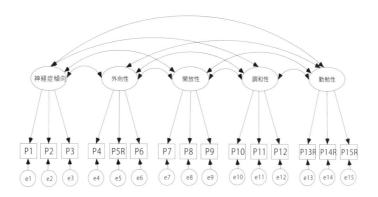

3–1　確認的因子分析

Big Five 項目の確認的因子分析を Amos を用いて行う.

■分析の指定

● Amos を起動する（スタートメニュー ⇒ IBM SPSS Statistics ⇒ IBM SPSS Amos 26 Graphics とフォルダをたどっていき，IBM SPSS Amos 26 を起動）.

  ▶ 今回は縦長の描画領域のまま，分析を行ってみよう.

  ▶ 縦方向に5つの潜在変数を並べ，左側に観測変数，その左側に誤差変数が配置されるように描いていこう.

潜在変数と観測変数を描く

● ツールバーから［潜在変数を描く，あるいは指標変数を潜在変数に追加］アイコン（👾）を選択.

  ▶ マウスの左ボタンを押しながら，描画領域の適当な場所に楕円を描く（小さめに描くとよいだろう）.

  ▶ 楕円の中で3回左クリックを行う.

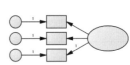

  ▶ 潜在変数と観測変数，誤差が描かれる.

●［潜在変数の指標変数を回転］アイコン（◯）をクリックする.

  ▶ いま描いた潜在変数（楕円）の中央で左クリックを観測変数が左側に来るまでくり返す.

● いま描いた図形をコピーする.

  ▶ まず，すべての図形を選択する.

- ◆［全オブジェクトの選択］アイコン（✋）をクリックし，描いた図形をすべて選択する．
  - ◆すべての図形が青色の線になる．
- ▶コピーする前に，図形を適切な位置（上方向）に移動しておいたほうがよいだろう．
  - ◆［オブジェクトを移動］アイコン（🚚）をクリックし，左クリックを押しながら図形を移動させる．
- ▶図形をコピーする．
  - ◆［オブジェクトをコピー］アイコン（📋）をクリック．
  - ◆図形の上で左クリックを押し，そのまま下方向へドラッグする．
  - ◆図形がコピーできたら，もう一度コピーした図形の上で左クリックを押しながら下方向へドラッグする．
  - ◆潜在変数が5つになるまで，くり返す．
- ▶コピーが終わったら，［全オブジェクトの選択解除］アイコン（✋）をクリックし，選択を解除しておく．
- ▶右図のような配置になっているだろうか．

変数名とデータの指定

- ●潜在変数の名前を指定する．
  - ▶一番上右側の潜在変数（楕円）をダブルクリックする．
    - ◆［オブジェクトのプロパティ(O)］ウインドウが表示される．
    - ◆［テキスト］タブを選択する．
    - ◆［変数名(N)］に神経症傾向と入力する．1行で（楕円に）入りきらないときは改行してもよい．

  - ▶［オブジェクトのプロパティ(O)］ウインドウを表示したまま，上から2番目右側の潜在変数をクリックし，［変数名(N)］に外向性と入力する．

- ▶ 同様に，3番目の潜在変数を**開放性**，4番目の潜在変数を**調和性**，5番目の潜在変数を**勤勉性**とする．
- ▶ [**テキスト**] タブで [**フォントサイズ(F)**] を変更し，描いた図形内にうまく文字が収まるように工夫しよう．
- ● 誤差変数の名前を指定する．
  - ▶ 一番上の誤差変数である潜在変数（正円）をダブルクリックする．
    - ◆ [**オブジェクトのプロパティ(O)**] ウインドウが表示される．
    - ◆ [**テキスト**] タブを選択し，[**変数名(N)**] を e01 とする．
    - ◆ 同様に，上から順に e15 までを入力する．
    - ◆ 同じ変数名を使用しないように気をつけること．
    - ◆ 文字が図形に入りきらないときは，[**フォントサイズ(F)**] を変更して調整しよう．
  - ▶ プラグインを使用して誤差変数の名前を記入してもよい．
    - ◆ [**プラグイン(P)**] ⇒ [Name Unobserved Variables] を選択．
    - ◆ 自動的に，誤差変数には e1，e2，e3，…と，誤差以外の潜在変数には f1，f2，f3，…と名前が入力される．この場合，最初に描かれた図から順番に番号が振られる．
- ● 観測変数を指定する．
  - ▶ [**データファイルを選択**] アイコンをクリック（または，[**ファイル(F)**] メニュー ⇒ [**データファイル(D)**] を選択）．
    - ◆ ファイル名(N) をクリックし，使用するファイル（data_big5.sav）を選択して，OK をクリック．
  - ▶ [**データセット内の変数を一覧**] アイコン（▦）をクリックし，SPSS のデータセットにある変数の一覧を表示させる．
    - ◆ あるいはメニューから，[**表示(V)**] ⇒ [**データセットに含まれる変数(D)**] を選択してもよい．
  - ▶ 一番上，**神経症傾向**から影響を受ける3つの観測変数に，P01，P02，P03 を指定する．

◆ 変数の一覧から P01 を選択し, 左クリックを押したまま一番上の観測変数 (長方形) にドラッグ＆ドロップする.

◆ 同じように, 上から 2 番目の観測変数に P02, 3 番目の観測変数に P03 を指定する.

▶ 同様に, **外向性・開放性・調和性・勤勉性**から影響を受ける観測変数を指定する.

◆ 上から順に **P15** までを指定する.

▶ なお, 変数のラベルも入力されるので, 文字が図形からはみ出してしまう. 以下の方法で対処しよう.

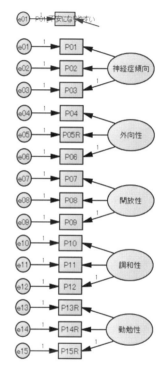

◆ メニューから, [**表示(V)**] ⇒ [**インターフェイスのプロパティ(I)**] を選択.

◆ [**その他**] タブを選択する.

◆ [**変数ラベルを表示(L)**] のチェックを外す.

◆ インターフェイスのプロパティウインドウを閉じる.

◆ フォントサイズを [**オブジェクトのプロパティ(O)**] ウインドウの [**テキスト**] タブで見やすく調整しておこう.

● 右の図のようになっているだろうか.

共分散 (相関) を描く

● 潜在変数間に双方向の矢印を描く.

▶ [**共分散を描く (双方向矢印)**] アイコン (↔) をクリック.

◆ **神経症傾向・外向性・開放性・調和性・勤勉性**の 5 つの潜在変数すべての間に双方向の矢印を引く.

◆ 1 つひとつの潜在変数に 4 つの双方向矢印がつくように描こう.

◆ 上から下に向かって引くと右側に, 下から上に向かって引くと左側に弧が描かれる.

▸ プラグインを使って描くこともできる.

  ◆ ［オブジェクトを一つづつ選択］アイコンをクリックし, 5つの潜在変数を選択する.
  ◆ ［プラグイン］メニュー ⇒ ［Draw Covariances］を選択すると, 選択した変数
    すべての組み合わせの間に, 双方向の矢印が描かれる.

＜**STEP UP**＞ 分散と係数の固定（豊田, 2003b, p.47〜48 より）

● 以上のような指定を行った場合, 1つの潜在変数から観測変数へ伸びた
  矢印のうち1つの係数が「1」になっている.
  ▸ 因子の分散の違いを見たい場合には, このように指定し, 非標準化
    推定値を参照して解釈する.
  ▸ ただし, 矢印の係数を1に固定した部分については, そのパスの有
    意性検定が出力されない.
  ▸ 標準化推定値では因子の分散が1とされるので, 結果は以下の方法
    と同じになる.
● 矢印についた係数1を消し, 潜在変数の「分散」を「1」に固定する方
  法でも分析は可能である.
  ▸ 分散を1に固定すると, 非標準化推定値の結果が変わってくるが,
    標準化推定値は変わらない.
  ▸ 潜在変数から観測変数への係数を1に固定しないので, 係数の大き
    さや有意確率を求めることができる.
● これらは目的に応じて使い分けるとよいだろう.
● 今回は任意のパス係数を1とする方法で, このまま分析を行ってみよう.
  分散を1に固定する方法は, 各自で行ってみて欲しい.

分析の実行

● 分析の設定を行う.
  ▸ ［分析のプロパティ］アイコン（▦）をクリック, あるいはメニューから［表示(V)］
    ⇒ ［分析のプロパティ(A)］を選択する.
    ◆ ［出力］タブで［最小化履歴(H)］［標準化推定値(T)］［重相関係数の平方(Q)］にチェッ
      ク（この3つは常にチェックを入れておくとよいだろう）, ウインドウを閉じる.

● 分析を行う.

▶ ［推定値を計算］アイコン（■）をクリック，あるいはメニューから［モデル適合度(M)］ ⇒ ［推定値を計算(C)］を選択する.

▶ 保存していない場合はダイアログが出るので保存する.

▶ 中央の枠内に「最小値に達しました」「出力の書込み」，**カイ2乗値**が表示されたら分析は終了.

■出力結果の見方

(1) ［出力パス図の表示］アイコン（■）をクリックし，非標準化推定値と標準化推定値を見てみよう.

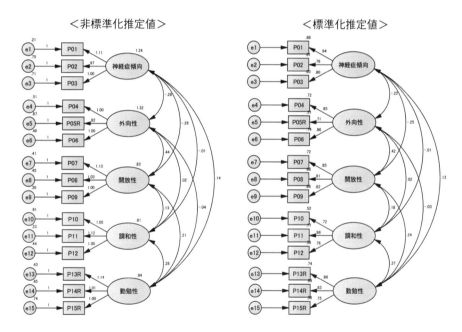

<非標準化推定値>　　　　　　<標準化推定値>

(2) テキスト出力で結果を確認する.

● ［テキスト出力の表示］アイコン（■）をクリック，あるいはメニューから［表示(V)］ ⇒ ［テキスト出力の表示(X)］を選択する.

● ［推定値］の係数と標準化係数を見る.

▶潜在変数（因子）から観測変数への影響力（囲み部分）は十分な大きさである．

係数: (ｸﾞﾙｰﾌﾟ番号 1 - ﾓﾃﾞﾙ番号 1)

			推定値	標準誤差	検定統計量	確率	ラベル
P03	<---	神経症傾向	1.000				
P02	<---	神経症傾向	.971	.073	13.388	***	
P01	<---	神経症傾向	1.109	.075	14.794	***	
P06	<---	外向性	1.000				
P05R	<---	外向性	.820	.069	11.841	***	
P04	<---	外向性	1.002	.073	13.743	***	
P09	<---	開放性	1.000				
P08	<---	開放性	1.029	.075	13.756	***	
P07	<---	開放性	1.133	.080	14.228	***	
P12	<---	調和性	1.000				
P11	<---	調和性	1.116	.096	11.686	***	
P10	<---	調和性	1.048	.096	10.901	***	
P15R	<---	勤勉性	1.000				
P14R	<---	勤勉性	1.013	.082	12.284	***	
P13R	<---	勤勉性	1.141	.092	12.463	***	

標準化係数: (ｸﾞﾙｰﾌﾟ番号 1 - ﾓﾃﾞﾙ番号 1)

			推定値
P03	<---	神経症傾向	.797
P02	<---	神経症傾向	.780
P01	<---	神経症傾向	.937
P06	<---	外向性	.861
P05R	<---	外向性	.712
P04	<---	外向性	.851
P09	<---	開放性	.824
P08	<---	開放性	.814
P07	<---	開放性	.850
P12	<---	調和性	.764
P11	<---	調和性	.876
P10	<---	調和性	.724
P15R	<---	勤勉性	.749
P14R	<---	勤勉性	.827
P13R	<---	勤勉性	.860

●［推定値］の共分散と相関係数を見る．
 ▶外向性と調和性，外向性と勤勉性，神経症傾向と調和性との間の共分散（相関）が有意ではない．神経症傾向と勤勉性の有意確率も5％を越えている．

共分散: (ｸﾞﾙｰﾌﾟ番号 1 - ﾓﾃﾞﾙ番号 1)

			推定値	標準誤差	検定統計量	確率	ラベル
神経症傾向	<-->	外向性	-.276	.095	-2.922	.003	
外向性	<-->	開放性	.442	.085	5.184	***	
開放性	<-->	調和性	.130	.054	2.402	.016	
調和性	<-->	勤勉性	.279	.063	4.418	***	
神経症傾向	<-->	開放性	-.258	.076	-3.389	***	
外向性	<-->	調和性	.019	.066	.286	.775	
開放性	<-->	勤勉性	.208	.068	3.077	.002	
神経症傾向	<-->	調和性	-.011	.062	-.174	.862	
外向性	<-->	勤勉性	-.037	.082	-.447	.655	
神経症傾向	<-->	勤勉性	.140	.078	1.786	.074	

相関係数: (ｸﾞﾙｰﾌﾟ番号 1 - ﾓﾃﾞﾙ番号 1)

			推定値
神経症傾向	<-->	外向性	-.216
外向性	<-->	開放性	.421
開放性	<-->	調和性	.182
調和性	<-->	勤勉性	.368
神経症傾向	<-->	開放性	-.254
外向性	<-->	調和性	.021
開放性	<-->	勤勉性	.236
神経症傾向	<-->	調和性	-.012
外向性	<-->	勤勉性	-.033
神経症傾向	<-->	勤勉性	.130

●重相関係数の平方（R^2）を見る．
 ▶いずれの項目も，各因子（潜在変数）から十分な影響を受けている．
●［モデル適合］を見る（適合度の各指標については，p.284を参照）．
 ▶カイ2乗値（CMIN）は148.593，自由度80，0.1％水準で有意である．

重相関係数の平方: (ｸﾞﾙｰﾌﾟ番号 1 - ﾓﾃﾞﾙ番号 1)

	推定値
P13R	.740
P14R	.684
P15R	.561
P10	.524
P11	.767
P12	.583
P07	.722
P08	.663
P09	.679
P04	.723
P05R	.506
P06	.742
P01	.878
P02	.608
P03	.635

▶ GFI は .927，AGFI は .890，RMSEA は .059，AIC は 228.593 である．

▶ 適合度はまずまずの値といえるであろう．

RMR, GFI

モデル	RMR	GFI	AGFI	PGFI
モデル番号 1	.075	.927	.890	.618
飽和モデル	.000	1.000		
独立モデル	.429	.453	.375	.397

RMSEA

モデル	RMSEA
モデル番号 1	.059
独立モデル	.267

CMIN

モデル	NPAR	CMIN	自由度	確率	CMIN/DF
モデル番号 1	40	148.593	80	.000	1.857
飽和モデル	120	.000	0		
独立モデル	15	1965.505	105	.000	18.719

AIC

モデル	AIC
モデル番号 1	228.593
飽和モデル	240.000
独立モデル	1995.505

3-2 モデルの改良

やや探索的ではあるが，適合度が上がるように，モデルを改良してみよう．

■分析の指定

● 潜在変数間の双方向矢印のうち，有意な値が得られなかった，**外向性**と**調和性**，**外向性**と**勤勉性**，**神経症傾向**と**調和性**との間の 3 つの共分散を表すパスを消し，再度，分析を実行する．

▶ **神経症傾向**と**勤勉性**の間の共分散はとりあえず残しておこう．

● 外生変数間に相関を仮定していない部分があるため警告が出るが，そのまま分析を実行する．

■出力結果の見方

(1) テキスト出力の［モデル適合］を見る．

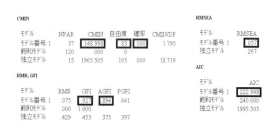

CMIN

モデル	NPAR	CMIN	自由度	確率	CMIN/DF
モデル番号 1	37	148.998	83	.000	1.795
飽和モデル	120	.000	0		
独立モデル	15	1965.505	105	.000	18.719

RMSEA

モデル	RMSEA
モデル番号 1	.057
独立モデル	.267

RMR, GFI

モデル	RMR	GFI	AGFI	PGFI
モデル番号 1	.075	.927	.894	.641
飽和モデル	.000	1.000		
独立モデル	.429	.453	.375	.397

AIC

モデル	AIC
モデル番号 1	222.998
飽和モデル	240.000
独立モデル	1995.505

▶ カイ 2 乗値（CMIN）は 148.998，自由度 83，0.1％水準で有意である．

▶ GFI は .927，AGFI は .894，RMSEA は .057，AIC は 222.998 である．

▶ 先ほどよりも AIC の値が減少しており，よりデータにうまく適合しているといえる．

(2)［出力パス図の表示］アイコン（　）をクリックし，非標準化推定値と標準化推定値を見てみる．

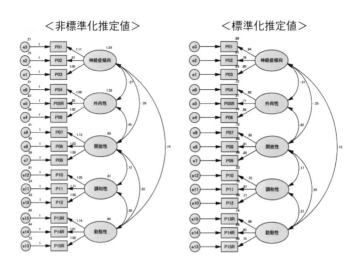

(3) さらに「神経症傾向と勤勉性」のパスを消すと……

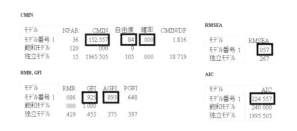

▶ カイ 2 乗値（CMIN）は 152.557，自由度 84，0.1％水準で有意である．

▶ GFI は .925，AGFI は .893，RMSEA は .057，AIC は 224.557 である．

▶ 適合度が全体的に下がる結果となった．

▶「神経症傾向と勤勉性」のパスを消さない，先ほどのモデルの方がデータにうまく適合しているようである．

3-3 結果の記述 1（Big Five 項目の確認的因子分析）

　共分散構造分析（構造方程式モデリング）を用いた分析の記述方法には，決定的なフォーマットがあるわけではない．各自の分野に近い論文を参考にしながら書いていってほしい．フォーマットが決まっていないだけに，書き方の自由度が高い部分でもある．できるだけていねいに記述することを心がけよう．

　一般的にパス図で表現することが多いが，今回のような確認的因子分析では Table（表）を用いることある．ここでは Table を使って書いてみよう．

1．Big Five 項目の確認的因子分析

　Big Five の 15 項目が事前の想定通りの 5 因子構造となることを確かめるために，逆転項目の処理を行ったあとで，Amos20.0 を用いた確認的因子分析を行った．5 つの因子からそれぞれ該当する項目が影響を受け，すべての因子間に共分散を仮定したモデルで分析を行ったところ，適合度指標は χ^2 = 148.593, df = 80, p < .001, GFI = .927, AGFI = .890, RMSEA = .059, AIC = 228.593 であった．また外向性と調和性，外向性と勤勉性，神経症傾向と調和性の因子間の相関が低く有意ではなかった．そこで，この 3 つの因子間相関を 0 としたモデルで

Table 1　BigFive 項目の確認的因子分析結果（標準化推定値）

	N	E	O	A	C
1. 不安になりやすい	.94				
2. 悩みがち	.78				
3. 心配性	.80				
4. 積極的な		.85			
5. 内気な*		.71			
6. 外向的		.86			
7. 呑み込みの速い			.85		
8. 能率の良い			.81		
9. 頭の回転の速い			.82		
10. 温和な				.72	
11. 人の良い				.87	
12. やさしい				.77	
13. いい加減な*					.86
14. 怠惰な*					.83
15. ルーズな*					.75
因子間相関	N	E	O	A	C
N	—	-.21	-.25	.00	.13
E		—	.42	.00	.00
O			—	.17	.25
A				—	.37
C					—

* 逆転項目
N:神経症傾向, E:外向性, O:開放性, A:調和性, C:勤勉性
数値は標準化推定値である．
NとE，EとA，EとCの間の相関は0に固定されている．
χ^2 = 149.00, df=83, p < .001; GFI=.927, AGFI=.894, RMSEA=.057

再度分析を行ったところ，適合度指標は χ^2 = 149.00, df = 83, p < .001, GFI = .927, AGFI = .894, RMSEA = .057, AIC = 222.998 と，最初のモデルよりもデータに適合した結果が得られた．Table 1 に，この最終的なモデルの分析結果を示す．

Section 4 影響の検討

パス解析を行う前に，自己愛の構造についても確認しておこう．

4-1 自己愛の構造の確認

■分析の指定
- 先ほどの確認的因子分析の結果を保存して，［ファイル(F)］⇒［新規作成(N)］を選択．
  - ▶ ツールバーから［潜在変数を描く，あるいは指標変数を潜在変数に追加］アイコン（）を選択し，右のような図を描く．
- 潜在変数（因子）の名前を**自己愛**，誤差変数の名前を e1, e2, e3 とする．
- 観測変数を指定する．
  - ▶［データセット内の変数を一覧］アイコン（▥）をクリックし，SPSS のデータセットにある変数の一覧を表示させる．
  - ▶ **優越感・注目賞賛・自己主張**を，3つの観測変数に指定する．
- 右図のようになっただろうか．

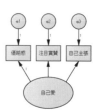

分析の実行
- 分析の設定を行う．
  - ▶［分析のプロパティ］アイコン（▦）をクリック，あるいはメニューから［表示(V)］⇒［分析のプロパティ(A)］を選択する．
    - ◆［出力］タブで［最小化履歴(H)］［標準化推定値(T)］［重相関係数の平方(Q)］にチェックを入れる．
    - ◆ ウインドウを閉じる．

● 分析を行う.

▸ ［推定値を計算］アイコン（▦）をクリック，あるいはメニューから［モデル適合度（M）］
⇒ ［推定値を計算（C）］を選択する.

▸ 保存していない場合はダイアログが出るので，これまでとは別の名前で保存する.

▸ 中央の枠内に「最小値に達しました」「出力の書き込み」などと表示されたら，分析は
終了.

■出力結果の見方

(1) ［出力パス図の表示］アイコン（▨）をクリックし，非標準化推定値と標準化推定値を見
てみよう.

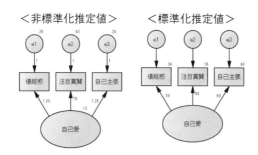

(2) テキスト出力の［推定値］を見る.

▸ いずれの係数も十分な値を示しているといえるだろう.

係数: (グループ番号 1 - モデル番号 1)

			推定値	標準誤差	検定統計量	確率	ラベル
優越感	<---	自己愛	1.000				
注目賞賛	<---	自己愛	.758	.185	4.107	***	
自己主張	<---	自己愛	1.277	.349	3.661	***	

標準化係数: (グループ番号 1 - モデル番号 1)

			推定値
優越感	<---	自己愛	.584
注目賞賛	<---	自己愛	.403
自己主張	<---	自己愛	.694

4-2 影響の検討

　自己愛の構造も確認できたので，Big Five から自己愛への影響を検討しよう．

　パス図を1から描くのは大変なので，先ほど Big Five の確認的因子分析を行ったパス図を利用することにしよう．

■分析の指定

- ［ファイル(F)］ ⇒ ［開く(O)］で Big Five の確認的因子分析を行ったファイルを開く．あるいは中央下部にファイル名が表示されていれば，ダブルクリックするとファイルが開く．

  ▶ 確認的因子分析の右側に，潜在変数：**自己愛**と，3つの観測変数：**優越感・注目賞賛・自己主張**，誤差変数：e16，e17，e18 を描いていく．

  ▶ 潜在変数：**自己愛**は Big Five から影響を受けるので，誤差変数：e19 を加える．

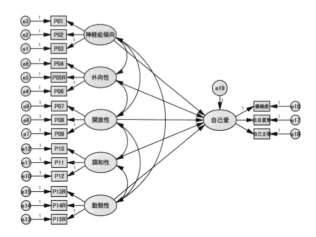

  ▶ ツールを利用しながら，見やすくなるように図を修正してみよう．

- ここまで描いたら，別名で保存しておくとよいだろう．

分析の実行

● 分析の設定をする.

▶ ［分析のプロパティ］アイコン（■■■）をクリック，あるいはメニューから［表示(V)］
⇒ ［分析のプロパティ(A)］を選択する.

◆ ［出力］タブで［最小化履歴(H)］［標準化推定値(T)］［重相関係数の平方(Q)］に
チェック，ウインドウを閉じる.

● 分析を実行する.

▶ ［推定値を計算］アイコン（■■■）をクリック，あるいはメニューから［モデル適合度(M)］
⇒ ［推定値を計算(C)］を選択する.

▶ 外生変数間の相関を仮定していないので警告が出るが，そのまま 分析を行う(P) をク
リックする.

▶ 中央の枠内に「最小値に達しました」「出力の書込み」などと表示されたら分析は終了.

■出力結果の見方

(1) 標準化推定値を右に示す.

▶ 出力された値の位置は，［パラメータ値を
移動］アイコン（✋）をクリックして見
やすい位置に移動させることができる.

(2) テキスト出力の［推定値］を見る.

▶ 外向性・開放性・調和性が自己愛に有意な
正の影響を与えている.

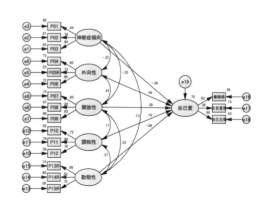

係数: (ｸﾞﾙｰﾌﾟ番号 1 · ﾓﾃﾞﾙ番号 1)

			推定値	標準誤差	検定統計量	確率	ﾗﾍﾞﾙ
自己愛	<---	神経症_傾向	-.022	.025	-.867	.386	
自己愛	<---	外向性	.193	.032	6.111	***	
自己愛	<---	開放性	.170	.039	4.358	***	
自己愛	<---	調和性	.081	.039	2.095	.036	
自己愛	<---	勤勉性	-.036	.032	-1.138	.255	

標準化係数: (ｸﾞﾙｰﾌﾟ番号 1 · ﾓﾃﾞﾙ番号 1)

			推定値
自己愛	<---	神経症_傾向	-.062
自己愛	<---	外向性	.561
自己愛	<---	開放性	.395
自己愛	<---	調和性	.161
自己愛	<---	勤勉性	-.090

(3) テキスト出力の［モデル適合］を見る.

- ▶ カイ2乗値（CMIN）は 267.350, 自由度 123, 0.1％で有意である.
- ▶ GFI は .895, AGFI は .854, RMSEA は .069, AIC は 363.350 であった.

4-3 モデルの改良

では次に, 有意な影響が見られなかった**神経症傾向**と**勤勉性**から**自己愛**へのパスを削除して, 再度, 分析を行ってみよう.

■分析の指定
- ●［オブジェクトを消去］アイコン（✗）をクリックし, 神経症傾向から自己愛へのパス, 勤勉性から自己愛へのパスを削除する.
- ●分析を実行する.

■出力結果の見方
(1) 標準化推定値は右のようになる.

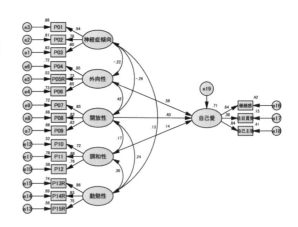

（2）テキスト出力の［推定値］を見る.

▶ **自己愛**に対して**外向性・開放性・調和性**いずれからも有意なパス係数を得ることができた.

（3）テキスト出力の［モデル適合］を見る.

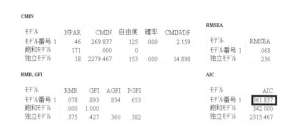

▶ AIC は 363.350 から 361.837 とやや低下した.

▶ 今回はこの結果を採用することにしよう.

▶ なお，よりよい適合度指標のモデルを探すことも重要だが，「理論に適合した」モデルを考えることのほうが重要であるということを，心にとどめておこう.

4−4 結果の記述 2（Big Five が自己愛傾向に及ぼす影響）

描けるのであれば，すべての要素をパス図に描くことが望ましい.

しかし，スペースの関係や図が煩雑になる場合は，適度な範囲で省略してもかまわないだろう. ただし省略した場合には，そのことを図の下部などに明記すること.

また，CFI や RMSEA の 90%信頼区間（LO 90 と HI 90）を論文に記載することもあるので出力結果を確認しておこう.

2. Big Five が自己愛傾向に及ぼす影響

　Big Five の5つの因子が自己愛傾向に及ぼす影響を検討するために，共分散構造分析によるパス解析を行った．まず，5つの因子すべてが自己愛傾向に影響を及ぼすことを仮定して分析を行った．その結果，神経症傾向から自己愛傾向，勤勉性から自己愛傾向へのパス係数が有意ではなく，適合度指標は $\chi^2 = 267.350$, $df = 123$, $p < .001$, GFI = .895, AGFI = .854, RMSEA = .069, AIC = 363.350 であった．そこで有意ではなかったパスを削除し，再度分析を行ったところ，AIC は361.837へと低下した．Figure 1 に最終的なモデルを示す．外向性と開放性が自己愛傾向に対して中程度の正の有意なパスを示しており，調和性は自己愛傾向に対して低い値ではあるが有意な正のパスを示していた．

Figure 1　パス解析の結果

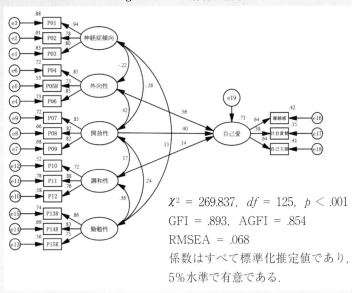

$\chi^2 = 269.837$, $df = 125$, $p < .001$
GFI = .893, AGFI = .854
RMSEA = .068
係数はすべて標準化推定値であり，
5%水準で有意である．

1. Big Five 項目の確認的因子分析

　Big Five の 15 項目が事前の想定通りの 5 因子構造となることを確かめるために，逆転項目の処理を行ったあとで，Amos20.0 を用いた確認的因子分析を行った．5 つの因子からそれぞれ該当する項目が影響を受け，すべての因子間に共分散を仮定したモデルで分析を行ったところ，適合度指標は $\chi^2 = 148.593$，$df = 80$，$p < .001$，GFI $= .927$，AGFI $= .890$，RMSEA $= .059$，AIC $= 228.593$ であった．また外向性と調和性，外向性と勤勉性，神経症傾向と調和性の因子間の相関が低く有意ではなかった．そこで，この 3 つの因子間相関を 0 としたモデルで再度分析を行ったところ，適合度指標は $\chi^2 = 149.00$，$df = 83$，$p < .001$，GFI $= .927$，AGFI $= .894$，RMSEA $= .057$，AIC $= 222.998$ と，最初のモデルよりもデータに適合した結果が得られた．Table 1 に，この最終的なモデルの分析結果を示す．

Table 1　BigFive 項目の確認的因子分析結果（標準化推定値）

	N	E	O	A	C
1. 不安になりやすい	.94				
2. 悩みがち	.78				
3. 心配性	.80				
4. 積極的な		.85			
5. 内気な*		.71			
6. 外向的		.86			
7. 呑み込みの速い			.85		
8. 能率の良い			.81		
9. 頭の回転の速い			.82		
10. 温和な				.72	
11. 人の良い				.87	
12. やさしい				.77	
13. いい加減な*					.86
14. 怠惰な*					.83
15. ルーズな*					.75

因子間相関	N	E	O	A	C
N	—	-.21	-.25	.00	.13
E		—	.42	.00	.00
O			—	.17	.25
A				—	.37
C					—

* 逆転項目
N:神経症傾向, E:外向性, O:開放性, A:調和性, C:勤勉性
数値は標準化推定値である。
NとE, EとA, EとCの間の相関は0に固定されている。
$\chi^2 = 149.00$, $df=83$, $p < .001$; GFI$=.927$, AGFI$=.894$, RMSEA$=.057$

2. Big Five が自己愛傾向に及ぼす影響

　Big Five の 5 つの因子が自己愛傾向に及ぼす影響を検討するために，共分散構造分析によるパス解析を行った．まず，5 つの因子すべてが自己愛傾向に影響を及ぼすことを仮定して分析を行った．その結果，神経症傾向から自己愛傾向，勤勉性から自己愛傾向へのパス係数が有意ではなく，適合度指標は $\chi^2 = 267.350$，$df = 123$，$p < .001$，GFI $= .895$，AGFI $= .854$，RMSEA $= .069$，AIC $= 363.350$ であった．そこで有意ではなかったパスを削除し，再度分析を行ったところ，AIC は 361.837 へと低下した．Figure1 に最終的なモデルを示す．外向性と開放性が自己愛傾向に対して中程度の正の有意なパスを示しており，調和性は自己愛傾向に対して低い値ではあるが有意な正のパスを示していた．

Figure 1　パス解析の結果

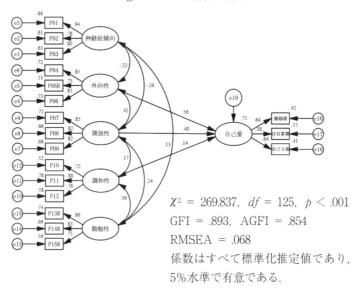

$\chi^2 = 269.837$，$df = 125$，$p < .001$
GFI $= .893$，AGFI $= .854$
RMSEA $= .068$
係数はすべて標準化推定値であり，
5%水準で有意である．

第**6**章

潜在曲線モデルを利用する
──知能が算数の学習効果に及ぼす影響

◎ここでは，Amos で潜在曲線モデルを扱う練習を行う.
　潜在曲線モデルは縦断データ（同一の対象にくり返し調査を行って得られたデータ）に適用可能な，近年発達研究等で注目されている分析手法である. このモデルでは縦断データの平均値の増加や減少を，「切片」と「傾き」を推定することによって説明する. さらに，他の得点で切片と傾きを予測するモデルについても練習してみよう.
◎また潜在曲線モデルの内容を理解するために，反復測定の分散分析や相関関係の分析結果も示す. これらを比較しながら理解していこう.

知能が算数の学習効果に及ぼす影響── （仮想データ）

▌1−1　研究の目的

　ある小学校では，かけ算の効果的な学習教材を開発し，その教材を用いて教育実践を行っている．この学習教材はドリル形式になっており，教師は児童が教材を解き終わる時間を測定し，児童はドリルを解き終わる時間を競い合っている．この教育実践は毎日行われており，非常に効果的な教育実践として他校の教員からも評価されている．

　しかし，この学習教材を用いた教育実践にどの程度の効果が認められるのかを明確に測定する試みはこれまでに行われていない．またこの教育実践によって，かけ算学習の効果が容易に現れる児童となかなか現れない児童の存在が教員から報告されている．そこで本研究では，児童の個人差要因の1つとして知能指数（IQ）に注目する．

　本研究の目的は，この小学校で実践されている学習の効果が知能指数（IQ）からどのような影響を受けるかを検討することである．

1-2 調査の方法

(1) 調査対象

　　小学校 2 年生 100 名からデータを得た.

(2) 調査内容

　　まず児童は,教育実践を行う前に知能検査で偏差知能指数(IQ)を測定した.

　　その後,児童は毎日 4 週間,かけ算の教材にとり組んだ.

　　毎週金曜日に教材を解き終わる時間を測定し,1 分あたりの解答数に換算した.

　　各児童につき,偏差知能指数(IQ)と 4 週の 1 分あたりの平均解答数を分析対象とした.

1-3 分析のアウトライン

- 4 週の 1 分あたりの平均解答数の分析
  - ▸ 4 週にわたってどのようなデータの変化が見られるのかを探る.
  - ▸ 反復測定の分散分析を用いて,平均値の差を検討する.
- 知能指数と 4 回のデータとの相関を検討
- 潜在曲線モデルによる分析
  - ▸ Amos を用いて,4 週のデータの平均値と切片を推定する.
- 潜在曲線モデルを用いて知能指数の影響を探る
  - ▸ 平均値と切片に対して,知能指数が影響を及ぼす程度を推定する.

2-1 データの内容

データの内容は以下の通りである.

▸ ID（番号），IQ（知能指数），w1〜w4（4週の1分あたりの平均解答数）

ID	IQ	w1	w2	w3	w4
1	111.00	64.08	64.08	62.94	117.66
2	58.00	46.38	53.76	56.58	49.44
3	98.00	33.36	48.24	43.08	48.90
4	66.00	26.88	31.02	34.62	44.88
5	108.00	27.24	43.80	57.30	76.62
6	80.00	45.54	48.90	44.46	51.90
7	101.00	68.46	69.78	78.60	95.76
8	106.00	26.46	37.50	45.00	64.26
9	105.00	38.82	39.72	50.70	62.28
10	96.00	30.00	32.40	42.48	53.10
11	100.00	53.10	62.28	71.70	84.48
12	123.00	26.10	43.56	87.78	88.26
13	101.00	56.28	58.08	75.00	105.90
14	86.00	41.88	47.34	62.04	75.00
15	91.00	41.28	48.12	52.20	65.46
16	128.00	72.30	72.00	65.94	102.84
17	105.00	43.50	54.24	61.44	65.94
18	120.00	37.20	55.74	48.90	71.40
19	71.00	34.74	62.70	60.84	61.62
20	108.00	21.30	28.56	58.44	66.90
21	100.00	35.28	42.84	52.92	62.04
22	91.00	27.72	38.94	46.38	45.66
23	116.00	66.10	70.00	61.00	100.60
24	90.00	29.88	49.44	60.60	66.42
25	111.00	62.94	65.70	59.40	95.76
26	105.00	45.00	54.06	69.78	82.56
27	111.00	48.54	87.36	88.26	105.90
28	131.00	52.50	52.32	63.84	97.32
29	90.00	38.16	45.66	57.12	53.88
30	120.00	56.94	54.36	87.36	76.92
31	90.00	30.42	31.32	36.12	51.72
32	116.00	26.10	50.82	67.14	95.22
33	91.00	52.92	71.70	103.44	84.12
34	103.00	24.36	35.16	39.12	56.58
35	105.00	42.06	57.48	62.04	65.94
36	75.00	73.20	63.84	69.78	62.28
37	123.00	57.12	69.24	85.74	100.02
38	115.00	40.98	49.32	56.58	80.34
39	100.00	29.88	48.66	54.24	64.74
40	105.00	25.74	39.84	52.80	64.08
41	103.00	38.64	53.58	61.02	75.00
42	76.00	25.80	28.98	35.76	46.26
43	96.00	47.10	41.58	43.80	55.56
44	78.00	37.68	41.94	59.22	75.96
45	120.00	63.60	71.70	86.52	102.84
46	101.00	78.24	43.14	73.20	74.40
47	123.00	40.02	85.74	78.24	94.74
48	98.00	63.18	67.68	52.20	56.58
49	133.00	55.38	74.40	74.70	121.62
50	71.00	37.98	60.42	60.42	55.92
51	118.00	34.38	35.46	59.04	85.32
52	111.00	44.34	56.40	63.60	90.00
53	80.00	22.38	25.62	35.76	63.84
54	98.00	84.48	83.34	73.20	68.94
55	98.00	59.82	54.54	74.70	77.94
56	108.00	43.56	43.38	49.74	63.36
57	68.00	26.10	31.32	36.12	47.22
58	60.00	36.78	32.34	43.50	51.30
59	78.00	25.80	32.34	36.60	55.92
60	110.00	32.76	62.04	47.52	64.74
61	118.00	78.60	88.26	92.76	128.58
62	126.00	56.94	68.46	66.42	125.88
63	73.00	50.16	58.62	81.06	68.16
64	126.00	66.42	90.00	117.66	115.38
65	96.00	47.52	51.90	52.50	64.98
66	103.00	65.46	76.92	90.48	67.14
67	128.00	43.92	66.66	72.00	90.00
68	128.00	57.72	67.14	62.70	105.24
69	106.00	28.38	32.82	50.70	59.22
70	100.00	60.00	66.66	78.24	94.74
71	90.00	35.88	44.64	58.80	62.28
72	128.00	65.70	73.44	64.26	91.86
73	93.00	46.11	62.04	60.04	60.00
74	88.00	40.74	61.20	68.94	65.94
75	108.00	52.92	62.52	76.26	93.78
76	91.00	38.22	73.20	64.74	63.60
77	101.00	51.00	71.40	72.90	72.30
78	105.00	54.72	65.94	69.78	75.66
79	90.00	37.02	44.88	46.98	51.30
80	111.00	67.44	72.30	71.40	86.10
81	96.00	29.64	41.28	57.30	67.14
82	95.00	38.52	47.88	62.70	60.18
83	106.00	53.10	75.00	79.98	105.24
84	103.00	63.84	52.50	79.62	61.44
85	148.00	101.70	96.24	128.58	144.00
86	123.00	40.20	70.02	101.10	102.84
87	110.00	50.28	63.84	61.02	77.94
88	100.00	48.66	72.30	72.60	75.00
89	71.00	39.30	56.58	58.44	51.42
90	78.00	36.24	44.88	46.38	65.46
91	108.00	51.72	54.24	46.38	85.74
92	108.00	42.96	50.58	52.80	57.12
93	118.00	71.70	84.48	64.08	94.26
94	98.00	61.86	74.70	71.70	93.24
95	111.00	48.24	44.58	70.86	84.12
96	101.00	50.28	64.98	73.20	100.56
97	115.00	48.90	22.32	64.08	67.68
98	76.00	56.58	60.00	57.30	59.40
99	101.00	41.40	41.40	49.20	65.46
100	91.00	47.52	45.54	43.08	41.58

2-2　1要因の分散分析（反復測定）

まず，平均解答数が4週間でどのような変化をしているのかを把握したい．
各個人が4回の反復を行っているので，反復測定の分散分析を行ってみよう．

■分析の指定 （SPSS オプションの Advanced Statistics が必要）

● ［分析(A)］　⇒　［一般線型モデル(G)］　⇒　［反復測定(R)］
を選択．

- ▷ ［反復測定の因子の定義］ウインドウが出る．
  - ◆ ［被験者内因子名(W)］を週とする．
  - ◆ ［水準数(L):］を4とし，　追加(A)．
- ▷ 定義(F) をクリック．
  - ◆ ［被験者内変数(W)］にw1からw4を指定する．
- ▷ オプション(O) をクリック．
  - ◆ ［記述統計(D)］［効果サイズの推定値(E)］にチェックを入れて［続行］をクリック．

- ▷ EM平均(E) をクリック
  - ◆ ［平均値の表示(M):］に週を指定する．
  - ◆ ［主効果の比較(O)］にチェックを入れる．
  - ◆ ［信頼区間の調整(N):］で［Sidak］を選択しよう．
  - ◆ 続行 をクリック．

- ▷ 作図(T) をクリック．
  - ◆ ［横軸(H)］に週を指定し，　追加(A)　⇒　続行．
- ▷ OK をクリック．

■出力結果の見方

(1) 記述統計量が出力される.

▶4週にわたり,1分あたりの平均解答数が上昇していることがわかる.

記述統計

	平均値	標準偏差	度数
w1	46.6638	15.45701	100
w2	55.7766	16.16171	100
w3	63.6048	17.28265	100
w4	76.0338	21.23478	100

(2) Mauchly の球面性検定の結果が出力される.

Mauchly の球面性検定[a]

測定変数名: MEASURE_1

被験者内効果	Mauchly の W	近似カイ2乗	自由度	有意確率	Greenhouse-Geisser	Huyn-Feldt	下限
週	.772	25.340	5	.000	.848	.873	.333

ε[b]欄: Greenhouse-Geisser, Huyn-Feldt, 下限

正規直交した変換従属変数の誤差共分散行列が単位行列に比例するという帰無仮説を検定します.

a. 計画: 切片
　被験者計画内: 週

b. 有意性の平均検定の自由度調整に使用できる可能性があります.修正した検定は,被験者内効果の検定テーブルに表示されます.

▶Wの値が0.77,0.1%水準で有意であることから,球面性の仮定が棄却された.

(3) 球面性の仮定が棄却されたので,Greenhouse-Geisser もしくは Huyn-Feldt の検定結果を参照する.

▶ただし,F値や有意確率はいずれも変わらないので,通常の分散分析結果を記述しても大きな問題が生じるわけではないだろう.ここは参考程度にとどめておこう.

◆球面性の仮定:$F(3, 297) = 151.25$, $p < .001$

◆Greenhouse-Geisser:$F(2.55, 251.95) = 151.25$, $p < .001$

◆Huyn-Feldt:$F(2.61, 259.16) = 151.25$, $p < .001$

▶効果量の偏イータ2乗も出力されるので,確認しておこう.

◆$\eta_{\mathrm{p}}^2 = 0.60$

被験者内効果の検定

測定変数名: MEASURE_1

ソース		タイプ III 平方和	自由度	平均平方	F 値	有意確率	偏イータ 2 乗
週	球面性の仮定	46468.810	3	15489.603	151.246	.000	.604
	Greenhouse-Geisser	46468.810	2.545	18259.393	151.246	.000	.604
	Huynh-Feldt	46468.810	2.618	17751.617	151.246	.000	.604
	下限	46468.810	1.000	46468.810	151.246	.000	.604
誤差 (週)	球面性の仮定	30416.704	297	102.413			
	Greenhouse-Geisser	30416.704	251.948	120.726			
	Huynh-Feldt	30416.704	259.155	117.369			
	下限	30416.704	99.000	307.239			

（4）平均値の差の検定（Sidak 法）が出力される.

ペアごとの比較

測定変数名: MEASURE_1

(I) 週	(J) 週	平均値の差 (I-J)	標準誤差	有意確率[b]	95% 平均差信頼区間[b] 下限	上限
1	2	-9.113*	1.149	.000	-12.198	-6.027
	3	-16.941*	1.386	.000	-20.663	-13.219
	4	-29.370*	1.729	.000	-34.012	-24.728
2	1	9.113*	1.149	.000	6.027	12.198
	3	-7.828*	1.204	.000	-11.059	-4.597
	4	-20.257*	1.565	.000	-24.460	-16.055
3	1	16.941*	1.386	.000	13.219	20.663
	2	7.828*	1.204	.000	4.597	11.059
	4	-12.429*	1.469	.000	-16.374	-8.484
4	1	29.370*	1.729	.000	24.728	34.012
	2	20.257*	1.565	.000	16.055	24.460
	3	12.429*	1.469	.000	8.484	16.374

推定周辺平均に基づいた

*. 平均値の差は .05 水準で有意です。

b. 多重比較の調整: Sidak。

▶ いずれの週の平均値の間にも，0.1％水準で有意な差が見られた.

(5) ｜作図(T)｜での設定をしたので，平均値のグラフが表示される．

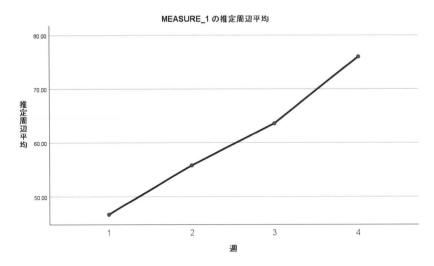

▶ 第1週から第4週にかけて，平均値が上昇していることがわかる．

2-3　結果の記述1（解答数の変化）

1. 解答数の変化

　4週にわたる1分あたりの解答数の変化を検討するために，反復測定の分散分析を行った．Figure 1に解答数の平均値を示す．分散分析の結果，週ごとの解答数に有意な差がみられた（$F(3, 297) = 151.25$, $p < .001$）．多重比較（Sidak法，5％水準）を行ったところ，すべての週の間で有意な差がみられた．

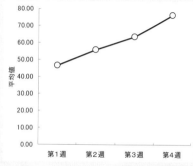

Figure 1　1分あたりの解答数の平均値

Section 3 相互相関

3-1 相互相関の検討

次に，IQ と 4 週の平均解答数との相関を検討しよう．

■分析の指定

- ［分析(A)］ ⇒ ［相関(C)］ ⇒ ［2 変量(B)］を選択（p.55 を参照）．
  - ▶ ［変数(V):］に IQ，w1〜w4 を指定する．
  - ▶ オプション(O) をクリック．
    - ◆ ［平均値と標準偏差(M)］にチェックを入れ， 続行 ．
  - ▶ OK をクリック．

■出力結果の見方

- 記述統計量が出力される．
  - ▶ IQ の平均値は 101.29，*SD* は 17.47 であった．
- 相関係数が出力される．
  - ▶ 4 週の 1 分あたりの解答数はすべて互いに有意な正の相関を示していた．
  - ▶ IQ は 4 週すべての解答数と有意な正の相関を示していた．

記述統計

	平均	標準偏差	度数
IQ	101.29	17.468	100
w1	46.6638	15.45701	100
w2	55.7766	16.16171	100
w3	63.6048	17.28265	100
w4	76.0338	21.23478	100

相関

		IQ	w1	w2	w3	w4
IQ	Pearson の相関係数	1	.391**	.443**	.512**	.736**
	有意確率 (両側)		.000	.000	.000	.000
	度数	100	100	100	100	100
w1	Pearson の相関係数	.391**	1	.737**	.647**	.595**
	有意確率 (両側)	.000		.000	.000	.000
	度数	100	100	100	100	100
w2	Pearson の相関係数	.443**	.737**	1	.743**	.680**
	有意確率 (両側)	.000	.000		.000	.000
	度数	100	100	100	100	100
w3	Pearson の相関係数	.512**	.647**	.743**	1	.727**
	有意確率 (両側)	.000	.000	.000		.000
	度数	100	100	100	100	100
w4	Pearson の相関係数	.736**	.595**	.680**	.727**	1
	有意確率 (両側)	.000	.000	.000	.000	
	度数	100	100	100	100	100

**. 相関係数は 1% 水準で有意 (両側) です．

3-2 結果の記述 2 (相互相関)

2. 相互相関

　IQ の平均値と標準偏差を求めたところ，平均値は 101.29, *SD* は 17.47 であった．次に IQ と各週の 1 分あたりの解答数との相関，各週の解答数間の相互相関を求めた（Table 2）．IQ はすべての週の解答数と有意な正の相関を示し，週を追うごとに相関係数が高くなる傾向にあった．また，4 週間の解答数は互いに有意な正の相関を示した．

Table 2　IQ と 1 秒あたりの解答数との相関

	1 分あたり解答数			
	第 1 週	第 2 週	第 3 週	第 4 週
知能指数（IQ）	.39	.44	.51	.73
1 分あたり解答数				
第 1 週	—	.74	.65	.60
第 2 週		—	.74	.68
第 3 週			—	.73
第 4 週				—

相関係数はすべて 0.1％水準で有意

4-1 切片と傾きを潜在曲線モデルで検討

右側のグラフで示されるように，1分あたりの解答数は 46.66，55.78，63.60，76.03 と週を追うごとに直線的に増加する傾向にある．

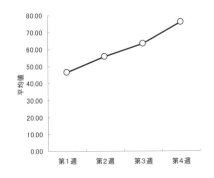

また4週間の標準偏差は 15.46 から 21.23 へと増加する傾向にある．すなわち，週を追うごとに個人差が大きくなっていることがわかる．

ここで，第1週時点の解答数を**切片**，第1週から第4週までの解答数の伸びを**傾き**としてみよう．

もしかしたら，IQ が高い児童は第1週時点での解答数が多い（切片が大きい）傾向にあるかもしれない．また，IQ が高い児童は，週を追うごとに解答数の伸びが大きい（傾きが大きい）かもしれない．

この個人差を，IQ で予測することが本研究の最終的な目的である．

しかしその前に，解答数の変化に直線的なモデルを当てはめる潜在曲線モデルを，Amos で実行してみよう．

■分析の指定
- Amos を起動する（スタートメニュー ⇒ IBM SPSS Statistics ⇒ IBM SPSS Amos 26 Graphics とフォルダをたどっていき，IBM SPSS Amos 26 を起動）．
  - ▶ Amos では，潜在曲線モデルのパス図を簡単に描くためのマクロが用意されている．

- ［プラグイン（P）］ ⇒ ［Growth Curve Model］を選択.

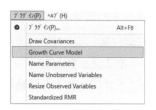

- ウインドウが表示されるので，［Number of time points］
  を4とし， OK をクリック.
    - ▶4時点の縦断データであることを意味する.
- パス図が自動的に描かれる.
    - ▶ICEPT が「切片」，SLOPE が「傾き」を意味する.
    - ▶X1〜X4 は観測変数，E1〜E4 は誤差変数である.

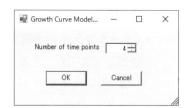

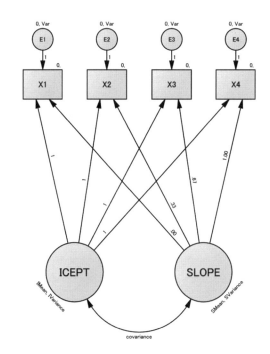

レイアウトの調整

- 縦に長い図になっているので，見やすいように各自レイアウトを調整してほしい．
  - ▶［オブジェクトを一つづつ選択］アイコン（🖑）で ICEPT と SLOPE を選択．
  - ▶［オブジェクトを移動］アイコン（🚚）をクリックして適当な場所に移動する．

観測変数の指定とパス係数の固定

  - ▶［データファイルを選択］アイコン（▦）をクリック（［ファイル(F)］メニュー ⇒ ［データファイル(D)］を選択）．
    - ◆ ファイル名(N) をクリックし，保存されたデータを選択して， OK をクリック．
- 観測変数を指定する．
  - ▶［データセット内の変数を一覧］アイコン（▦）をクリック，または［表示(V)］ ⇒ ［データセットに含まれる変数(D)］を選択．
  - ▶「X1」に w1，「X2」に w2，「X3」に w3，「X4」に w4 を指定する（変数をドラッグ＆ドロップ）
- パス係数の固定（プラグイン使用の場合は自動的に固定されている）
  - ▶切片 ICEPT から観測変数へのパス係数をすべて 1 に固定する（プラグインでは自動）．
    - ◆ パスを表す矢印の上でダブルクリックして，［パラメータ］タブの［係数(R)］欄に 1 を入力する．
  - ▶傾き SLOPE から観測変数へのパス係数を，以下のように固定する．
    - ◆ SLOPE から w1 ……0
    - ◆ SLOPE から w2 ……1
    - ◆ SLOPE から w3 ……2
    - ◆ SLOPE から w4 ……3

    ★プラグインでは，.00，.33，…となっているが，左のように 0，1，2，3 とおきかえよう．パスでダブルクリックし，［パラメータ］タブの［係数(R)］欄の数値を変更していく．

    - ◆ プラグインでは，.00，.33，.67，1.00 と固定される．いずれにしても，0 から等間隔で増加するように指定する（出力される数値は異なるので注意）．
  - ▶係数が見にくいときには，［パラメータ値を移動］アイコン（🐷）をクリックしてパス係数を移動させるとよいだろう．

平均値，切片，因子平均の指定（プラグインを使用すると以下は自動的に指定される）

- ▶ ［分析のプロパティ］アイコン（▦）をクリックする．
  - ◆ ［推定］タブをクリックする．
  - ◆ ［平均値と切片を推定(E)］にチェックを入れる．
- ▶ 観測変数の切片を 0 にする．
  - ◆ 観測変数 w1 でダブルクリックし，［オブジェクトのプロパティ(O)］を表示する．
  - ◆ ［パラメータ］タブの［切片(I)］欄に 0 を入力する．
  - ◆ w2〜w4 も同様に切片を 0 とする．
- ▶ 因子平均の設定を行う．
  - ◆ ICEPT でダブルクリックし，［パラメータ］タブの［平均(M)］に入力されている 0 を消去する．
  - ◆ SLOPE についても同様に 0 を消去する．
- ▶ 誤差変数のパラメータを表示させる．
  - ◆ 誤差変数でダブルクリックし，［見た目］タブで［パラメータを表示(A)］にチェックを入れる．
- ▶ プラグインを使用したときには，観測変数のすべての誤差の分散に「Var」という文字が入力される．このままだと，観測変数の誤差分散が等しいという制約をおくことになる．
  - ◆ E1 から E4 までの「Var」を消す．
  - ◆ 誤差 E1 でダブルクリックし，［パラメータ］タブの［分散(V)］に入力されている「Var」を消去．
  - ◆ E2〜E4 でくり返す．

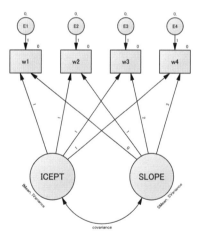

分析の実行

● 分析の設定

▶［分析のプロパティ］アイコン（）をクリック.

◆［出力］タブで［標準化推定値(T)］［重相関係数の平方(Q)］にチェックを入れる.

◆［分散タイプ］タブで［インプットとして指定された共分散］［分析対象の共分散］ともに，［不偏推定値共分散］を指定する.

● 分析の実行

▶［推定値を計算］アイコン（）をクリックする.

■出力結果の見方

(1) 非標準化推定値では，切片（ICEPT）と傾き（SLOPE）の推定値が表示される.

▶ ICEPT は 46.33，SLOPE は 9.35 である.

(2) ICEPT と SLOPE の共分散は 10.25，相関係数は .07 となっている.

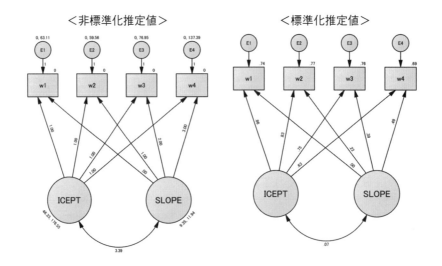

(3) テキスト出力の［推定値］を見る．
- ICEPT，SLOPE から観測変数へのパス係数は以下の通りである．

係数: (ｸﾞﾙｰﾌﾟ番号 1 - ﾓﾃﾞﾙ番号 1)

			推定値	標準誤差	検定統計量	確率	ﾗﾍﾞﾙ
w1	<---	ICEPT	1.000				
w1	<---	SLOPE	.000				
w2	<---	ICEPT	1.000				
w2	<---	SLOPE	1.000				
w3	<---	ICEPT	1.000				
w3	<---	SLOPE	2.000				
w4	<---	ICEPT	1.000				
w4	<---	SLOPE	3.000				

標準化係数: (ｸﾞﾙｰﾌﾟ番号 1 - ﾓﾃﾞﾙ番号 1)

			推定値
w1	<---	ICEPT	.858
w1	<---	SLOPE	.000
w2	<---	ICEPT	.832
w2	<---	SLOPE	.216
w3	<---	ICEPT	.749
w3	<---	SLOPE	.390
w4	<---	ICEPT	.632
w4	<---	SLOPE	.493

▸ 非標準化推定値では，分析の際に固定された値が示されている．
▸ 標準化係数は，切片や傾きを標準化したときのパス係数の値である．

(4) ICEPT と SLOPE の平均の推定値が出力される．

平均値: (ｸﾞﾙｰﾌﾟ番号 1 - ﾓﾃﾞﾙ番号 1)

	推定値	標準誤差	検定統計量	確率	ﾗﾍﾞﾙ
ICEPT	46.334	1.499	30.915	***	IMean
SLOPE	9.353	.551	16.989	***	SMean

▸ ICEPT の推定値は 46.334，SLOPE の推定値は 9.353 であり，ともに 0.1％水準で有意である．

<STEP UP> ICEPT，SLOPE の推定値による解答数の計算

- 以上の結果から，ある個人の 1 分あたりの解答数は以下のように求めることができる．
  - ▸ 第 1 週の解答数 = 46.334 + 0 × 9.353 + 誤差 → 46.334 + 誤差
  - ▸ 第 2 週の解答数 = 46.334 + 1 × 9.353 + 誤差 → 55.687 + 誤差
  - ▸ 第 3 週の解答数 = 46.334 + 2 × 9.353 + 誤差 → 65.040 + 誤差
  - ▸ 第 4 週の解答数 = 46.334 + 3 × 9.353 + 誤差 → 74.393 + 誤差
- 先ほど結果で示した平均値（右下の表）と照らし合わせてみよう．
- 平均値は，「誤差」を除いた値にほぼ等しくなっていることがわかるだろう．

	1分あたりの解答数		
	M	*SD*	*F*
第 1 週	46.66	15.46	
第 2 週	55.78	16.16	151.25
第 3 週	63.61	17.28	$p < .001$
第 4 週	76.03	21.23	

(5) ICEPT と SLOPE の間の共分散は有意ではなかった．相関係数も .07 と，ほぼ無相関である．

共分散: (グループ番号 1 - モデル番号 1)

	推定値	標準誤差	検定統計量	確率	ラベル
ICEPT <--> SLOPE	3.393	9.773	.347	.728	covariance

相関係数: (グループ番号 1 - モデル番号 1)

	推定値
ICEPT <--> SLOPE	.074

(6) テキスト出力の［モデル適合］を見る．

▸ カイ 2 乗値は 5.981，自由度 5，有意ではない．

▸ CFI は .996，RMSEA も .045 と十分な値を示している．

CMIN

モデル	NPAR	CMIN	自由度	確率	CMIN/DF
モデル番号 1	9	5.981	5	.308	1.196
飽和モデル	14	.000	0		
独立モデル	8	247.063	6	.000	41.177

基準比較

モデル	NFI Delta1	RFI rho1	IFI Delta2	TLI rho2	CFI
モデル番号 1	.976	.971	.996	.995	.996
飽和モデル	1.000		1.000		1.000
独立モデル	.000	.000	.000	.000	.000

RMSEA

モデル	RMSEA	LO 90	HI 90	PCLOSE
モデル番号 1	.045	.000	.152	.445
独立モデル	.637	.570	.706	.000

5-1 切片と傾きを予測する

ここでは，IQ によって切片と傾きを予測するモデルを分析してみよう．

■分析の指定

さきほどの分析で使用したパス図を利用しよう．

- ICEPT と SLOPE の共分散を削除する．
    - ▸ [オブジェクトを消去] アイコン（✘）をクリックして消去する．
- ICEPT と SLOPE に誤差変数を追加する．
    - ▸ [既存の変数に固有の変数を追加] アイコン（🙎）をクリック．
    - ▸ ICEPT と SLOPE の上でクリックし，誤差変数を追加する．何度かクリックし，適切な位置に来るように調整する．
        - ◆ 変数の位置は，[オブジェクトを移動] アイコン（🚚）で調整する．
        - ◆ 変数の大きさは，[オブジェクトの形を変更] アイコン（✿）をクリックし，変数の上でドラッグしながら調整する．
    - ▸ 追加した変数の名前を，e5, e6 としておこう．
- 誤差変数間に共分散を設定する．
    - ▸ [共分散を描く（双方向矢印)] アイコン（↔）をクリックし，e5 と e6 の間に双方向矢印を設定する．
- 観測変数（IQ）を追加する．
    - ▸ [観測される変数を描く] アイコン（▭）をクリックし，ICEPT と SLOPE の間の下のあたりに観測変数を描く．

▶ 描いた観測変数から［パスを描く（一方向矢印）］アイコン（←）で，ICEPT と SLOPE に対して矢印を描く.

◆ 切片と傾きは分散に制約が課されているので，片方向矢印をひこうとすると警告が出る.

◆「分散に関する制約を除いて…」を選択し，　OK　.

▶［データセット内の変数を一覧］アイコン（▓）をクリック，新たに描いた観測変数に IQ を指定する.

● ここまでの作業を行うと，右のようなパス図になっているはずである.

●［分析のプロパティ］の設定は先ほどと同じである.

●［推定値を計算］アイコン（▥）をクリックすると，分析が行われる.

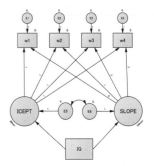

■出力結果の見方

(1) 非標準化推定値と標準化推定値は以下のようになる.

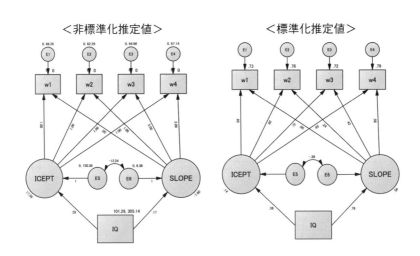

(2) テキスト出力を見てみよう.

●［推定値］を見る.

係数: (グループ番号 1 - モデル番号 1)

			推定値	標準誤差	検定統計量	確率	ラベル
ICEPT	<---	IQ	.285	.081	3.526	***	
SLOPE	<---	IQ	.172	.027	6.395	***	
w1	<---	ICEPT	1.000				
w1	<---	SLOPE	.000				
w2	<---	ICEPT	1.000				
w2	<---	SLOPE	1.000				
w3	<---	ICEPT	1.000				
w3	<---	SLOPE	2.000				
w4	<---	ICEPT	1.000				
w4	<---	SLOPE	3.000				

標準化係数: (グループ番号 1 - モデル番号 1)

			推定値
ICEPT	<---	IQ	.376
SLOPE	<---	IQ	.764
w1	<---	ICEPT	.852
w1	<---	SLOPE	.000
w2	<---	ICEPT	.824
w2	<---	SLOPE	.244
w3	<---	ICEPT	.715
w3	<---	SLOPE	.424
w4	<---	ICEPT	.648
w4	<---	SLOPE	.576

▸ IQ から ICEPT へのパス, IQ から SLOPE への正のパスはともに有意である.

　◆ IQ から ICEPT への推定値が 0.285 ということは, IQ が 1 上昇すると 1 分あたりの解答数が .285 上昇することを意味している

　◆ IQ から SLOPE への推定値が 0.172 ということは, IQ が 1 上昇すると 4 週間の変化の傾きが 0.172 上昇することを意味している.

●［モデル適合］を見る.

▸ カイ 2 乗値は 18.866, 自由度 7 で 1% 水準で有意である.

▸ CFI = .962 であり, 0.90 以上の基準を満たしている.

▸ RMSEA = .131 であり, 0.1 以上であるので, あまり当てはまりはよくない.

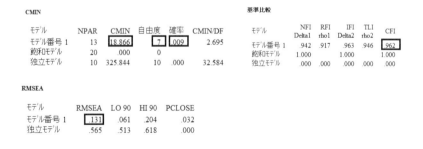

CMIN

モデル	NPAR	CMIN	自由度	確率	CMIN/DF
モデル番号 1	13	18.866	7	.009	2.695
飽和モデル	20	.000	0		
独立モデル	10	325.844	10	.000	32.584

基準比較

モデル	NFI Delta1	RFI rho1	IFI Delta2	TLI rho2	CFI
モデル番号 1	.942	.917	.963	.946	.962
飽和モデル	1.000		1.000		1.000
独立モデル	.000	.000	.000	.000	.000

RMSEA

モデル	RMSEA	LO 90	HI 90	PCLOSE
モデル番号 1	.131	.061	.204	.032
独立モデル	.565	.513	.618	.000

<**STEP UP**>　予測モデルの結果は何を表しているのか？

- IQ の平均値で調査対象を高群と低群に分け，4 週間の平均値をグラフに表すと以下のようになる．
- IQ から切片（ICEPT）への正の有意なパスは，4 週を通じて IQ が高い児童が低い児童よりも平均解答数が多いことを示している．
- グラフに示されているように，IQ から傾き（SLOPE）への正の有意なパスは，IQ が高い児童のほうが低い児童よりも傾きが大きい，つまり週を追うごとに平均解答数が上昇する傾向にあることを意味している．
- このことは，実際に IQ の高得点者と低得点者を分類し，IQ 高低×4 週の 2 要因混合計画の分散分析を行ったときに，交互作用が有意となる（$F(3, 294) = 15.36$, $p < .001$）ことからもわかる．

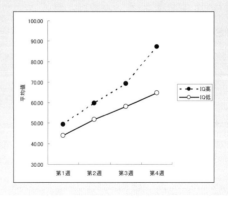

5−2 結果の記述 3 （切片と傾きの推定，切片と傾きに対する IQ の影響）

IQ から切片，傾きへの影響を検討したモデルの当てはまりはあまりよくなかった．この点については次の節で検討することにして，ここまでの結果を記述してみよう．

3.潜在曲線モデルによる切片と傾きの推定

　4週間の1分あたりの解答数について1次の成長曲線を仮定し，潜在曲線モデルによって切片と傾きを推定した（Figure 2）．分析には Amos 20.0 を使用した．

　推定された切片の平均値は 46.33，傾きは 9.35 であった．また，切片と傾きの相関係数は .08 と有意ではなかった．切片と傾きとの間がほぼ無相関であったということは，第1週の解答数とその後の解答数の伸びとの間には関連がないことを示唆している．

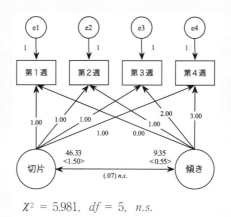

$\chi^2 = 5.981, \quad df = 5, \quad n.s.$
CFI ＝ .996， RMSEA ＝ .045
＜　＞は標準誤差，（　　）は相関係数．

Figure 2　切片と傾きの推定（非標準化推定値）

4. 切片と傾きに対する IQ の影響

　4 週間の 1 分あたりの解答数の切片と傾きに対して，IQ が及ぼす影響を検討した（Figure 3）．切片に対する IQ の影響力（非標準化推定値）は 0.28 であり，傾きに対する影響力は 0.17 であった（ともに $p < .001$）．したがって，全児童の平均 IQ（101.29）よりも 1 高い児童の第 1 週における平均解答数は 0.29 多く，解答数の伸びは 1 週あたり 0.17 多くなると考えられる．

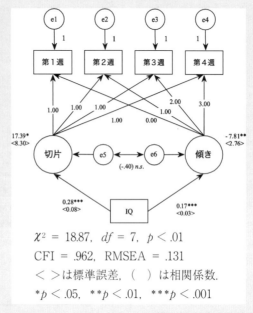

$\chi^2 = 18.87$, $df = 7$, $p < .01$
CFI $= .962$, RMSEA $= .131$
＜　＞は標準誤差，（　）は相関係数.
$*p < .05$, $**p < .01$, $***p < .001$

Figure 3　IQ の切片と傾きへの影響（非標準化推定値）

1. 解答数の変化

　4週にわたる1分あたりの解答数の変化を検討するために，反復測定の分散分析を行った．Figure 1 に解答数の平均値を示す．分散分析の結果，週ごとの解答数に有意な差がみられた

　$(F(3, 297) = 151.25, p < .001)$.

　多重比較（Sidak 法，5%水準）を行ったところ，すべての週の間で有意な差がみられた．

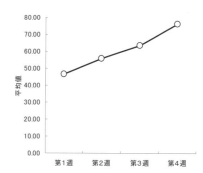

Figure 1　1分あたりの解答数の平均値

2. 相互相関

　IQ の平均値と標準偏差を求めたところ，平均値は 101.29，SD は 17.47 であった．次に IQ と各週の1分あたりの解答数との相関，各週の解答数間の相互相関を求めた（Table 2）．IQ はすべての週の解答数と有意な正の相関を示し，週を追うごとに相関係数が高くなる傾向にあった．また，4週間の解答数は互いに有意な正の相関を示した．

Table 2　IQ と1秒あたりの解答数との相関

	1分あたり解答数			
	第1週	第2週	第3週	第4週
知能指数(IQ)	.39	.44	.51	.73
1分あたり解答数				
第1週	—	.74	.65	.60
第2週		—	.74	.68
第3週			—	.73
第4週				—

相関係数はすべて0.1%水準で有意

3. 潜在曲線モデルによる切片と傾きの推定

　4週間の1分あたりの解答数について1次の成長曲線を仮定し，潜在曲線モデルによって切片と傾きを推定した（Figure 2）．分析には Amos 26.0 を使用した．

　推定された切片の平均値は 46.33，傾きは 9.35 であった．また，切片と傾きの相関係数は .07 と有意ではなかった．切片と傾きとの間がほぼ無相関であったということは，第1週の解答数とその後の解答数の伸びとの間には関連がないことを示唆している．

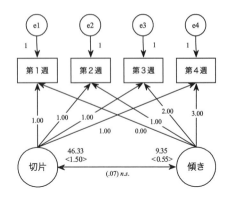

$\chi^2 = 5.981$, $df = 5$, $p < .01$
CFI = .996, RMSEA = .045
　＜　＞は標準誤差，（　）は相関係数．

Figure 2　切片と傾きの推定（非標準化推定値）

4. 切片と傾きに対する IQ の影響

　4週間の1分あたりの解答数の切片と傾きに対して，IQ が及ぼす影響を検討した（Figure 3）．切片に対する IQ の影響力（非標準化推定値）は 0.28 であり，傾きに対する影響力は 0.17 であった（ともに $p < .001$）．したがって，全児童の平均 IQ（101.29）よりも1高い児童の第1週における平均解答数は 0.28 多く，解答数の伸びは1週あたり 0.17 多くなると考えられる．

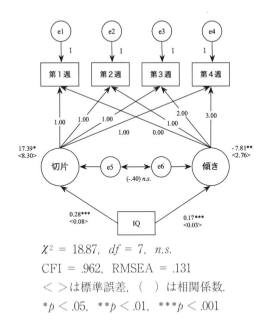

$\chi^2 = 18.87$, $df = 7$, $n.s.$
CFI = .962, RMSEA = .131
　＜　＞は標準誤差，（　）は相関係数．
$*p < .05$, $**p < .01$, $***p < .001$

Figure 3　IQ の切片と傾きへの影響（非標準化推定値）

Section 7 潜在曲線モデルのモデル改善

7-1 潜在曲線モデルで適合度を上げるには

ここまで，4週間の解答数の変化に対して直線的な増加を仮定する1次の潜在曲線モデルを用いて検討してきた．

ここでは補足説明として，潜在曲線モデルのモデル改善について述べる．

▶ 詳細は豊田（2003b）[57] p.198-200 を参照．

モデルを改善する代表的な方法には，以下のものがある（豊田，2003b[57] より）．

1. 誤差共分散を導入する
2. 非線形曲線を当てはめる
3. 潜在混合分布モデルを当てはめる

ここでは，1. と 2. について解説する．

7-2 1. 誤差共分散を導入する

1. は，残差行列をみて残差の大きい要素間に誤差共分散を導入するという手法である．

- Amos で残差行列を出力させるには，［分析のプロパティ］アイコン（▦）をクリックし，［出力］タブの［残差積率(R)］にチェックを入れて分析を実行する．

  ▶ ［テキスト出力］の［推定値］に，残差共分散と標準化残差共分散が出力される．

  ▶ たとえば，Section 4 で行った分析で残差行列を出力すると，次のようになる．

残差共分散 (グループ番号 1 - モデル番号 1)

	w4	w3	w2	w1
w4	9.130			
w3	1.677	-16.148		
w2	7.590	-3.099	6.365	
w1	8.728	-10.610	4.081	-.737

標準化残差共分散 (グループ番号 1 - モデル番号 1)

	w4	w3	w2	w1
w4	.145			
w3	.036	-.361		
w2	.187	-.087	.176	
w1	.231	-.320	.133	-.022

▶ 出力された残差行列を見て，他と比較して大きな残差が見られるペアの誤差間（w1 と w2 なら E1 と E2）に共分散（双方向矢印）を仮定して分析を行う.

  ◆ なお今回の例ではもともとのモデルの適合度がよいので，誤差共分散を仮定して分析を行っても適合度は低下してしまう.

　誤差共分散を導入する際には，導入する誤差共分散が何を意味しているのかを理論的に検討することが必要である.

7-3　2. 非線型曲線を当てはめる

　成長曲線が直線で表現できない場合には，1次のモデルがうまく適合しないことがある.

　このような場合，(1) 高次の項を導入する，あるいは，(2)「傾き」から観測変数へのパス係数の固定（0，0.33，0.67，1 や 0，1，2，3，…）を変更する，という手法を用いることにより，適合度を向上させることができる（ここでは 0，1，2，3 を用いる）.

(1) 高次の項を導入する
● 次の図は，2次の項を導入することによって非線型な曲線を表現した例である.

  ▶ 1次の項は，「傾き」から観測変数へのパスを 0，1，2，3 と固定する.

  ▶ 2次の項は，「傾き」から観測変数へのパスを 0，1，4，9 と固定する.

    ◆ 2次の項は 1次の項の 2乗の値を指定する.

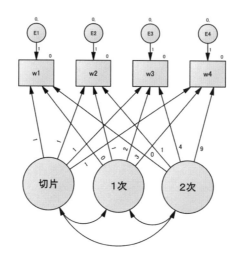

■分析例

● Section 4 で分析を行ったデータで上記のパス図を描き，2 次の項を含めた分析を行った結果は以下の通りである．

<u>非標準化係数と標準化係数</u>

係数: (グループ番号 1 - モデル番号 1)

			推定値	標準誤差	検定統計量	確率	ラベル
w1	<---	切片	1.000				
w1	<---	1次	.000				
w2	<---	切片	1.000				
w2	<---	1次	1.000				
w3	<---	切片	1.000				
w3	<---	1次	2.000				
w4	<---	1次	3.000				
w2	<---	2次	1.000				
w3	<---	2次	4.000				
w4	<---	2次	9.000				
w1	<---	2次	.000				
w4	<---	切片	1.000				

標準化係数: (グループ番号 1 - モデル番号 1)

			推定値
w1	<---	切片	.979
w1	<---	1次	.000
w2	<---	切片	.935
w2	<---	1次	.542
w3	<---	切片	.875
w3	<---	1次	1.013
w4	<---	1次	1.238
w2	<---	2次	.096
w3	<---	2次	.361
w4	<---	2次	.661
w1	<---	2次	.000
w4	<---	切片	.712

<u>切片・1 次の項・2 次の項の平均の推定値</u>

● 切片と 1 次の項は有意だが，2 次の項は有意ではない．

- 推定値から各週の個人の解答数を求める数式は次のようになる.
  - ▶ 第 1 週の解答数 = 46.706 + 0 × 7.440 + 0 × 0.703 + 誤差 → **46.706** + 誤差
  - ▶ 第 2 週の解答数 = 46.706 + 1 × 7.440 + 1 × 0.703 + 誤差 → **54.849** + 誤差
  - ▶ 第 3 週の解答数 = 46.706 + 2 × 7.440 + 4 × 0.703 + 誤差 → **64.398** + 誤差
  - ▶ 第 4 週の解答数 = 46.706 + 3 × 7.440 + 9 × 0.703 + 誤差 → **75.353** + 誤差

平均値: (ｸﾞﾙｰﾌﾟ番号 1 - ﾓﾃﾞﾙ番号 1)

	推定値	標準誤差	検定統計量	確率	ﾗﾍﾞﾙ
切片	46.706	1.553	30.070	***	
1次	7.440	1.387	5.365	***	
2次	.703	.457	1.536	.125	

切片・1 次の項・2 次の項の間の共分散と相関

共分散: (ｸﾞﾙｰﾌﾟ番号 1 - ﾓﾃﾞﾙ番号 1)

		推定値	標準誤差	検定統計量	確率	ﾗﾍﾞﾙ
切片	<--> 1次	-62.066	67.425	-.921	.357	
1次	<--> 2次	-14.046	16.124	-.871	.384	
切片	<--> 2次	16.947	17.221	.984	.325	

相関係数: (ｸﾞﾙｰﾌﾟ番号 1 - ﾓﾃﾞﾙ番号 1)

		推定値
切片	<--> 1次	-.468
1次	<--> 2次	-1.028
切片	<--> 2次	.718

適合度指標

- 2 次の項を導入したことにより, 適合度が全体的に低下している.
  - ▶ 1 次のモデルの適合度は, $\chi^2 = 2.536$, $df = 1$, $n.s.$；CFI $= .994$, RMSEA $= .125$ であった.

CMIN

ﾓﾃﾞﾙ	NPAR	CMIN	自由度	確率	CMIN/DF
ﾓﾃﾞﾙ番号 1	13	2.536	1	.111	2.536
飽和ﾓﾃﾞﾙ	14	.000	0		
独立ﾓﾃﾞﾙ	8	247.063	6	.000	41.177

基準比較

ﾓﾃﾞﾙ	NFI Delta1	RFI rho1	IFI Delta2	TLI rho2	CFI
ﾓﾃﾞﾙ番号 1	.990	.938	.994	.962	.994
飽和ﾓﾃﾞﾙ	1.000		1.000		1.000
独立ﾓﾃﾞﾙ	.000	.000	.000	.000	.000

RMSEA

ﾓﾃﾞﾙ	RMSEA	LO 90	HI 90	PCLOSE
ﾓﾃﾞﾙ番号 1	.125	.000	.325	.155
独立ﾓﾃﾞﾙ	.637	.570	.706	.000

- 今回のデータでは, 2 次の項を導入することで適合度は向上しなかった.

- なお，2次以上の高次の項を用いたモデルは，各因子の平均値・分散・共分散からの考察が困難になるため，1次のモデルのような明快な解釈ができないことに注意する必要がある（豊田，2000）.
- 2次の項を導入するモデルの詳細は，豊田（2000）p.234-237 を参照してほしい.

(2) パス係数の固定を変更する

- 1次のモデルでは，「傾き」から各時点の観測変数へのパス係数を 0，1，2，3 に固定した.
- この数値を変更することにより，適合度を向上させることができる.
- たとえば今回のデータでは以下の方法が考えられる.
  - ▸ 第 1 週の 0，第 2 週の 1 までを固定し，第 3 週と第 4 週のパス係数の固定を外す.
    - ◆ 第 1 週から第 2 週への平均増加量を 1 としたときに，第 3 週と第 4 週の平均増加量を推定することができる.
  - ▸ 第 1 週を 0，第 4 週を 1（あるいは 3）とし，第 2 週と第 3 週のパス係数の固定を外す方法もある.
    - ◆ 第 1 週と第 4 週の平均増加量を 1(3) としたときに，第 2 週と第 3 週の平均増加量を推定することができる.

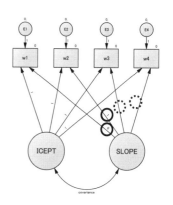

■分析例

- では，Section 4 で分析を行ったモデルを改善してみよう.
  - ▸ ここでは，第 1 週を 0，第 2 週を 1 とし，第 3 週と第 4 週のパス係数の固定を外す方法で分析を行ってみよう.
- 分析を行ったパス図を利用して，「SLOPE（傾き）」から w3, w4 へのパス係数の数値を消す. なお，SLOPE（傾き）から w1 へのパス係数 0，SLOPE（傾き）から w2 へのパス係数 1 はそのままにしておく.
  - ▸ ICEPT と SLOPE の平均と分散についているラベルは消しておく.

■出力結果の見方

分析結果は以下のようになる.

(1) 非標準化推定値は右の通りである.

- ▶ SLOPE（傾き）から **w3** への推定値は 1.87, **w4** への推定値は 3.24 となっている.

(2) ［テキスト出力］の［推定値］を見てみよう.

- ▶ SLOPE（傾き）から **w3** への係数（非標準化推定値）は 1.873, **w4** への係数は 3.238 となっており, ともに 0.1％水準で有意である.

- ▶ 第 1 週から第 2 週までの解答数の伸びを「1」とすると, 第 3 週は 1.873, 第 4 週は 3.238 となることがわかる.

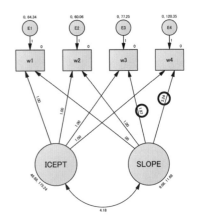

係数：(グループ番号 1 - モデル番号 1)

		推定値	標準誤差	検定統計量	確率	ラベル
w1	<--- ICEPT	1.000				
w1	<--- SLOPE	.000				
w2	<--- ICEPT	1.000				
w2	<--- SLOPE	1.000				
w3	<--- ICEPT	1.000				
w3	<--- SLOPE	1.873	.198	9.439	***	
w4	<--- ICEPT	1.000				
w4	<--- SLOPE	3.238	.356	9.095	***	

標準化係数：(グループ番号 1 - モデル番号 1)

		推定値
w1	<--- ICEPT	.855
w1	<--- SLOPE	.000
w2	<--- ICEPT	.828
w2	<--- SLOPE	.214
w3	<--- ICEPT	.753
w3	<--- SLOPE	.364
w4	<--- ICEPT	.627
w4	<--- SLOPE	.525

(3) 切片と傾きの平均値は以下のようになる.

- ▶ 第 1 週の解答数 ＝ 46.677 ＋ **0.000** × 9.061 ＋ 誤差　→　**46.677** ＋ 誤差
- ▶ 第 2 週の解答数 ＝ 46.677 ＋ **1.000** × 9.061 ＋ 誤差　→　**55.738** ＋ 誤差
- ▶ 第 3 週の解答数 ＝ 46.677 ＋ **1.873** × 9.061 ＋ 誤差　→　**63.648** ＋ 誤差
- ▶ 第 4 週の解答数 ＝ 46.677 ＋ **3.238** × 9.061 ＋ 誤差　→　**76.017** ＋ 誤差

- ▶ なお, 実際のデータにおける解答数の平均値は, 第 1 週が 46.66, 第 2 週が 55.78, 第 3 週が 63.60, 第 4 週が 76.03 である. p.251 ＜ **STEP UP** ＞の結果よりも, 実際のデータに近い値となっていることがわかるだろう.

平均値：(グループ番号 1 - モデル番号 1)

	推定値	標準誤差	検定統計量	確率	ラベル
ICEPT	46.677	1.553	30.046	***	
SLOPE	9.061	1.152	7.865	***	

（4）［モデル適合］を見る.

▶ カイ2乗値は1.230, 自由度3で有意ではない.

▶ CFI = 1.000, RMSEA = .000 となっている.

▶ モデルの改善を行う前（χ^2 = 5.981, df = 5, $n.s.$；CFI = .996, RMSEA = .045）に比べ, 全体として適合度が向上していることがわかる.

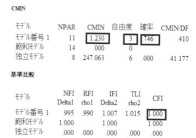

CMIN

モデル	NPAR	CMIN	自由度	確率	CMIN/DF
モデル番号 1	11	1.230	3	.746	.410
飽和モデル	14	.000	0		
独立モデル	8	247.063	6	.000	41.177

基準比較

モデル	NFI Delta1	RFI rho1	IFI Delta2	TLI rho2	CFI
モデル番号 1	.995	.990	1.007	1.015	1.000
飽和モデル	1.000		1.000		1.000
独立モデル	.000	.000	.000	.000	.000

RMSEA

モデル	RMSEA	LO 90	HI 90	PCLOSE
モデル番号 1	.000	.000	.118	.809
独立モデル	.637	.570	.706	.000

7-4 結果から

第1週から第4週までの解答数の平均値をグラフに描き, 第1週と第2週の平均値を通る直線を第4週まで伸ばしていくと, 右の図のようになる.

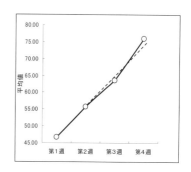

▶ このグラフを見ると, 第3週の平均値が直線の下に, 第4週の平均値が直線の上にずれていることがわかるだろう.

第1週から第2週までの解答数の伸びを「1」とした場合, 完全に直線になるのであれば, 第2週は「2」, 第3週は「3」となるはずである.

▶ 第3週の推定値が1.873, 第4週が3.238であるということは, 上のグラフに示されているように, これらの解答数の平均値が直線から上下にずれていることを意味している.

▶ この「ずれ」が, 直線を仮定した際に適合度がやや低下する原因であると考えられる.

第 7 章

Excel＋Amos 活用マニュアル
──見やすい表の作成とパス図作成のための総覧

◎ここではまず，SPSS の出力から因子分析表と相関表を Excel で加工する例を載せておく．手順の細かさに，ここまでやる必要はないと思うかもしれない．しかし，レポートや論文にきれいな表（Table）を掲載することは，読み手によい印象を与えるための 1 つの重要な要素といえる．例を参考に，各自で工夫して見やすい表を作成してみてほしい．

◎また，Amos の操作やパス図の作成に役立つように，よく使われるアイコンの解説とモデルを評価する目安となる適合度の各指標の解説，さらにパス図の基本となる各要素の解説と基本的なモデルについての説明を入れた．より詳しい内容については小塩（2008）など参考文献を参照してほしい．

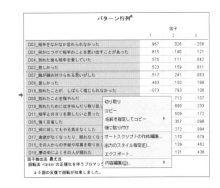

Section 1 表の作成方法

1-1 プロマックス回転の因子分析表の作成

　第3章「恋愛期間と別れ方による失恋行動の違い」の Section 3，因子分析の結果から，Excel を使用してプロマックス回転後の因子分析表（p.126）を作成してみよう．ここでは，最終的な因子分析結果を使用する．相関係数や因子負荷量など−1.00 から＋1.00 の値をとる数値は .00 と整数部分を省き，平均や SD，t 値や F 値など1を越える範囲の値をとる数値は 0.00 と整数部分を表記する．

● まず，Excel の新しいワークシートを開いておこう
　　▸ SPSS の**因子分析**結果の中から，**パターン行列**を探し，マウスの右ボタンをクリックする．
　　▸ ポップアップメニューが開いたら，「**コピー（C）**」を選択する．
　　▸ Excel のシート上で適当なセルを選択し，右クリックでポップアップメニューを表示させる．
　　▸ ［**形式を選択して貼り付け（S）**］を選択する．
　　　☞ ［貼り付ける形式（A）］で［テキスト］を選んで OK をクリック．
　　　☞ そのまま貼りつけると，周囲の枠まで貼りつけられて加工が面倒なので，文字だけを貼りつけるようにする．

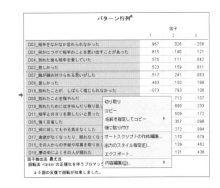

▸すると，右図のように，結果がコピーされる．

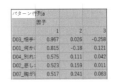

● 数値を見やすくするために，小数点以下の桁数を2にしよう
- ▸セルをすべて選択する．セル記号「A」の左側，「1」の上の部分（右図の枠部分）をクリックすると，セルがすべて選択される．

- ▸［ホーム］タブ ⇒ ［セル］⇒ ［書式］⇒ ［セルの書式設定(E)］を選択し，セルの書式設定 ウインドウを表示させる．
  - ◆［表示形式］タブをクリックする．
  - ◆［分類(C):］の中で一番下のユーザー定義を選択する．

  - ◆［種類(T):］のすぐ下の枠内を消し，「.00」と入力する．
    - ♣「0.00」と入力すると，小数点以上の「0」が表示されてしまうので，「.00」と入力するようにしよう．もちろん，小数点以下3桁までを表示させるときには，「.000」と入力する．
  - ◆ OK をクリックすると，シートの中の数値がすべて小数点以下2桁になる．

● 表の中で不必要な部分を削除しよう
- ▸貼りつけた文字の中で，上2行の「パターン行列 a」「因子」や下3行の「因子抽出法：最尤法」「回転法：Kaiser の正規化を伴うプロマックス法」「a 6回の反復で回転が収束しました。」の文字列は不必要なので，削除する．

● セルの幅をそろえる
- ▸文字や数値が入っているセルをすべて選択．
- ▸［ホーム］⇒ ［セル］⇒ ［書式］⇒ ［列の幅の自動調整(I)］を選択すると，文字列に合わせてセルの幅が自動的に調節される．
- ▸右の図のようになっただろうか．

	1.00	2.00	3.00
D03_相手をなかなか忘れられなかった	.97	.03	-.26
D01_何かにつけて相手のことを思い出すことがあった	.82	-.18	.12
D04_別れた後も相手を愛していた	.58	.11	.04
D02_悲しかった	.52	.16	.01
D07_胸が締め付けられる思いがした	.52	.24	.06
D06_苦しかった	.46	.15	.19
D19_別れたことが，しばらく信じられなかった	-.07	.79	.11
D08_別れたことを悔やんだ	.11	.71	-.11
D18_別れたために泣き叫んだり取り乱したりした	-.07	.69	.23
D11_相手とのヨリを戻したいと思った	.17	.51	.17
D05_強く反省した	.17	.36	-.10
D12_何に対してもやる気をなくした	.18	-.27	.99
D17_食欲がなくなったり，眠れなくなったりした	-.14	.17	.68
D15_その人からの手紙や写真を取り出してよく見ていた	-.09	.14	.46
D16_夢の中によくその人が現れた	.00	.13	.44

- 因子相関行列をコピーする
  - SPSS の出力の中で，**因子相関行列**を探し，右クリック．
  - メニューの中で［**コピー(C)**］を選択する．
  - Excel の画面を開き，すでにコピーしてある表の一番下に貼りつける（右クリック ⇒ ［**形式を選択して貼り付け(S)**］⇒ ［**テキスト**］）．

- 因子相関行列の不必要な部分を消し，対角線上の「**1.00**」を「**−**」（マイナス［−］もしくはダッシュ［—］）にする．また，相関行列を1行上に上げておこう．
  - **因子相関行列**の文字を，**因子間相関**に変える．

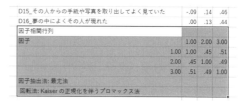

- 因子番号の「1.00」「2.00」「3.00」をローマ数字「I」「II」「III」に変える（表の一番上と因子相関行列の部分）．ローマ数字は機種依存文字なので，異なる OS で Table をやりとりする際は注意（大文字の「I」を重ねて「II」「III」と入力すれば，文字化けをふせげる）．

- 中央揃え・右揃えをする
  - 右の表の■の部分を**中央揃え**（セルを選択し，ツールバーで ≡ をクリック），■の部分を**右揃え**に（セルを選択し ≡ をクリック）する．
- 罫線を引く
  - ☞ Table には，できるだけ縦の線を使用しないほうがよい．
  - ☞ Table の一番上の罫線は太く，その他の横罫線は細いものにする．

▶ 項目の上のセルとローマ数字「I」「II」「III」の部分を選択する.

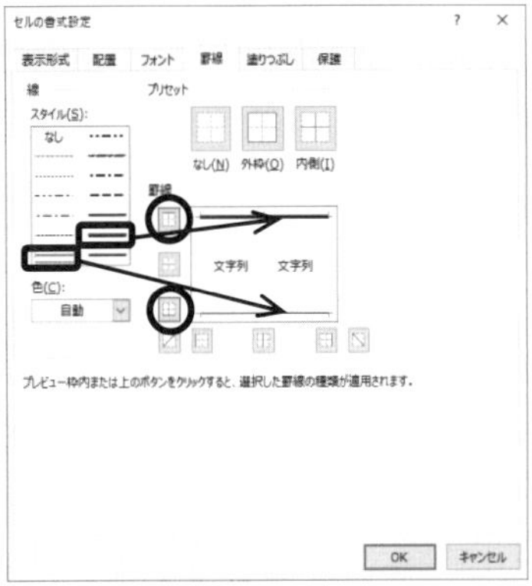

 ◆ ［ホーム］タブ ⇒ ［セル］⇒ ［書式］⇒ ［セルの書式設定(E)］を選択（罫線のプルダウンメニュー ⇒ ［その他の罫線(M)］でもよい）. 右クリックして現れるメニューから［セルの書式設定(F)］を選ぶ方法もある.

 ◆ ［セルの書式設定］で，罫線 タブを選択する.

 ◆ 一番太い実線の罫線を（［スタイル(S)：］から選んで）上に（⊞をクリック），細い実線の罫線を下に（⊞をクリック）指定し，OK をクリック.

▶ 一番下の項目とその右側の因子負荷量のセルを選択し，先ほどと同様に下側に細い実線の枠線を引く.

 ◆ ［ホーム］タブ ⇒ ［フォント］⇒ 罫線アイコン（⊞▾）をクリックし，下側の細い罫線を描いてもよい.

● フォントを指定する

▶ 本書では，日本語の文字は「MS 明朝」，英数字は「Times New Roman」で図表を作成している．どのようなフォントを使用するかは，論文やレポート全体のフォントに合わせるとよいだろう.

● 高い因子負荷量を太字（ボールド）にする

▶ 第1因子に高い負荷量を示している数字（.97 から .46 までの6項目）を選択し，［ホーム］タブ ⇒ ［フォント］⇒ 太字アイコン（ B ）をクリックすると，ボールドの書体になる.

▶ 同様に，第2因子に高い負荷量を示している数字，第3因子に高い負荷量を示している数字も太字にする.

- ワープロソフトなどに貼りつけるときには，セルの枠線を消す
  - ▸ [表示] タブ⇒ [表示] の [目盛線] のチェックを外す．

- さらに……
  - ☞最終的には項目の前についている「D01_」「D02_」などの記号を，「1.」「2.」に変更しておくのがよいだろう．そのときに数字の後のピリオドが揃うように位置を整えるのが見栄えがよい．そのためには，[セルの書式設定(E)] の [表示形式] タブで [分類(C)：] の中のユーザー定義を選んで，数字の書式設定を「0.」とすれば，きれいに揃えられる．
  - ☞ Word に Table を貼りつけるときには，通常のコピーではなく図としてコピーしたほうがきれいに貼りつけることができ，大きさや位置を自由に調整することができる．具体的な手順としては，作成した Table をコピーした後，Word に貼りつける際に [ホーム] タブ ⇒ [貼り付け] ⇒ [形式を選択して貼り付け(S)] ⇒ [図（拡張メタファイル)] もしくは[Microsoft Excel ワークシートオブジェクト] を選択するとよい．

- 仕上がった因子分析表

		I	II	III
3.	相手をなかなか忘れられなかった	.97	.03	-.26
1.	何かにつけて相手のことを思い出すことがあった	.82	-.18	.12
4.	別れた後も相手を愛していた	.58	.11	.04
2.	悲しかった	.52	.16	.01
7.	胸が締め付けられる思いがした	.52	.24	.06
6.	苦しかった	.46	.15	.19
19.	別れたことが，しばらく信じられなかった	-.07	.79	.11
8.	別れたことを悔やんだ	.11	.71	-.11
18.	別れたために泣き叫んだり取り乱したりした	-.07	.69	.23
11.	相手とのヨリを戻したいと思った	.17	.51	.17
5.	強く反省した	.17	.36	-.10
12.	何に対してもやる気をなくした	.18	-.27	.99
17.	食欲がなくなったり，眠れなくなったりした	-.14	.17	.68
15.	その人からの手紙や写真を取り出してよく見ていた	-.09	.14	.46
16.	夢の中によくその人が現れた	.00	.13	.44

因子間相関	I	II	III
I	—	.45	.51
II	.45	—	.49
III	.51	.49	—

1−2　相関表の作成

　第4章「若い既婚者の夫婦生活満足度に与える要因」の Section 5，男女込みの相関関係の分析結果から，平均値と標準偏差の情報を入れた相関表を作成してみよう．

- 相関表を作成しやすくするため，p.178 での SPSS の出力設定を以下のように変える．
  - ▶［**有意な相関係数に星印を付ける(F)**］のチェックを外す．有意水準のアスタリスクは Excel 上でつける．

    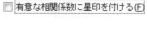

  - ▶　オプション(O)　⇒　［欠損値］で，［リストごとに除外(L)］を選択．

- SPSS の相関係数の出力結果の上で，**右クリック**　⇒　［コピー(C)］を選択する．
  - ▶ Excel のワークシート上の適当なセルを選択し，［**形式を選択して貼り付け(S)**］を選択する．
    - ◆［**貼り付ける形式(A)**］で［**テキスト**］を選んで，**OK** をクリック．

- 不必要な部分を消しておく
  - ▶ 左上の「相関係数a」の文字，左下の「a リストごと N = 148」の文字が不要である．
  - ▶ Pearson の〜，有意確率（両側）の文字も不要だが，今はとりあえず残しておく．

§1　表の作成方法　275

- 相関表では，相関係数の右肩にアスタリスク（*）をつけるので，そのためのスペースを空けておく
    - ▸ **愛情**の列を選択（**愛情**のセルの上方向にある座標記号を選択すると，1列すべて選択される）して，**右クリック** ⇒ ［**挿入(I)**］を選択する．
    - ▸ 同様に，**収入**，**夫婦平等**の列を選択し，1列挿入する．

- 有意水準は，0.1％（0.001）未満を「***」，1％（0.01）未満を「**」，5％（0.05）未満を「*」で表す
    - ☞ **満足度**と**愛情**との間の相関係数（**0.562**）の有意確率は「0」と表示されている→「***」になる．
    - ▸ 相関係数の右側のセルに「***」と（半角文字で）入力する．
    - ▸ **満足度**と**収入**との間の相関係数（**0.349**），**愛情**と**収入**の相関係数（**0.367**）の有意確率はともに「0」なので，相関係数の右側のセルに「***」と入力する．

		満足度	愛情		収入		夫婦平等
満足度	Pearson の	1	0.562	***	0.349	***	-0.155
	有意確率（両側）		0		0		0.06
愛情	Pearson の	0.562	1		0.367	***	-0.02
	有意確率（		0		0		0.806

- ▸ **夫婦平等**と**満足度**および**収入**との間の相関係数（−0.155，0.153）の有意確率は0.06…となっている．5％を超えているので，有意とはいえない．ただし，論文によっては「有意傾向」として「†」（ダガー）の記号をつけて表記することもある（今回はやめておこう）．
- 再び，不要な行を削除していこう
    - ▸ **有意確率（両側）**のある4つの行，**Pearson** の〜のある列を削除する．
    - ☞ Excel で離れた行や列，セルを選択する際には，
        - **Ctrl キー＋選択** ⇒ 1つひとつのセルを個別に選択することができる．
        - **Shift キー＋選択** ⇒ あるセルからあるセルまで連続的に一度に選択することができる．
    - ☞ SPSS で出力される相関表は，対角線の右上と左下が同じ数値になっている．

▸ 左下の数値をすべて消し，同変数間の相関は 1 になるので「1」を「−」(マイナスもしくはダッシュ) に置き換える.

● セルを結合して**中央揃え**にする
  ▸ 満足度と入力されているセルと右側の空白のセルを選択する.
  ▸ [ホーム] タブ ⇒ [配置] ⇒ **セルを結合して中央揃え**アイコン (⊞ セルを結合して中央揃え ▾) をクリックすると，2 つのセルが結合されて文字が中央に揃えられる.
  ▸ 愛情，収入，夫婦平等についても同じように，すぐ右側のセルと**セルを結合して中央揃え**を行う.
  ▸ 先ほど入力した「−」についても同様の処理を行う.

	満足度	愛情	収入	夫婦平等
満足度	−	0.562 ***	0.349 ***	-0.155
愛情		−	0.367 ***	-0.02
収入			−	0.153
夫婦平等				−

● アスタリスクを「上付き文字」にする
  ▸ アスタリスクのあるセルで，右クリック ⇒ [セルの書式設定(F)] (または [ホーム] タブ ⇒ [セル] ⇒ [書式] ⇒ [セルの書式設定(E)]) を選択.
  ▸ [フォント] タブを選択し，[文字飾り] の [上付き(E)] にチェックを入れ，OK をクリック.
  ▸ 下の図のようになっただろうか.

愛情	収入
0.562 ***	0.349 ***
−	0.367 ***
	−

  ▸ 表中の数字のフォントが Times や Times New Roman などであれば，アスタリスクはやや上方につくので，上付きにしなくてもよいだろう.

相関係数だけの表を作成するときには，この状態で小数点以下の桁数を揃え，罫線を引く.

今回は，この表の右側に平均値と標準偏差を入力しよう．

- SPSS の出力で，記述統計量の表をコピーする
  - ▸ 右図の通り，**右クリック** ⇒ ［**コピー(C)**］.

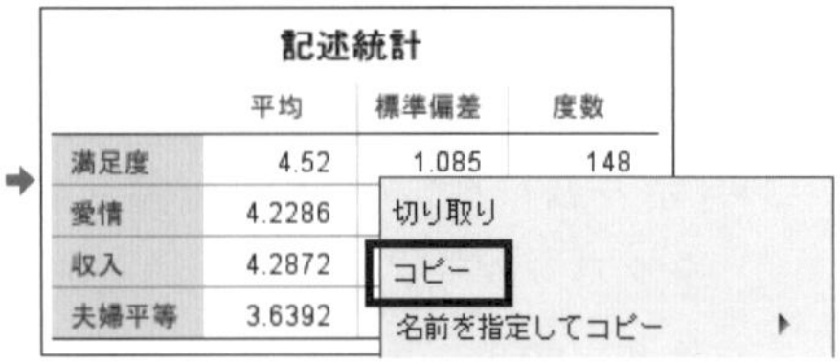

記述統計			
	平均	標準偏差	度数
満足度	4.52	1.085	148
愛情	4.2286	切り取り	
収入	4.2872	コピー	
夫婦平等	3.6392	名前を指定してコピー ▸	

- Excel に貼りつける
  - ▸ **夫婦平等**と入力されたセルの右上のセルを選択して貼りつける（［**形式を選択して貼り付け(S)**］ ⇒ ［**テキスト**］）とするとよいだろう．

- 不要な部分を削除する．
  - ▸ 記述統計の列，度数の列は不要なので，列ごと削除しておく．

夫婦平等	記述統計			
		平均	標準偏差	度数
-0.155	満足度	4.52	1.085	148
-0.02	愛情	4.2286	0.81015	148
0.153	収入	4.2872	0.7944	148
–	夫婦平等	3.6392	0.99623	148

- 平均 → M，標準偏差 → SD に文字を変えておこう．
  - ☞ M，SD の文字を**斜体**にし，**中央揃え**にしておくとよいだろう．

- 小数桁数を揃える．相関係数は .00，平均と SD は 0.00 とする．
  - ▸ 数字部分を選択し，［**ホーム**］タブ ⇒ ［**セル**］ ⇒ ［**書式**］ ⇒ ［**セルの書式設定(E)**］を選択し，**セルの書式設定** ウインドウを表示させる．
    - ◆ ［**表示形式**］タブをクリックする．
    - ◆ ［**分類(C)：**］の中で一番下の**ユーザー定義**を選択する．
  - ▸ ［**種類(T)：**］のすぐ下の枠内を消し，「**.00**」や「**0.00**」と入力．　OK　をクリック．

	満足度	愛情	収入	夫婦平等	M	SD
満足度	–	.56 ***	.35 ***	-.16	4.52	1.09
愛情		–	.37 ***	-.02	4.23	0.81
収入			–	.15	4.29	0.79
夫婦平等				–	3.64	1.00

● 罫線を引く

    ▶ Table の一番上の罫線は太い実線，その下に細い実線，一番下に細い実線を引く.

	満足度	愛情	収入	夫婦平等	M	SD
満足度	−	.56 ***	.35 ***	-.16	4.52	1.09
愛情		−	.37 ***	-.02	4.23	0.81
収入			−	.15	4.29	0.79
夫婦平等				−	3.64	1.00

● セルの幅を整える

    ▶ それぞれの数値が見やすくなるように，セルの幅を調整しよう.

	満足度	愛情	収入	夫婦平等	M	SD
満足度	−	.56 ***	.35 ***	-.16	4.52	1.09
愛情		−	.37 ***	-.02	4.23	0.81
収入			−	.15	4.29	0.79
夫婦平等				−	3.64	1.00

● 有意水準の注釈をつける

    ▶ Table の左下に，有意水準としてつけたアスタリスク（***）の注釈をつける.

    ▶ 有意水準の説明は，「5％水準 → 1％水準 → 0.1％水準」の順番でつける.

    ▶ 今回の場合は，0.1％だけなので，次のように記入する.

        ◆ *** p < .001

    ☞「***」「p」「<」「.」の間に半角スペースを1つずつ入れる.

    ☞ 次の有意水準がある場合には，コンマで区切る.

● さらに，「p」の文字だけを斜体にしてみよう

    ☞ 統計記号（p, r など）を斜体で記述することは多い.

    ▶ 入力した文字列の中で，「p」だけを選択する. セル内でダブルクリックすると1文字ずつ選択できる. あるいは数式バーの中で選択してもよい.

    ▶「p」だけを選択した状態で，斜体（ I ）をクリック.

        ◆「p」の文字だけが斜体になる.

    ▶ ここまでできたら，先ほどと同じように，目盛線を消して表示を確認してみよう.

        ◆［表示］タブ ⇒ ［表示］の［目盛線］のチェックを外す.

● さらにフォントを変えて全体のバランスを整えたものが次の表である.

	満足度	愛情	収入	夫婦平等	M	SD
満足度	—	.56 ***	.35 ***	-.16	4.52	1.09
愛情		—	.37 ***	-.02	4.23	0.81
収入			—	.15	4.29	0.79
夫婦平等				—	3.64	1.00

*** $p < .001$

Section 2 Amosの操作一覧と基本モデル

2−1 Amos の作業画面

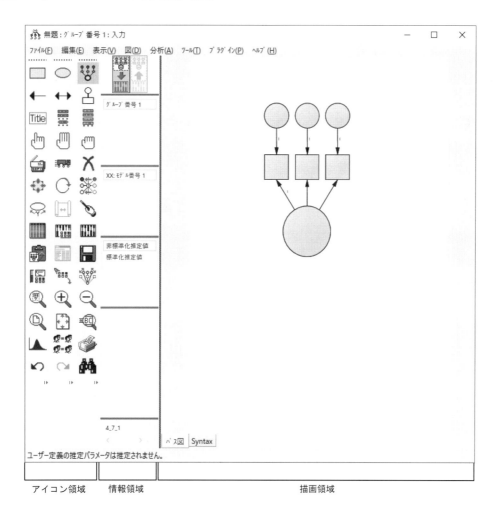

アイコン領域　　　情報領域　　　　　　　　　　　　描画領域

2-2 よく使用するアイコンと簡単な説明

▶ パス図を描く

□ **観測される変数を描く**……観測変数（直接的に測定された変数）を描く．マウスの左ボタンを押しながら描く．

◯ **直接観測されない変数を描く**……潜在変数（直接的に観測されていない変数）を描く．描き方は上と同様．

潜在変数を描く，あるいは指標変数を潜在変数に追加……マウスの左ボタンを押しながら描くと潜在変数を描く．潜在変数の中で左クリックすると，観測変数および観測変数に対する誤差変数を描くことができる．クリックをくり返すと観測変数と誤差変数が追加される．内生変数の場合には誤差変数が追加される．

← **パスを描く（一方向矢印）**……因果関係を表現する一方向の矢印を描く．

↔ **共分散を描く（双方向矢印）**……共変関係（相関関係）を表現する双方向の矢印を描く．

既存の変数に固有の変数を追加……内生変数（少なくとも一度は他の変数から影響を受ける変数）の図形でクリックすると，誤差変数を描く．すでに誤差変数が描かれている場合には，その誤差変数の位置が円を描くように移動する．

▶ 分析に使用する変数を見る

モデル内の変数を一覧……パス図に使用されている変数の一覧を表示する．

データセット内の変数を一覧……データとして指定されているファイル内の変数の一覧を表示する．変数をパス図にドラッグ＆ドロップで指定することができる．

▶ 図形の選択

オブジェクトを一つづつ選択……1つの図形を選択する．選択された図形は青色で表示される．

全オブジェクトの選択……すべての図形を選択する．選択された図形は青色で表示される．

全オブジェクトの選択解除……すべての選択が解除される．

▶ 図形の編集

オブジェクトをコピー……図形をコピーする．図形の上で左クリックを押しながらマ

ウスを動かすとコピーできる.

🚚 **オブジェクトを移動**……図形を移動する. 図形の上で左クリックを押しながらマウスを動かすと移動できる.

✂ **オブジェクトを消去**……図形を消去する. 消去させたい図形の上で左クリックを押す.

✤ **オブジェクトの形を変更**……図形の大きさ・形を変える.

↻ **潜在変数の指標変数を回転**……潜在変数の周囲にある観測変数や誤差変数の位置が, 円を描くように移動する.

⠿ **潜在変数の指標変数を反転**……潜在変数の周囲にある観測変数や誤差変数の位置が, 左右対称に移動する.

▶ 画面表示関連

🔍 **パラメータ値を移動**……図の周辺に出力される分析結果の数値の位置を移動させる. 左クリックを押しながらマウスを動かすと移動する.

▥ **パス図を画面上で移動**……左クリックを押しながらマウスを移動させると, 図形の描画領域全体が移動する.

✎ **タッチアップ**……図形の上で左クリックを押すと, パスが適切な位置に修正される.

⊕ **パス図の部分拡大**……描画領域全体を拡大する.

⊖ **パス図の部分縮小**……描画領域全体を縮小する.

▶ 分析関連

▦ **データファイルを選択**……データファイルを指定する. グループ別に分析を行うときには, グループを判別する変数を指定する.

▦ **分析のプロパティ**……分析の仕方の指定, 出力の指定を行う.

▦ **推定値を計算**……分析を実行する. 「そろばん」を表すアイコン.

▶ 結果を見る

▦ **テキスト出力の表示**……分析結果の詳細を見る.

▦ **入力パス図 (モデルの特定化) の表示**……このアイコンが選択された状態で図形を描く.

▦ **出力パス図の表示**……分析結果の数値がパス図内に表示される. 中央部分の「非標準化推定値」「標準化推定値」の文字を選択すると, 対応した数値が表示される.

■適合度について（★分析したモデルを評価するための指標の代表的なものを挙げる）

《モデル全体の指標》

● χ² 検定（CMIN）

帰無仮説として「構成されたモデルは正しい」という設定を行う．

χ² 値が対応する自由度のもとで，一定の有意水準の値よりも小さければ，モデルは棄却されないという意味で，一応採択される（χ² 値が有意でなければ採択される）．

● GFI（Goodness of Fit Index）

通常 0 から 1 までの値をとり，モデルの説明力の目安となる．

GFI が 1 に近いほど，説明力のあるモデルといえる（GFI が高くても「よいモデル」というわけではない）．

● AGFI（Adjusted Goodness of Fit Index；修正適合度指標）

値が 1 に近いほどデータへの当てはまりがよい．

「GFI ≧ AGFI」であり，GFI に比べて AGFI が著しく低下するモデルはあまり好ましくない．

● CFI（Comparative Fit Index）

値が 1 に近いほどモデルがデータにうまく適合している．.90 が一応の目安となる．

● 赤池情報量基準（AIC；Akaike's Information Criterion）

複数のモデルを比較する際に，モデルの相対的な良さを評価するための指標となる．

複数のモデルのうちどれがよいかを選択する際には，AIC が最も低いモデルを選択する．

● CAIC（Consistent Akaike's Information Criterion）

標本の大きさが調整された情報量基準である．

標本数がとくに大きいときには，AIC よりも CAIC を参考にしたほうがよい．

● RMSEA（Root Mean Square Error of Approximation）

モデルの分布と真の分布との乖離を 1 自由度あたりの量として表現した指標．

一般的に，0.05 以下であれば当てはまりがよく，0.1 以上であれば当てはまりが悪いと判断する．

《モデルの部分評価》

● t 検定

パス係数が有意であるかどうかを検定する際に，t 検定を用いる．

2-3 パス図の基本

	基本的な記号		パス図の基本
☐	**観測変数** 直接的に観測された変数.	Y1 ⌢ Y2	観測変数間の共変関係
◯	**潜在変数** 円または楕円で描く. 直接的に 観測されていない, 仮定上の変数.	F1 ⌢ F2	潜在変数間の共変関係
→	**単方向の因果関係** 片方向の矢印で描く.	Y1 → Y2 ← E	観測変数間の因果関係
⇄	**双方向の因果関係** 片方向の矢印が相互に影響している.	F1 → Y1 ← E	潜在変数から観測変数を 予測する
⌢	**共変関係（相関関係）** 因果関係を仮定していないが, 共に変動する関係を表現する.	F1 → F2 ← D	潜在変数間の因果関係

2-4 よく使用される基本的なモデル

確認的因子分析モデル

- Y1 から Y3 までの観測変数が F1 という潜在変数（因子）から, Y4 から Y6 までの観測変数が F2 という潜在変数（因子）から影響を受ける.
- F1 と F2 の間の共変関係は因子間相関を表す（斜交回転を表現する）. 共変関係を「0」とすると, 直交回転を表現する.

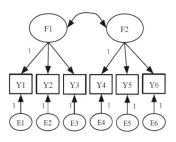

探索的因子分析モデル

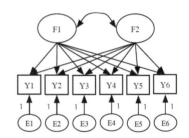

● すべての潜在変数（共通因子）からすべての観測変数へパスが引かれる．パス係数の大きさが因子パターンの数値である．

● F1 と F2 の間の共変関係は因子間相関を表す（斜交回転を表現する）．共変関係を「0」とすると，直交回転を表現する．

● E1 から E6 は独自因子を表す．

高次因子分析モデル

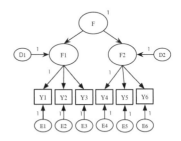

● 潜在変数（因子）の上位にそれらをまとめるような高次因子を仮定したモデル．

● 例：不安全体を高次因子，対人不安と将来不安を下位因子とするなど．

多重指標モデル

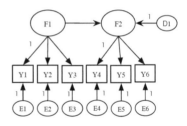

● 潜在変数（因子）間の因果関係を扱うモデル．

● 確認的因子分析の因子間の相関を因果関係に置き換えたもの．

潜在曲線モデル

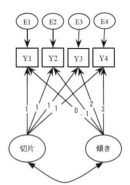

● 1 変数の縦断的なデータに適用できるモデルである．

● Y1 から Y4 が縦断的にとられた観測データであり，切片と傾きでそれらの得点を予測する．

    ▶ Y1 = 切片 ＋ 0×傾き ＋誤差（E1）

    ▶ Y2 = 切片 ＋ 1×傾き ＋誤差（E2）

    ▶ Y3 = 切片 ＋ 2×傾き ＋誤差（E3）

    ▶ Y4 = 切片 ＋ 3×傾き ＋誤差（E4）

● 切片や傾きは個人ごとに異なる，確率点数である．

● 切片や傾きの平均値を求めることにより，集団全体の傾向を把握することができる．

あとがき（第1版）

　私が大学で指導している学生たちも，さまざまなテキスト，Web サイトを見ながら SPSS や Amos で分析を行っている．しかし，一連の分析の中で個別にどのような目的をもって分析を行うのか，どの段階でどの分析手法を用いれば最終的な結論につながるのかについてはなかなか理解できない状況にあるように思う．このような学生の現状を見ていて，一連の流れの中で分析技術を身につけるようなテキストが必要なのではないかという思いを強く抱いていた．本書は，このような観点から前著『SPSS と Amos による心理・調査データ解析——因子分析・共分散構造分析まで』の内容を補う目的で書かれている．

　前著もそうだったのだが，私自身が主に調査的な手法を用いて研究を行っているため，本書で挙げられる研究事例は調査法によるものがほとんどである．調査法は手軽に多くの情報を得ることができるという利点はあるが，事前の調査計画の段階で研究目的や分析の流れを明確にしておかないと，結論が出なかったり分析不能な状態に陥ったりするかもしれない．本書が調査的な研究を行おうとしている多くのかたがたの参考になれば幸いである．

　本書は一連の流れの中で可能な限り多くの分析手法をとりあげることを念頭において執筆されているが，他分野で頻繁に使用されているにもかかわらず，本書でとりあげることができなかった手法も数多くある．また，個別の分析手法についてより詳しく学びたいという読者もいるだろう．その点は，この後に示されている文献など，他のテキストを参考にしてほしい．

　東京図書の則松直樹氏には，本書の構成から内容に至るまで，さまざまなご助言をいただいた．多大なご助力に心から感謝を申しあげます．また，データを提供してくれた学生諸君や，内容に関して貴重な意見をいただいた名古屋大学大学院の脇田貴文氏にもあわせて感謝申しあげます．

2005 年 8 月

小塩真司

あとがき（第2版）

　本書の第1版を上梓してから，6年半あまりが過ぎたことになる．今回，このような形で第2版を世に出すことができるようになるとは，思っていなかった．この間，SPSS や Amos はバージョンアップを重ね，第1版では対応できない部分も出てきていた．また今回，結果の記述方法もより納得のいくような形に修正させてもらった．ただ，本書で示した結果の書き方は，あくまでもひとつの例である．絶対的な記載方法ではないということを念頭においてほしい．

　2005年に第1版が出版された後も，数多くの SPSS 関連書籍が出版されている．しかし，本書のような一連の分析方法と結果の記載方法までを示すものは，他には見当たらないのではないかと思う．この点が，本書の最大の特徴ではないかと考えているが，これは著者のひいき目もあるだろう．

　いずれにしても，本書で扱うことができる内容は限られている．その点は，ぜひ他の書籍で補ってもらいたい．

　最後に，第1版に引き続き本書でも多大なご助力をいただいた，東京図書の則松直樹氏に心から感謝申し上げます．

2012年6月

小塩真司

　このあとがきを書くのも 3 回目と，回を重ねることになった．前回あとがきを書いたのは，いま勤める大学に移った直後のことであった．それから早くも 7 年以上の歳月が流れたことになる．

　この間，心理学の統計を取り巻く状況も大きく変化してきた．ひとつは，心理学研究の結果の再現性に注目が集まり，従来の研究を進める手続きの問題点が広く認識されるようになってきた点が挙げられる．その中で，効果量を示すこと，信頼区間を示すこと，有意水準よりも有意確率をそのまま示すこと，さらには帰無仮説を用いた検定よりもベイズ統計学を用いた結果を示す方向へと，全体の流れは動き続けている．おそらく，運良く本書の次の版が重なるようなことがあれば，その流れはさらに明瞭なものとなっているだろう．

　これまでも書いてきたことではあるが，今回も少しずつ，その流れに対応しようと試みた部分がある．しかしながら，これまでの記述の蓄積があることと，現状の研究を取り巻く状況があるため，根本的な改変をするまでには至っていない．その点はご了承いただき，ぜひ他の書籍を参考にしていただければ幸いである．

　ここまで長い期間，本書を手に取っていただけたことを心から感謝しています．第 3 版を作成するにあたりご尽力いただいた，東京図書の松井誠氏に感謝申し上げます．

　2020 年 4 月

小塩真司

［参考文献］

統計手続きを学ぶために……

[1]　小塩真司　2014『はじめての共分散構造分析― Amos によるパス解析―［第 2 版］』東京図書

[2]　小塩真司　2015『研究をブラッシュアップする　SPSS と Amos による心理・調査データ解析』東京図書

[3]　小塩真司　2018『SPSS と Amos による心理・調査データ解析［第 3 版］―因子分析・共分散構造分析まで―』東京図書

統計全般（心理統計学など）を学ぶために……

[4]　遠藤健治　2002『例題からわかる心理統計学』培風館

[5]　南風原朝和　2002『心理統計学の基礎』有斐閣

[6]　南風原朝和　2014『続・心理統計学の基礎』有斐閣

[7]　服部環・海保博之　1996『Q&A 心理データ解析』福村出版

[8]　市川伸一（編著）　1991『心理測定法への招待――測定からみた心理学入門』サイエンス社

[9]　石井秀宗　2005『統計分析のここが知りたい　保険・看護・心理・教育系研究のまとめ方』文光堂

[10]　岩淵千明（編著）　1997『あなたもできるデータの処理と解析』福村出版

[11]　海保博之（編著）　1985『心理・教育データの解析法 10 講　基礎編』福村出版

[12]　海保博之（編著）　1986『心理・教育データの解析法 10 講　応用編』福村出版

[13]　小杉考司　2019『言葉と数式で理解する多変量解析入門』北大路書房

[14]　丸山欣哉・佐々木隆之・大橋智樹　2004『学生のための心理統計法要点』ブレーン出版

[15]　村井潤一郎・柏木惠子　2008『ウォームアップ心理統計』東京大学出版会

[16]　中村知靖・松井 仁・前田忠彦　2006『心理統計法への招待――統計をやさしく学び身近にするために―』サイエンス社

[17]　大久保街亜・岡田謙介　2012『伝えるための心理統計：効果量・信頼区間・検定力』勁草書房

[18]　繁桝算男・柳井晴夫・森敏昭（編著）　2008『Q&A で知る 統計データ解析［第 2 版］』サイエンス社

[19]　渡部 洋（編）　2002『心理統計の技法』福村出版

[20]　山田剛史・村井潤一郎　2004『よくわかる心理統計』ミネルヴァ書房

SPSS の基礎を学ぶために……

[21]　馬場浩也　2002『SPSS で学ぶ統計分析入門』東洋経済新報社

[22]　畠慎一郎・田中多恵子　2019『SPSS 超入門［第 2 版］』東京図書

[23]　石村貞夫・石村友二郎　2017『SPSS でやさしく学ぶ統計解析［第 6 版］』東京図書

[24]　石村貞夫・石村光資郎　2018『SPSS による統計処理の手順［第 8 版］』東京図書

[25]　小野寺孝義・山本嘉一郎（編）　2004『SPSS 事典―― BASE 編』ナカニシヤ出版

[26]　酒井麻衣子　2016『SPSS 完全活用法 データの入力と加工［第 4 版］』東京図書

[27] 対馬栄輝　2016『SPSS で学ぶ医療系データ解析［第 2 版］』東京図書
[28] 対馬栄輝　2016『SPSS で学ぶ医療系データ解析［第 2 版］』東京図書
[29] 山田剛史・鈴木雅之　2017『SPSS による心理統計』東京図書

調査法による分析を学ぶために……

[30] 石村貞夫・石村光資郎　2016『SPSS による多変量データ解析の手順［第 5 版］』東京図書
[31] 石村光資郎・石村貞夫　2018『SPSS によるアンケート調査のための統計処理』東京図書
[32] 内田　治　2011『すぐわかる SPSS によるアンケートの多変量解析［第 3 版］』東京図書
[33] 宮本聡介・宇井美代子　2014『質問紙調査と心理測定尺度―計画から実施・解析まで』サイエンス社
[34] 清水裕士・荘島宏二郎　2017『社会心理学のための統計学［心理学のための統計学 3］：心理尺度の構成と分析』誠信書房
[35] 鈴木淳子　2016『質問紙デザインの技法［第 2 版］』ナカニシヤ出版
[36] 小塩真司・西口利文（編著）　2007『心理学基礎演習 Vol. 2　質問紙調査の手順』ナカニシヤ出版

分析結果の記述方法を理解するために……

[37] 松井　豊　2010『改訂新版　心理学論文の書き方』河出書房新社
[38] 田中　敏　1996『実践心理データ解析　問題の発想・データの処理・論文の作成』新曜社
[39] 杉本敏夫　2005『心理学のためのレポート・卒業論文の書き方』サイエンス社
[40] 浦上昌則・脇田貴文　2008『心理学・社会科学研究のための調査系論文の読み方』東京図書
[41] 若島孔文・都築誉史・松井博史（編著）　2005『心理学実験マニュアル―― SPSS の使い方からレポートへの記述まで』北樹出版

論文の記述方法を学ぶために……

[42] American Psychological Association 2009 Publication Manual of the American Psychological Association, Sixth Edition. Washington, DC：American Psychological Association.
[43] APA（アメリカ心理学会）江藤裕之・前田樹海・田中建彦（訳）　2011『APA 論文作成マニュアル第 2 版』医学書院
[44] 日本心理学会　2015『執筆・投稿の手びき（2015 年改訂版)』日本心理学会（https://psych.or.jp/manual/）

分散分析を理解するために……

[45] 石村貞夫・石村光資郎　2015『SPSS による分散分析と多重比較の手順［第 5 版］』東京図書
[46] 森敏昭・吉田寿夫（編著）　1990『心理学のためのデータ解析テクニカルブック』北大路書房
[47] 大村　平　2013『実験計画と分散分析のはなし―効率よい計画とデータ解析のコツ』日科技連出版社
[48] 竹原卓真　2013『増補改訂　SPSS のススメ 1：2 要因の分散分析をすべてカバー』北大路書房
[49] 竹原卓真　2010『SPSS のススメ 2：3 要因の分散分析をすべてカバー』北大路書房

[50] 豊田秀樹　1994『違いを見ぬく統計学——実験計画と分散分析入門』講談社

因子分析を理解するために……

[51] 松尾太加志・中村知靖　2002『誰も教えてくれなかった因子分析』北大路書房

[52] 豊田秀樹　2012『因子分析入門——Rで学ぶ最新データ解析』東京図書

共分散構造分析を理解するために……

[53] 狩野裕・三浦麻子　2002『AMOS, EQS, CALIS によるグラフィカル多変量解析』現代数学社

[54] 村上　隆ほか　2018『心理学・社会科学研究のための構造方程式モデリング：Mplus による実践　基礎編』ナカニシヤ出版

[55] 小塩真司　2010『共分散構造分析はじめの一歩—図の意味から学ぶパス解析入門—』アルテ

[56] 竹内　啓（監修）　豊田秀樹（著）1992『SAS による共分散構造分析』東京大学出版会

[57] 豊田秀樹（編）　1998『共分散構造分析＜事例編＞——構造方程式モデリング』北大路書房

[58] 豊田秀樹　1998『共分散構造分析＜入門編＞——構造方程式モデリング』朝倉書店

[59] 豊田秀樹　2000『共分散構造分析＜応用編＞——構造方程式モデリング』朝倉書店

[60] 豊田秀樹（編著）　2003『共分散構造分析＜技術編＞——構造方程式モデリング』朝倉書店

[61] 豊田秀樹（編著）　2003『共分散構造分析＜疑問編＞——構造方程式モデリング』朝倉書店

[62] 豊田秀樹・前田忠彦・柳井晴夫　1992『原因をさぐる統計学——共分散構造分析入門』講談社

その他，研究事例で挙げられた文献

[63] 石川・井関・大谷・桑原・小島・佐竹・里澤　2005「清潔志向性と対人ストレスコーピングの関連性」基礎実習B（調査法）最終レポート（中部大学）

[64] 柏木繁男　1999「性格特性5因子論（FFM）による東大式エゴグラム（TEG）の評価」『心理学研究』69，468-477.

[65] 松井　豊　1993『恋ごころの科学』サイエンス社

[66] 長瀬　敬　2005「愛着スタイルが青年期の失恋後の行動に及ぼす影響について」ゼミ発表資料（中部大学）

[67] 岡田　努　1995「現代大学生の友人関係と自己像・友人像に関する考察」『教育心理学研究』43，354-363.

[68] 小塩真司　1998「自己愛傾向に関する一研究——性役割観との関連」『名古屋大学教育学部紀要（心理学）』45，45-53.

[69] 小塩真司　1999「高校生における自己愛傾向と友人関係のあり方との関連」『性格心理学研究』8,1-11.

[70] 鈴木智美　2005「夫婦生活の満足度に及ぼす要因の検討」ゼミ発表資料（中部大学）

事項索引

SPSS 操作設定項目索引

Amos 操作設定項目索引

Excel 操作設定項目索引

■著者紹介

小塩　真司（おしお あつし）

2000 年	名古屋大学大学院教育学研究科博士課程後期課程　修了
	博士（教育心理学）（名古屋大学）　学位取得
2001 年より	中部大学人文学部　講師，准教授を経て
2012 年より	早稲田大学文学学術院　准教授を経て 2014 年より教授

著書

『自己愛の青年心理学』（ナカニシヤ出版，2004）

『SPSS と Amos による心理・調査データ解析［第 3 版］』（東京図書，2018）

『研究をブラッシュアップする　SPSS と Amos による心理・調査データ解析』（東京図書，2015）

『はじめての共分散構造分析（第 2 版）― Amos によるパス解析―』（東京図書，2014）

『はじめて学ぶパーソナリティ心理学』（ミネルヴァ書房，2010）

『性格がいい人、悪い人の科学』（日本経済新聞社，2018）

小塩研究室の Web サイト「早稲田大学パーソナリティ心理学研究室」

http://www.f.waseda.jp/oshio.at/index.html

研究事例で学ぶＳＰＳＳとAmos による心理・調査データ解析［第 3 版］

2005 年 10 月 25 日	第 1 版	第 1 刷発行
2012 年 7 月 25 日	第 2 版	第 1 刷発行
2020 年 5 月 25 日	第 3 版	第 1 刷発行
2023 年 2 月 10 日	第 3 版	第 3 刷発行

著　者　小　塩　真　司

発行所　東京図書株式会社

〒 102-0072　東京都千代田区飯田橋 3-11-19

振替 00140-4-13803 電話 03 (3288) 9461

URL http://www.tokyo-tosho.co.jp

ISBN　978-4-489-02335-4

© Atsushi OSHIO, 2005, 2012, 2020, Printed in Japan